3ds Max 实用教程

主　编　陈　静　孙　瑜　赵　林
副主编　何　炜　刘守鹏　金　琼
编　委　张洪川

電子工業出版社
Publishing House of Electronics Industry
北京·BEIJING

内 容 简 介

本书主要面向 3ds Max 的初、中级用户，从软件的基础操作开始，图文并茂、由浅入深地向大家介绍 3ds Max 的使用方法，涵盖了建模、材质、灯光、渲染等模块。采用案例带动知识点的方法进行讲解，学生通过学习案例，掌握软件的操作方法、操作技巧、程序设计方法和设计技巧。

本书内容全面，实例丰富，图文并茂，理论与实践相结合，充分注重知识的相对完整性、系统性、时效性和可操作性。本书既可作为应用型本科、高职高专院校和高级技工学校教学使用，也可作为成人高校电子信息类专业和其他非计算机类专业的培训班、辅导班教材使用。

图书在版编目（CIP）数据

3ds Max 实用教程 / 陈静，孙瑜，赵林主编. —北京：电子工业出版社，2018.8
ISBN 978-7-121-34310-0

Ⅰ. ①3… Ⅱ. ①陈… ②孙… ③赵… Ⅲ. ①三维动画软件 Ⅳ. ①TP391.414

中国版本图书馆 CIP 数据核字（2018）第 111243 号

策划编辑：祁玉芹
责任编辑：祁玉芹
印　　刷：中国电影出版社印刷厂
装　　订：中国电影出版社印刷厂
出版发行：电子工业出版社
北京市海淀区万寿路 173 信箱　邮编　100036
开　　本：787×1092　1/16　印张：13　字数：316 千字
版　　次：2018 年 8 月第 1 版
印　　次：2022 年 2 月第 3 次印刷
定　　价：39.80 元

凡所购买电子工业出版社图书有缺损问题，请向购买书店调换。若书店售缺，请与本社发行部联系，联系及邮购电话：（010）88254888，88258888。

质量投诉请发邮件至 zlts@phei.com.cn，盗版侵权举报请发邮件至 dbqq@phei.com.cn。
本书咨询联系方式：（010）68253127。

前　言

3ds Max 是 Autodesk 公司推出的一个基于 PC 平台、功能强大的三维动画制作软件。它被广泛应用于影视制作、建筑动画、广告设计、工业建模、虚拟仿真等领域。不仅在醒目制作中效率高，而且简单易学，尤其是 Autodesk 公司推出中文版本后，在国内有着非常多的用户群，深入到了设计的各个领域。现在的 3ds Max 无论是在建模、材质、动画或渲染上，功能都非常全面和强大，是一个相当优秀的三维动画制作软件。

本书主要面向 3ds Max 的初、中级用户，从软件的基础操作开始，图文并茂、由浅入深地向用户介绍 3ds Max 的使用方法，涵盖了建模、材质、灯光、渲染等模块。采用案例带动知识点的方法进行讲解，学生通过学习案例，掌握软件的操作方法、操作技巧、程序设计方法和设计技巧。

教材主要特点：1. 面向就业

2. 强调实践

技术教育的特点是强调实践能力，本教材紧扣提高学生实践能力这一目标，采用案例教学方法，使读者更易掌握工具的实际应用技巧，从而完成各种不同的工作任务。

本教材知识结构完整，层次分明，内容通俗易懂，操作简单实用。每章节都设有案例学习，使读者更易掌握知识点。

本书由广西工业职业技术学院陈静、黑龙江工业学院孙瑜、广西电力职业技术学院赵林担任主编，贵州城市职业学院何炜、中山火炬职业技术学院刘守鹏、合肥职业技术学院金琼担任副主编，铜仁职业技术学院张洪川担任编委共同参与编写完成。

尽管我们对本书的特色建设方面做了诸多努力，但由于作者水平有限，书中内容难免有疏漏以及不足之处。恳请读者在使用本教材的过程中给予批评指正。

为了使本书更好地服务于授课教师的教学，我们为本书配了教学讲义，期中、期末考卷答案，拓展资源，教学案例演练，素材库，教学检测，案例库，PPT 课件和课后习题、答案。请使用本书作为教材授课的教师，如果需要本书的教学软件，可到华信教育资源网 www.hxedu.com.cn 下载。如有问题，可与我们联系，联系电话：(010)69730296/13331005816。

编　者

2018 年 1 月

目 录

第1章

3ds Max基础知识

3ds Max 已经诞生了很多年，它是由分散在美国各地的一些专家以编写程序的方式来完成制作的。

3ds Max 从最初的 1.0 版本开始发展到今天，经过了多次的改进，其在建筑效果图制作、计算机游戏制作和影视片头等领域得到了广泛应用，深受其用户的喜爱。它开创了基于 Windows 操作系统上的面向对象操作技术，具有直观、友好、方便的交互式界面，而且能够自由灵活地操作对象，成为 3D 图形制作领域中的首选软件。

本章主要介绍 3ds Max 的基础知识，使读者掌握软件的功能布局和基本操作，对软件形成一个整体的认识。

学习目标

1. 认识 3ds Max。
2. 了解 3ds Max 的基础知识。
3. 掌握学好 3ds Max 的有效方法。
4. 掌握 3ds Max 工作界面的各组成部分及功能。

1.1 3ds Max 2010 用户界面

启动 3ds Max 2010 软件后，显示的主界面如图 1-1 所示，这是默认的启动界面，下面对各功能区的主要功能进行介绍。

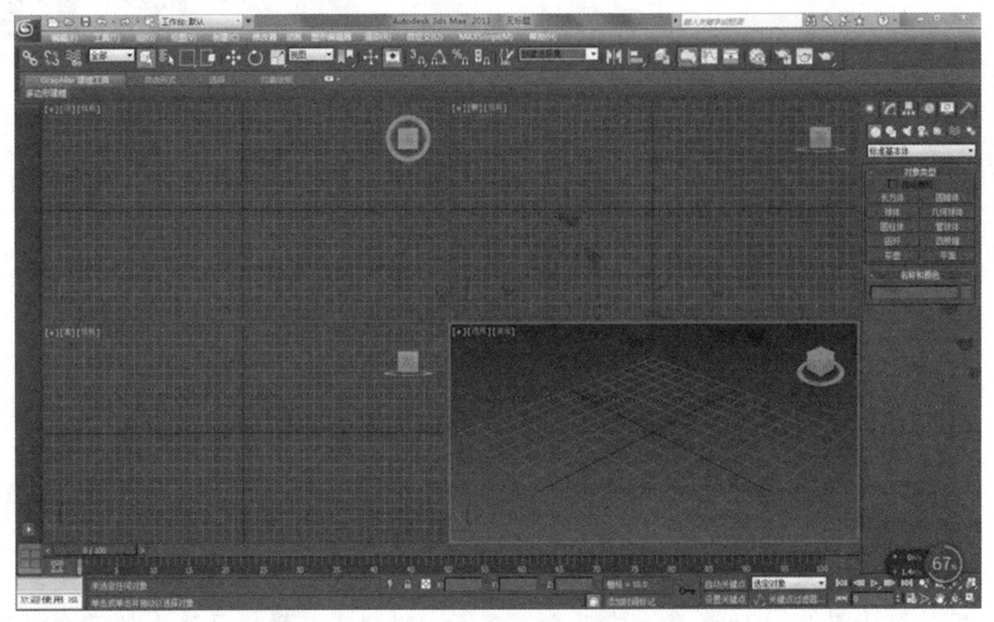

图 1-1　3ds Max 2010 用户界面

1. 标题栏

包含了目前正在使用的 3ds Max 版本号、文件名称等提示信息。

2. 菜单栏

包含了标准的 Windows 菜单栏，如“文件”“编辑”“帮助”等，还包含了 3ds Max 独特的菜单栏。

“工具”菜单：包含许多 ugongjulan 命令的重复项。

“组”菜单：包含管理组合对象的命令。

“视图”菜单：包含设置和控制视图的各项命令。

“创建”菜单：包含创建对象的命令。

“修改器”菜单：包含对象修改的命令。

“角色”菜单：包含编辑骨骼、链接结构和角色集合的工具。

“Reactor”菜单：包含了动力学插件 Reactor 的各项命令。

“图表编辑器”菜单：包含了使用图形方式编辑对象和动画的各项命令。

“渲染”菜单：包含了渲染，Vidio Post 后期处理，光能传递和环境设置等命令。

“自定义”菜单：包含了对 3ds Max 软件进行自定义用户界面控制及用户个性设置的

各项命令。

“MAX Script”菜单：包含编辑 MAX Script（内置脚本语言编辑器）的各项命令，通过编写程序语言扩展软件的功能。

3. 主工具栏

菜单栏下方是主工具栏，如图 1-2 所示。主工具栏中包含了一些使用频率较高的重要工具，如选择、移动、缩放、旋转、镜像和渲染等工具。

图 1-2　主工具栏

4. 命令面板

用户界面的右边是命令面板，如图 1-3 所示。命令面板由六个面板组成，借助于这六个面板的集合，可以访问绝大多数建模、动画命令。可以将命令面板拖放至软件界面的任意位置。

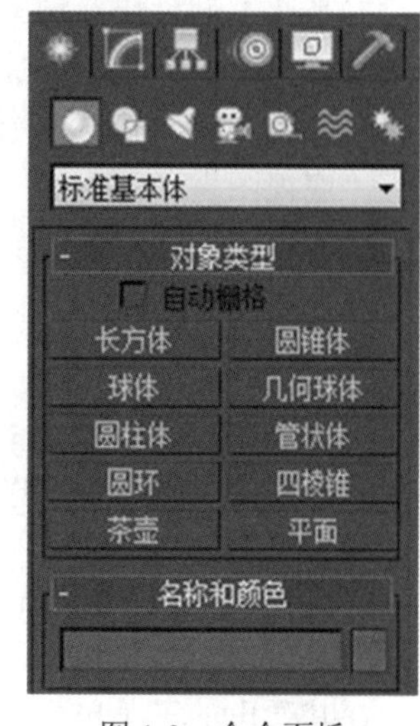

图 1-3　命令面板

默认情况下命令面板位于屏幕的右边。在命令面板上单击鼠标右键会显示下一个菜单，可以通过该菜单的浮动命令或消除命令修改命令面板的默认状态。如果菜单没有显示，或者更改其位置和停靠或浮动状态，可以在任何工具栏的空白区域单击鼠标右键，然后从弹出的快捷菜单中进行选择。

“创建”：包含所有对象创建工具，包含模型、图形、灯光、摄像机、帮助对象、空间扭曲等对象的创建。

“修改”：包含对象的修改器和编辑工具。

“层次”：包含链接和反向运动学参数。

“运动”：包含动画控制器和轨迹设置。

“显示”：包含对象在视图中的显示控制。

“工具”：包含其他一些有用的辅助工具。

5. 视图区

在 3ds Max 软件界面中，最大的部分被分割成四个相等的矩形区域，这些区域就是主要的操作区域，称之为“视图”，如图 1-4 所示。每个视图的左上方都标明了视图的名称，默认的四个视图标签分别是“顶视图”“前视图”“左视图”“透视图”，另外，经常用到的视图是“用户视图”和“摄像机视图”。

从图 1-4 中可以看到，每个视图都包含了垂直线和水平线，由这些线组成了 3ds Max 的“主栅格”。这些栅格线在视图捕捉定位中起到重要作用。

在创作过程中，可以根据需要进行操作视图的切换，视图可以通过以下三种方式进行切换。

一是鼠标单击需要激活的视图，使其称为当前活动视图，视图四周有黄色边框就是活动视图。如图 1-4 所示，透视图现在正处于被激活状态。

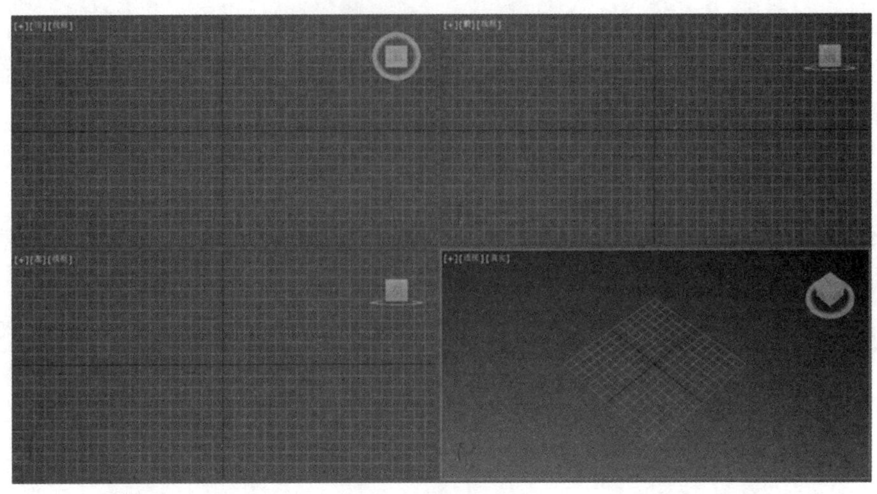

图 1-4　视图切换

二是通过键盘快捷键来进行视图切换。如采用快捷键切换视图，务必关闭系统的文字输入法。系统中视图的快捷键设置如下。

“顶视图”（Top）：快捷键为“T”；

“底视图”（Button）：快捷键为“B”；

“前视图”（Front）：快捷键为“F”；

“后视图”（Back）：快捷键为“K”；

“左视图”（Left）：快捷键为“L”；

“右视图”（Right）：快捷键为“R”；

“透视图”（Perpective）：快捷键为“P”；

“用户视图”（User）：快捷键为“U”；

“摄像机视图”（Camera）：快捷键为“C”。

三是通过命令切换，鼠标右键单击视图左上角的中文名称，将鼠标指向菜单的视图选项，在其弹出的子菜单中选择所需要的视图名称选项即可，如图 1-5 所示。

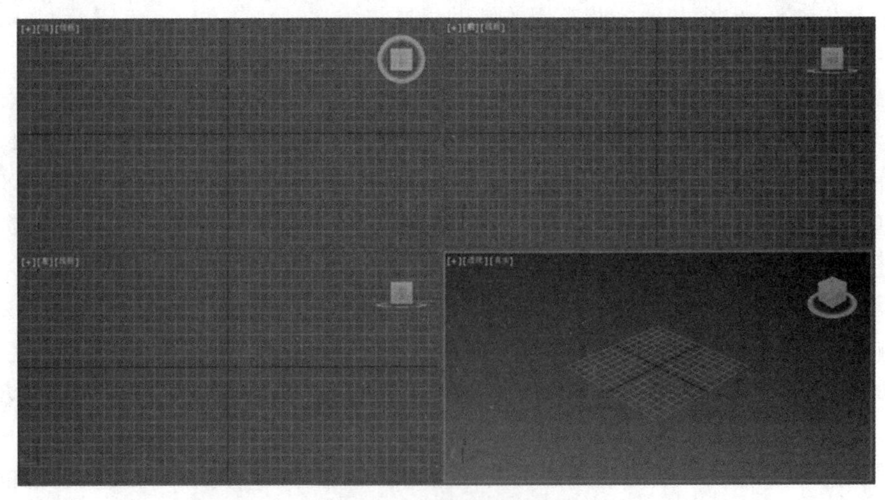

图 1-5　使用命令切换视图

6. 视图的布局设置

3ds Max 采用默认的两上两下四个视图排列。此外，还有 13 个其他方式的布局，但屏幕上视图的数量最多保持 4 个。使用“自定义”|“视图配置”对话框的“布局”面板，如图 1-6 所示。可以从不同的布局中进行拾取，并且在每个布局中自定义视图。视图配置将与工作一起保存。

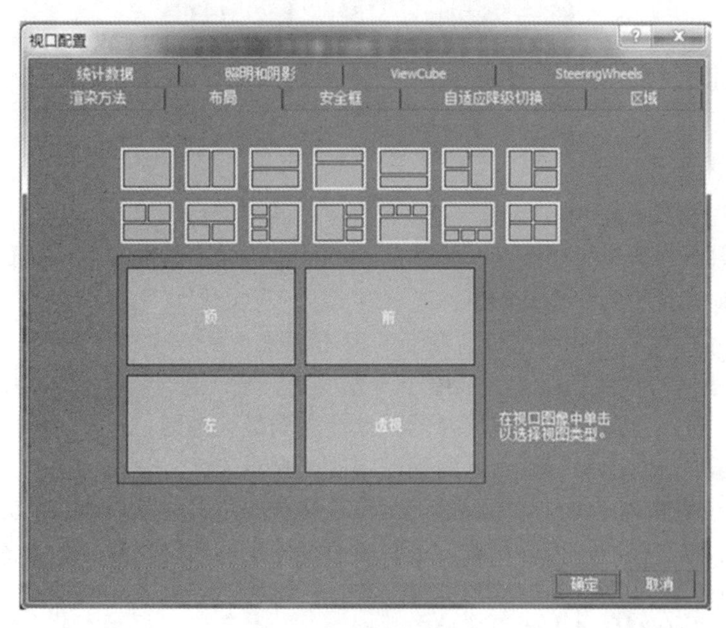

图 1-6　视图布局设置

如图 1-7 所示，这是变换了不同布局的视图类型。在工作中可以依据场景的特点改变视图的布局，为制作提供更多的方便。

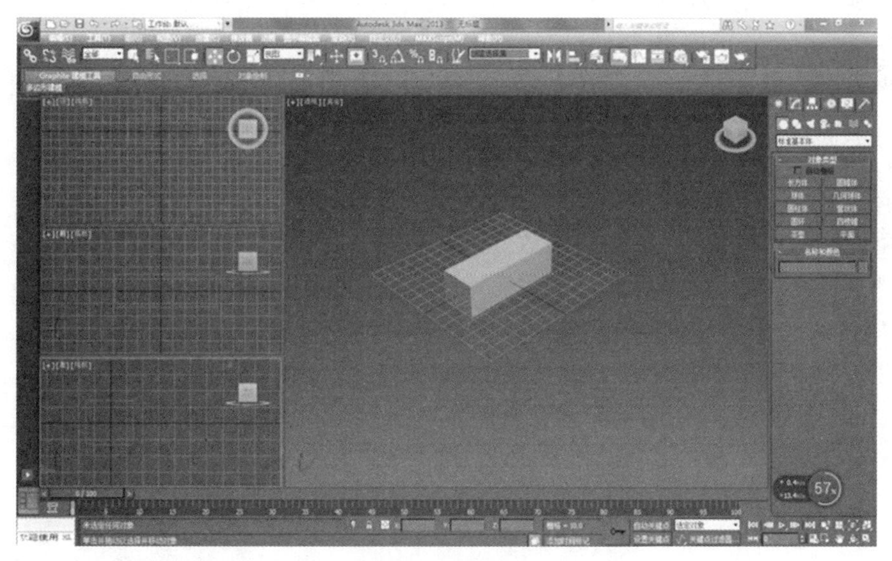

图 1-7　视图类型

7. 视图导航控制区

在主窗口的右下角的按钮组合包含了在视图中进行“平移”“缩放”“导航控制”等操作，如图 1-8 所示。借助这些组合中的按钮，可以使用各选项控制视图中的对象显示。

图 1-8 视图导航控制区

视图控制器主要用于改变视图中物体的观察效果，但不改变视图中物体本身的大小及结构，其中各种工具的具体含义如下。

“放大/缩小”：放大或缩小目前激活的视图区域。

“放大/缩小所有视图”：放大或缩小所有视图区域。

“最大显示视图对象”：将所选择的对象放大到最大范围。

“最大显示所选对象”：用于激活视图中的选择对象。

“最大显示视图中所有的被选对象”：将视图中的所有对象以最大的方式显示。

“最大显示所有视图的被选对象”：将所有视图中的选择对象以最大的方式显示。

“区域缩放”：拖动鼠标缩放视图中的选择区域。

“视野”：同时缩放透视图中的指定区域。

“平移”：沿着任何方向移动视窗，但不能拉近或推远视图。

“围绕场景弧形旋转”：围绕场景旋转视图。这是一个弹出式按钮。

“围绕选择对象弧形旋转”：用于围绕选择的对象旋转视图。

“围绕次对象弧形旋转”：该按钮是黄色的，用于围绕次对象旋转视图。

“最大/最小化切换”：在原视图与满屏之间切换激活的视图。

8. 时间控制按钮

时间控制按钮在视图导航控制区的左边，如图 1-9 所示。这些按钮也被称为动画控制按钮，可以控制动画的播放，如“播放”“暂停”“下一帧”“转至最后帧”等。也可以记录动画和设置动画总帧数与跳动到特定的时间帧。

图 1-9 时间控制按钮

9. 信息提示区

显示关于场景和活动命令的提示与信息。包含控制选择、精确的系统切换及显示属性，还提供对操作命令的帮助功能，锁定选择对象，如图 1-10 所示。

图 1-10　信息提示区

10. 时间滑块

时间滑块用于显示当前帧，并可以通过鼠标拖动到活动时间线上的任何帧上，利用鼠标右键可以为时间帧添加到关键动画帧，如“移动”“旋转”和“缩放”等。

11. 轨道线

轨道线提供了显示相应帧数的时间线，在制作动画过程中，可以移动、复制、移除动画关键帧。

12. 重新定位工具栏

在 3ds Max 中不仅可以自定义视图，还可以把工具栏定位在其他的位置，或者将工具栏浮动到视图上。

有以下两种方法可以重新定位。

第一种方法：当移动鼠标到工具栏的左侧竖线位置时，鼠标会变成如图 1-11 所示的形状，这时可以按住数遍左键拖动工具栏到屏幕任意地方，如图 1-12 所示。

图 1-11　拖动工具栏 1

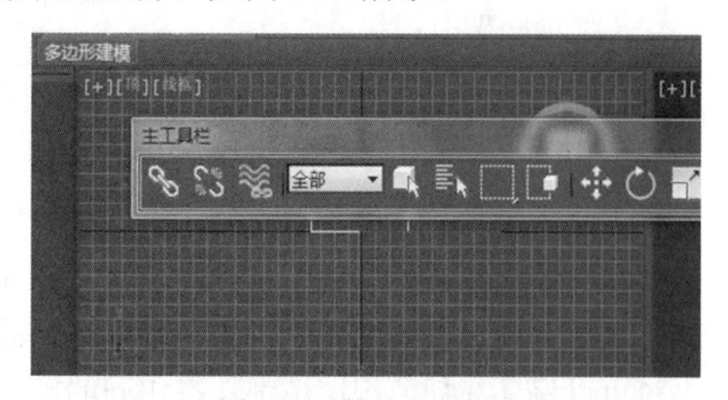

图 1-12　拖动工具栏 2

第二种方法：单击停靠工具栏的标记栏（当工具停靠时所显示的一条窄线），然后选择“浮动”命令完成操作。

1.2 空间坐标系统

在 3ds Max 中，系统提供的工作环境是一个虚拟的三维空间，有多种坐标表示方法。空间坐标系统是三维动画制作的重要坐标参考系统。在对场景中对象进行变换时，就需要熟练使用这些坐标系统，其中选项包括“视图”“屏幕”“世界”“父对象”“局部”“万向”“栅格”和“拾取”。

1. 视图坐标系统

视图坐标系统是 3ds Max 系统默认的坐标系统，也是大家最熟悉，使用最普遍的坐标系统，视图坐标系统是世界坐标系统和屏幕坐标系统的混合体。使用视图坐标系统时，所有正交图都使用屏幕坐标系统，而透视视图使用世界坐标系统。

因为坐标系统的设置基于逐个变换，所以先选择变换，然后再指定坐标系统。如果不希望更改坐标系统，可启用“自定义”菜单 > “首选项” > “常规”选项卡 > “参考坐标系”组 > “恒定”。

在默认的视图坐标系统中，所有正交视图中的 *X*、*Y* 和 *Z* 轴都相同。使用该坐标系移动对象时，会相对于视图空间引动对象 *X* 轴始终朝右。

Y 轴始终朝上。

Z 轴始终垂直于屏幕指向用户。

2. 屏幕坐标系统

屏幕坐标系统是相对计算机屏幕而言的。在各视图中都使用与屏幕平行的主栅格平面，它把屏幕的水平方向作为 *X* 轴，把屏幕的垂直方向作为 *Y* 轴，计算机内部延伸方向作为 *Z* 轴。这也说明在不同的视图中 *X*、*Y*、*Z* 轴的含义是不同的，这是要特别注意的。

X 轴正向朝右。

Y 轴正向朝上。

Z 轴正向指向背离操作者的方向。

3. 世界坐标系统

从 3ds Max 视图的前方看，把世界坐标系统水平方向设定为 *X* 轴，垂直方向设定为 *Z* 轴，景深方向设定为 *Y* 轴，因为这种坐标轴向在任何视图中都固定不变，所以以它为坐标系统可以保证在任何视图中都保持相同的操作效果。

4. 父对象坐标系统

父对象坐标系统根据对象连接而设定，它把连接对象的父对象坐标系统作为子对象的坐标取向。使用这些坐标系统，可以使子对象保持与父对象间的依附关系。

5. 局部坐标系统

这是物体对象以自身的坐标位置为坐标中心的坐标系统，在 3ds Max 动画制作中，局部坐标系统的使用是常见的，也是非常有用的，可以很轻松地在视图中进行任意位置和角度的改变。

6. 万向坐标系统

万向坐标系统与“Euler X Y Z”旋转控制器一同使用，如图 1-13 所示。它与局部坐标系统类似，但其三个旋转轴不一定互相之间成直角。

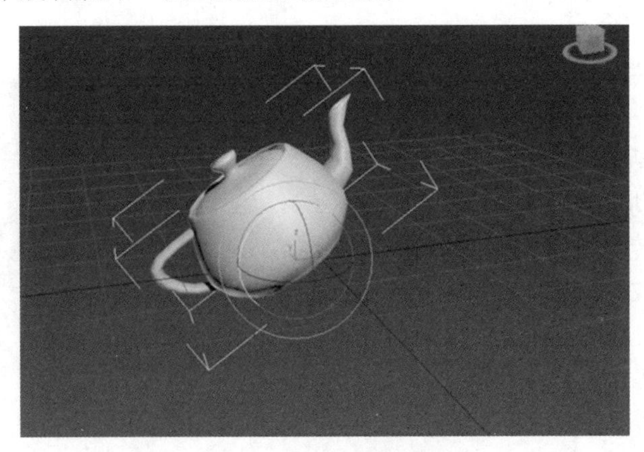

图 1-13　万向坐标系统

使用局部坐标系统和父对象坐标系统围绕一个轴旋转时，会更改两个或三个“Euler X Y Z”轨迹。万向坐标系统可避免这个问题；围绕一个轴的“Euler X Y Z”旋转仅更改该轴的轨迹，这使得功能曲线编辑更为便捷。此外，利用万象坐标系统的绝对变换输入会将相同的 Euler 角度值用作动画轨迹（按照坐标系统要求，与相对于世界或父坐标系统的 Eule 角度相对应）。

杜宇移动和缩放变换。万向坐标系统与父对象坐标系统相同。如果没有为对象指定“Euler X Y Z”旋转控制器，则“万向”旋转与“父对象”旋转相同。

“Euler X Y Z”控制器也可以是“列表控制器”中的活动控制器。

7. 栅格坐标系统

它具有普通对象的属性，与视图窗口中的栅格类似，用户可以设置它的长度、宽度和间距、执行 3ds Max 中的“创建”/“辅助对象”/“栅格”命令后就可以像创建其他物体那样在视图窗口中创建一个栅格对象，选择栅格右键单击，从弹出的快捷菜单中选择“激活栅格”；当用户选择“栅格”坐标系统后，创建的对象将使用“栅格”对象相同的坐标系统。就是说，栅格对象的空间位置确定了当前创建物体的坐标系。

8. 拾取坐标系统

拾取坐标系统是一种用户自定义下的坐标系统，可以使用局部坐标系统，还可以使用场景中其他对象的局部坐标系统。在动画制作汇总的相对移动和相对旋转都经常使用拾取坐标系统，如制作月球绕地球旋转，而地球又绕着太阳旋转的动画效果就使用拾取坐标系统来完成。

1.3 基本的对象变换

在 3ds Max 中动画制作中，每个场景的工作都可能会移动，旋转、缩放操作对象，完成这些功能的基本工具被称为“变换”工具。在进行变换的过程中，还需要理解变换中使用的“变换坐标系”、“变换轴”和“变换中心”，此外，在变换中还会经常使用系统提供的捕捉功能。

可以从主工具栏中访问“变换”工具，如图 1-14 所示。

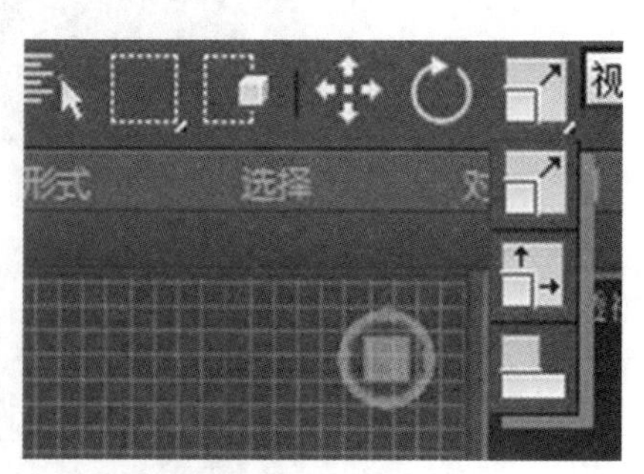

图 1-14　变换形式

主工具栏中包括以下按钮。

A.“选择并移动”按钮

B.“选择并旋转”按钮

C.“选择并缩放”按钮

D.“选择并等比缩放”按钮

E.“选择并不等比缩放”按钮

F.“选择并挤压“按钮

其中“选择并缩放”按钮是一个弹出按钮。

在主工具栏上选择变换工具后，可以通过在视图中拖动对象来进行变换操作。

使用“选择并移动”按钮可以选择并移动对象。

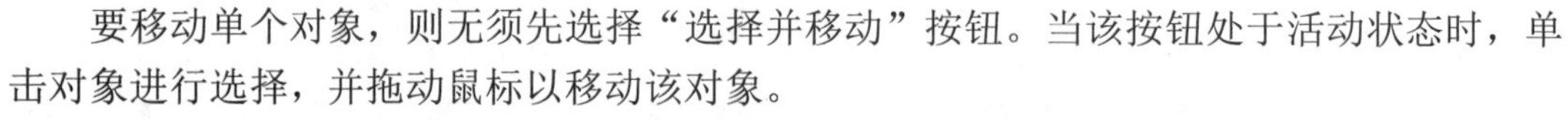

要移动单个对象，则无须先选择“选择并移动”按钮。当该按钮处于活动状态时，单击对象进行选择，并拖动鼠标以移动该对象。

要讲对象的移动限制到 *X*、*Y*、*Z* 轴或者任意两个轴。单击“轴约束”工具栏上的相应按钮，使用“变换 Gizmo”，或者右键单击对象并从“变换”子菜单中选择约束。

1.4 对话框

在 3ds Max 中选择的命令不同，出现的对话框也不尽相同。基本上可以分为模态对话框和非模态对话框两大类。

模态对话框要求在使用其他工具之前单击“确定”按钮到更新，也可以单击“取消”按钮取消参数的改变。“阵列”对话框就是典型的模态对话框，如图 1-15 所示。

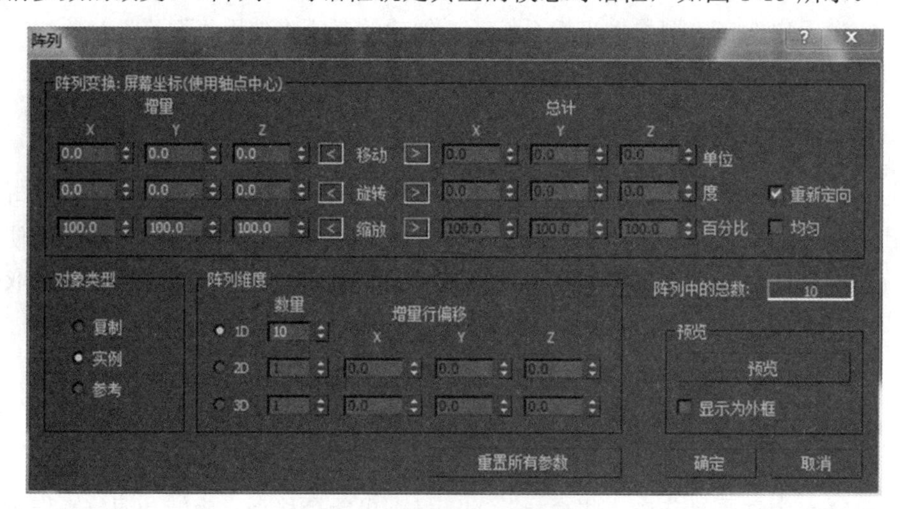

图 1-15　“阵列”对话框

非模态对话框的数字改变后，场景也同时改变，非模态对话框的参数值，改变后的值会立刻显示出来，“移动变换输入”窗口就是典型的非模态对话框，如图 1-16 所示。

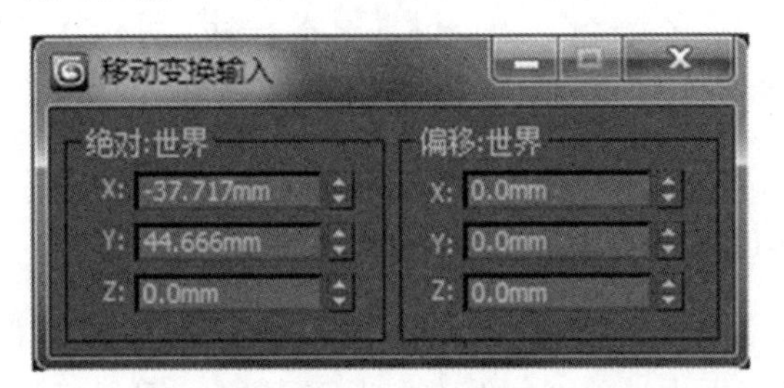

图 1-16　“移动变换输入”窗口

1.5 文件的输入与输出

在 3D 建模过程中，会经常涉及到将文件导入，比如 CAD 文件，以及建好的模型。另外，建好模型后进行文件的保存，这涉及到保存格式的选择。

1. 打开文件和保存文件操作

执行“文件”|“打开”命令，打开 3ds Max 的场景文件（扩展名为.max）或者角色文件（扩展名为.chr），如图 1-17 所示。对话框的右部，显示选中 max 文件的缩略图。下面的“+”号按钮用来对文件名追加或增加一个序号。假如目录中同时存在 tv01.max 和 tv02.max，选择 tv01.max 后，单击“+”号按钮，则选择 tv02.max，然后打开该文件。

图 1-17　打开文件

执行“文件”|“保存”命令，会把场景以及系统设置一同保存，这样就可以在打开文件时与保存一致。

执行“文件”|“另保存”命令，用于把场景以不同文件名进行保存。

执行“文件”|“保存选定物体”命令，用于把场景中选择的物体保存到一个 max 文件中。所选择的物体可以是一个对象，也可以是多个对象。

执行“文件”|“合并”命令，可以将 3ds Max 的几个不同场景合并为一个更大的场景。当选择合并的文件后，可以选择需要的合并对象。

2. 导入文件和导出文件类型

执行“文件”|“导入”命令，可以导入或者合并操作非 3ds Max 标准格式的场景和物体对象。在导入文件对话框中选择“文件类型”，3ds Max 可以直接输入的文件类型很多，常用的有 DWG、DXF、PRJ、3DS、IGES、AI、SHP、VRML、DEM、FBX、LW、OBJ、STL、SML、LP 等。一些常用到的导入文件格式和导入设置，在后面章节中会有示例演示。如果选择最下方的（所有文件）选项，则可以看到所在文件夹中全部类型的文件，如图 1-18 所示。

执行“导入”|“导出”命令，可以将 3ds Max 当前场景或当前选择对象导出为其他的文件格式，如图 1-18 所示。通过文件类型的选择，可以直接输出 3DS、AI、IGS、LP、LS、STL、DXF、VRML、FBX、LW、OBJ、ASE 等文件。

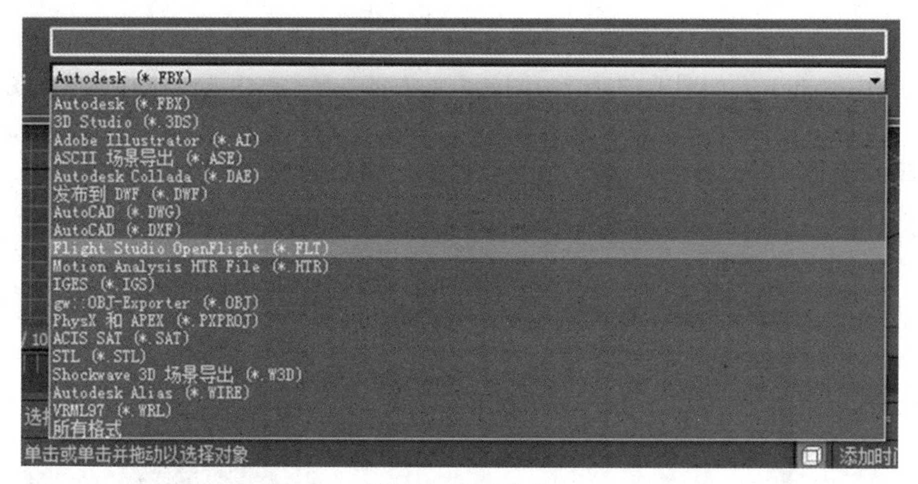

图 1-18 导出文件

1.6 选择功能

选择功能是所有三维软件制作中最常用的功能，无论是对对象进行位置的改变，还是为对象指定材质，每个步骤都需要确定操作对象，都遵循着一个从选择到执行的过程。对对象的选择有多种方式。

1. 选择区域

“矩形”“圆形”“围栏”“套索区域”选择方式是在 3ds Max 之前的版本所提供的

四种框选物体时选择区域的方式，在 3ds Max 中新增加了一种更加自由快捷的选择方式——“绘制选择”方式，如图 1-19 所示。

“窗口”当使用框选工具选择对象时，只有完全被虚线框包含的对象被选择，全部或者部分在虚线框以外的对象将不会被选择。

“交叉”当使用框选工具选择对象时，虚线框所包含和所涉及的对象都被选择，只有全部在虚线框以外的对象不会被选择。

“窗口”和“交叉”方式的选择如图 1-19 所示。

2. 加选和减选

配合键盘“Ctrl”键点击可以增加一个选择对象。

配合键盘“Ctrl”键框选可以增加多个选择对象。

配合键盘“Alt”键点击可以减少一个选择对象。

配合键盘“Alt”键框选可以减少多个选择对象。

3. 选择过滤器

用于指定选择哪种类型的对象，如图 1-20 所示。

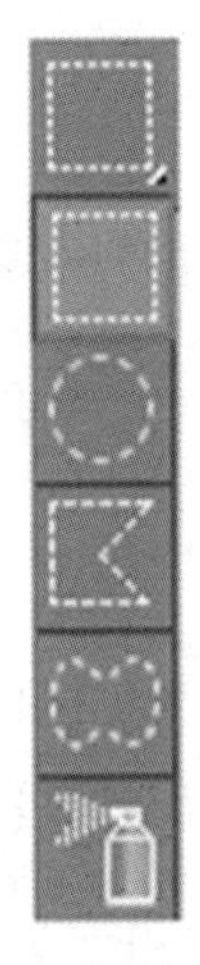

图 1-19　选择区域形式

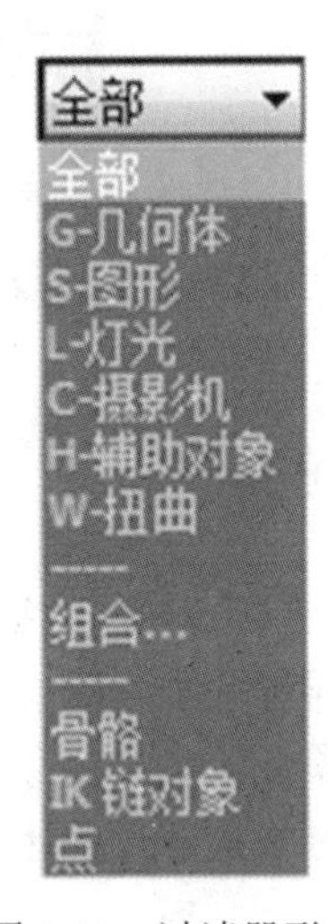

图 1-20　过滤器形式

在一个包含几何体、灯光、摄像机、图形、帮助物体等对象的场景中，要准确地选择所需要的对象是困难的。通过选择过滤器，可以屏蔽其他类型的对象而准确地进行选择。例如选定“摄像机”，则只可以选择摄像机对象。

默认的选择过滤器是“全部”，即不对场景产生过滤作用。

当选择“过滤器组合”方式时，可以对需要选择的对象进行组合，例如将“几何体”和“图形”勾选，组合成新的过滤器，在场景中则可以同时选择几何体和图形对象。

4. 按名称选择

用于在列表框中按照对象的名称来选择对象。

在工具栏中选择按名称选择工具，或执行“编辑”|“选择方式”|“名称”命令，则弹出选择浮动框，如图 1-21 所示。

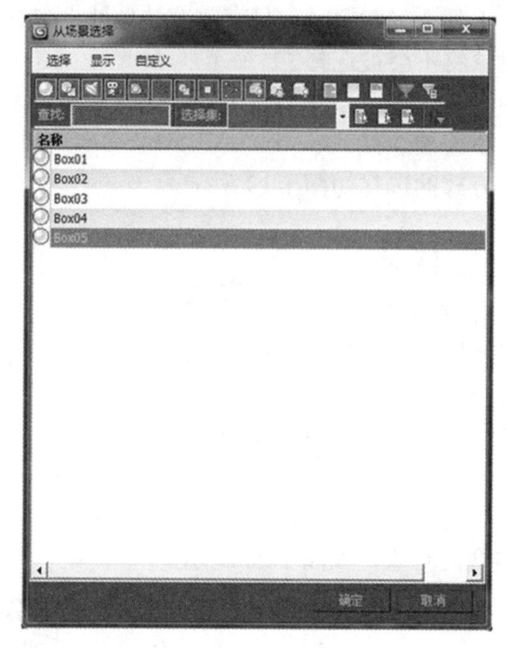

图 1-21　从场景选择

在选择浮动框中，可以设置显示、排列和选择类型等，以帮助对对象的选择。

1.7 对象的属性

选择一个或多个对象，执行“编辑”|“对象属性”命令。

选择一个或者多个对象，单击右键，执行菜单“变换”（下方）区域 |“属性”。

选择此选项会显示“对象属性”对话框，可用于查看和编辑所选对象的属性。该对话框可用于检查对象状态，并用于设置和改变对象在视图与渲染中行为方式的多种参数。

1.8 变换创建副本

使用 3ds Max，可以在变换操作的时候快速创建一个或多个选定对象的副本。通过移动、旋转或缩放选定对象时按住“Shift”键，可以完成创建副本。

可以通过移动工具配合按住“Shift”键的操作创建副本为例，确认已经选择好需要创建的副本的对象，如图 1-22 所示。

保持对模型的选择状态，按住键盘上的“Shift”键，在“前视图”中沿着 *X* 轴拖动鼠标到合适位置后，松开鼠标左键和“Shift”键，弹出“克隆”选项，选择克隆对象方式为“复制”，并输入“副本数”为 3，进行确认，如图 1-23 所示。完成效果如图 1-24 所示。

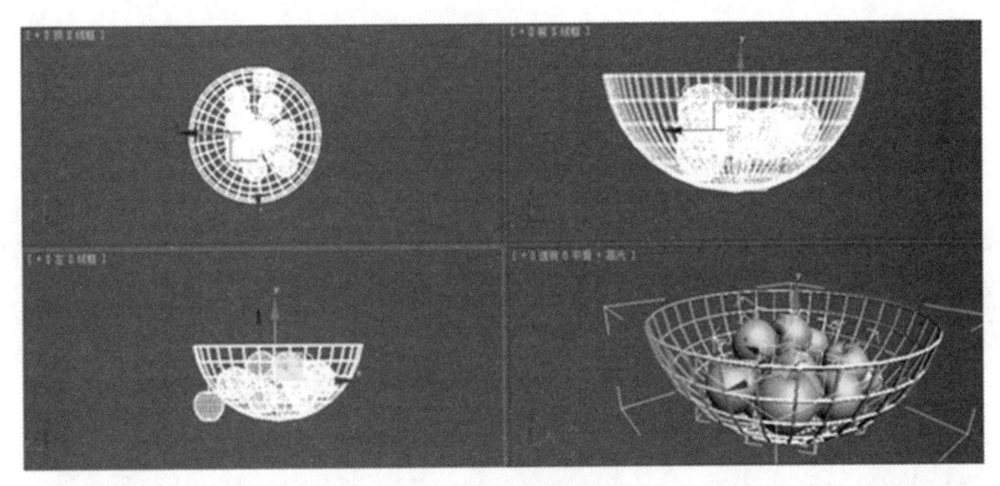

图 1-22　移动复制

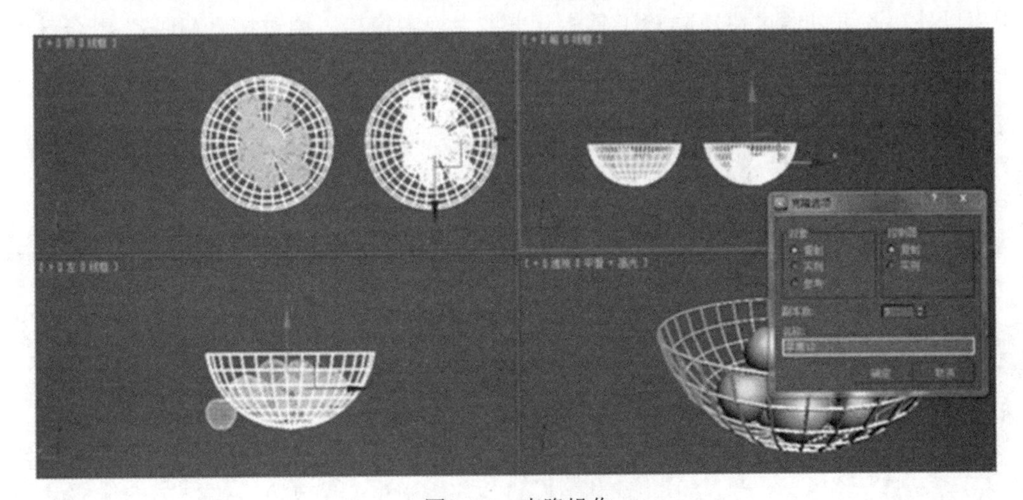

图 1-23　克隆操作

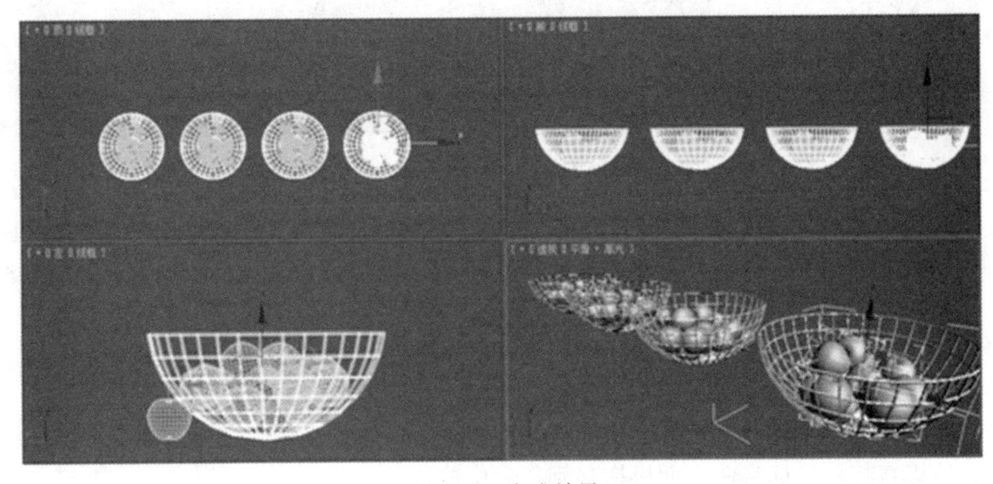

图 1-24　完成效果

1.9 自定义工作环境

3ds Max 2010 的工作界面比较复杂，为了让用户快速掌握该软件，3ds Max 2010 提供了一套自定义命令，用户可以对工具栏、命令面板的位置、视图窗口的布局及视图颜色的内容进行调整。以便定制出适合用户个人喜好的工作界面，从而方便用户的操作，提高工作效率。

1. 自定义工具栏

在 3ds Max 2010 中，位于菜单栏下面的是工具栏。工具栏中有许多的工具按钮和功能按钮，用户可以根据工作需要对工具栏进行设置。

在创建和编辑复杂的图像时，常常需要更大的视图窗口，除了通过改变显示器的屏幕分辨率以外，还可以通过快速隐藏工具栏，来扩大视图窗口。通过按“Alt+6”组合键就可以隐藏工具栏，如图 1-25 所示。

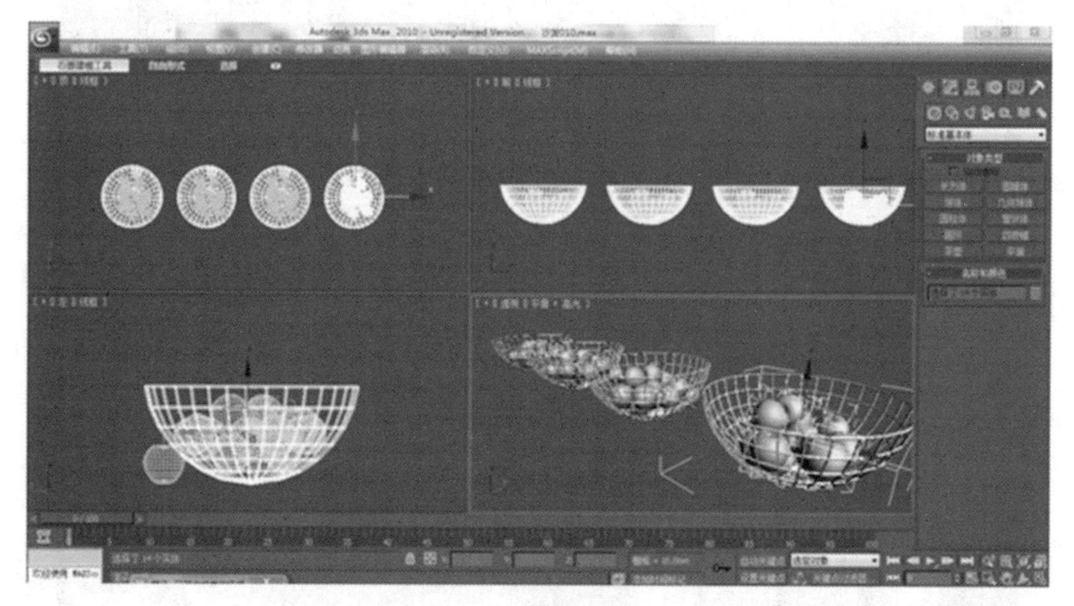

图 1-25　隐藏工具栏

用户可以根据自己的操作习惯，将工具栏设置为浮动工具栏。在工具栏上右击鼠标，在弹出的快捷菜单中，选择“浮动”命令，即可将工具栏设置为浮动工具栏，如图 1-26 所示。

在工具栏上按住鼠标左键不放，然后直接向下拖动，也可以将工具栏设置为浮动工具栏。用户可以直接将其拖放在窗口的顶部、底部、左侧或右侧。

在默认状态下，3ds Max 2010 中的命令面板位于窗口的右侧，如果要改变命令面板的位置，可以直接用鼠标将命令面板拖动到任意位置。

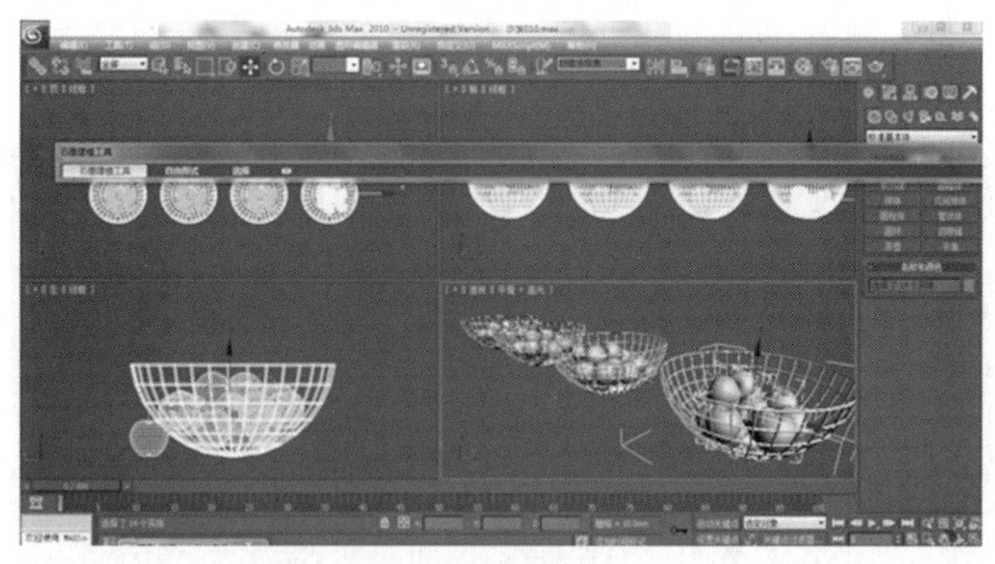

图 1-26　设置浮动工具栏

2. 设置绘图区的颜色

用户可以根据自己的喜好，设置 3ds Max 绘图区的颜色，操作方法如下。

（1） 执行“自定义”|“自定义用户界面”命令，打开“自定义用户界面”对话框并选择“颜色”标签，如图 1-27 所示。

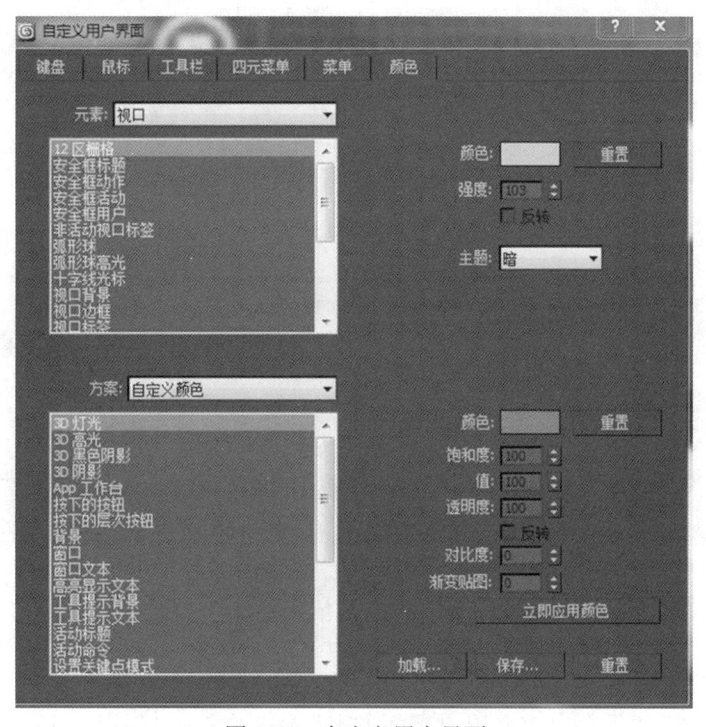

图 1-27　自定义用户界面

（2） 在项目栏下面的列表框中选择“视口背景”选项，然后单击“颜色”选项右侧的“重置”按钮，打开“颜色选择器”对话框，如图 1-28 所示。

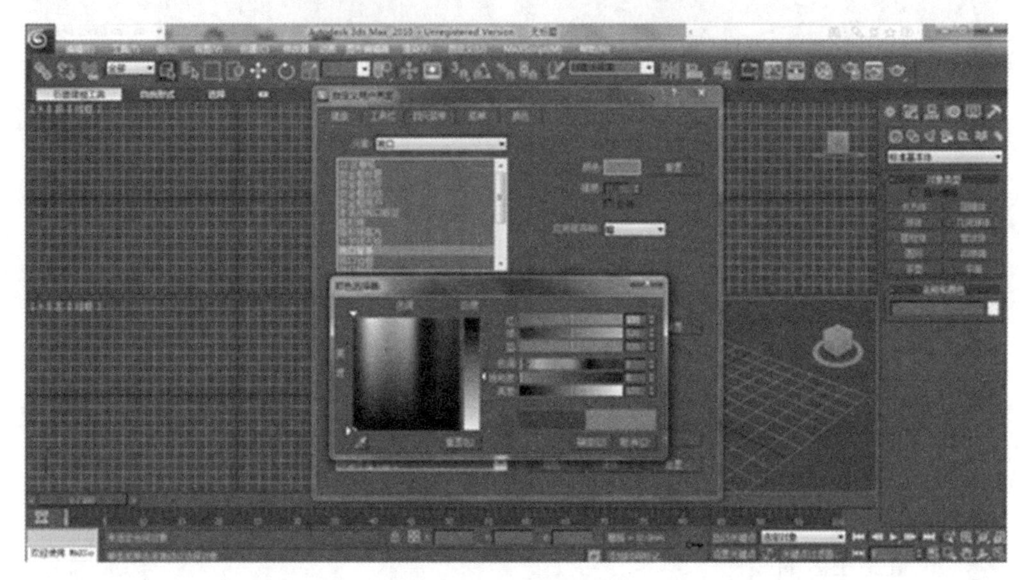

图 1-28　调整视口背景

（3） 选择一种自己喜欢的颜色后，单击“确定”按钮，在返回的“自定义用户界面”窗口中单击保存按钮，即可完成背景色的设置，如图 1-29 所示。

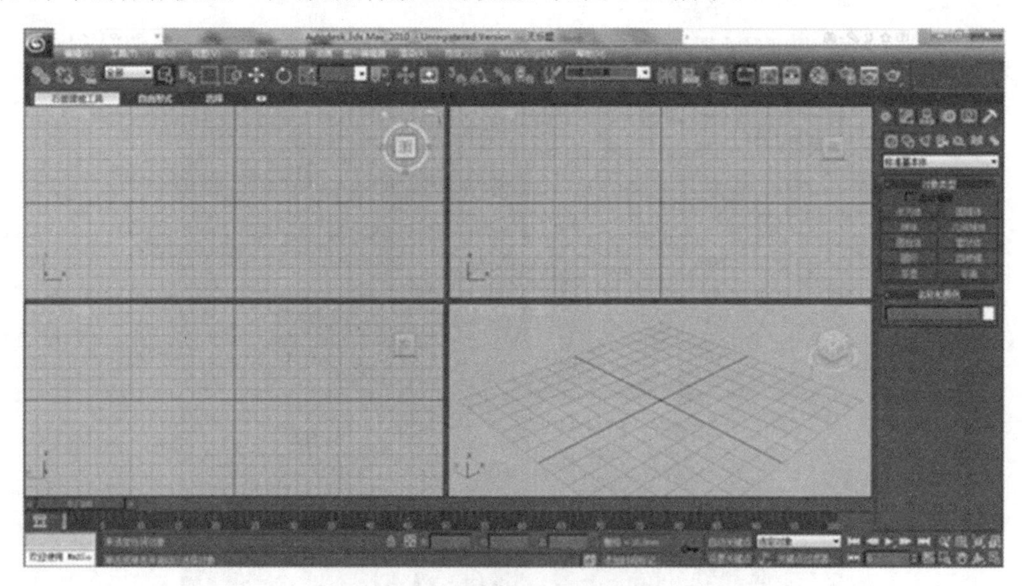

图 1-29　更换视口背景颜色

（4） 如果不对修改后的界面进行保存，在下一次运行 3ds Max 2010 时，工作界面又会恢复到默认的状态。保存自定义界面的方法如下。

执行“自定义”|“保存自定义用户界面方案”命令，打开“保存自定义用户界面方案”对话框，在“文件名”文本框中输入指定的名称，在“保存类型”下拉列表框中选择 UI 文

件(*.cui)，单击“保存”按钮即可。

3. 自定义工作环境

在使用 3ds Max 2010 工作之前，有必要对工作环境进行设置，方便用户更好地进行建模制图的工作。对工作环境的设置包括单位设置、目标捕捉和栅格设置，以及自动保存时间设置。本任务主要介绍3ds Max 2010 自定义工作环境的方法。

（1） 设置单位。

单位的设置是进行三维建模的首要工作，设置不同的单位将会影响模型的导入和导出，以及模型的合并。单位的设置包括显示单位比例设置和系统单位设置。

（2） 显示单位比例的设置。

显示单位比例是三维建模的依据。执行“自定义”|“单位设置”命令，打开“单位设置”对话框，在其中根据实际要求进行相应设置即可，如图 1-30 所示。

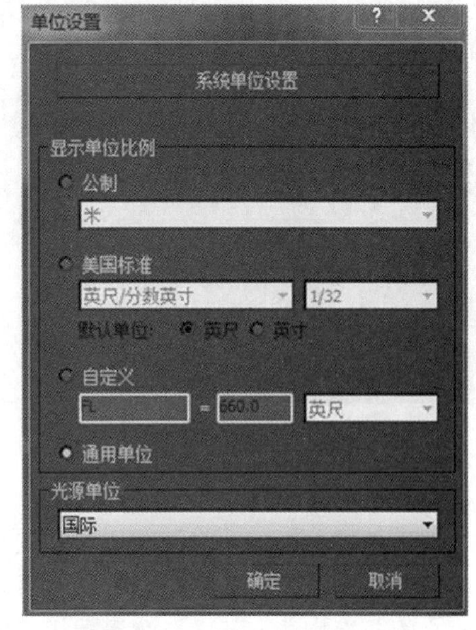

图 1-30　“单位设置”对话框

> **知识点**
>
> 默认情况下，一般单位设置为毫米，将“显示单位比例”中的“公制”单位设置为毫米，将“系统单位设置”点开，“系统单位比例”也设置为毫米。

4. 设置捕捉与栅格

对捕捉和栅格进行正确的设置，可以使建模更加精确，给建模工作带来方便。

（1） 设置捕捉。

在使用 3ds Max 2010 进行工作的过程中，进行正确的捕捉设置可以为图形实体的绘制和编辑带来很大的方便。设置捕捉的具体方法如下。

在菜单栏中，选择 （捕捉开关），单击鼠标右键，弹出“栅格和捕捉设置”窗口，单击“捕捉”标签，即可对捕捉的方式进行设置。例如启用“栅格点”“顶点”“边/线段”“中点”“端点”等捕捉方式，如图 1-31 所示。

在“栅格和捕捉设置”窗口中，单击“选项”标签，则可对捕捉的精度进行设置，如图 1-32 所示。

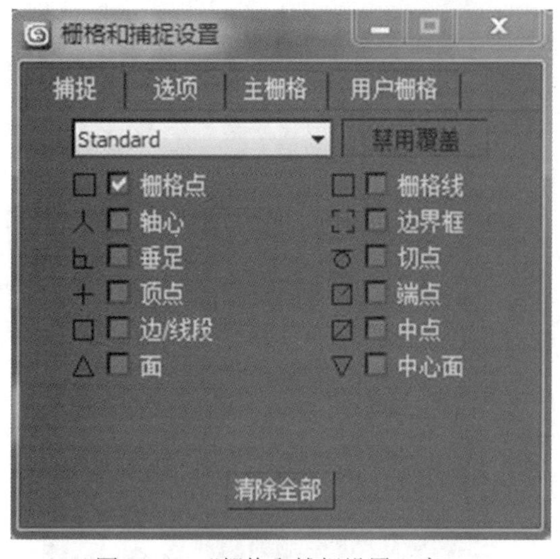

图 1-31 “栅格和捕捉设置”窗口

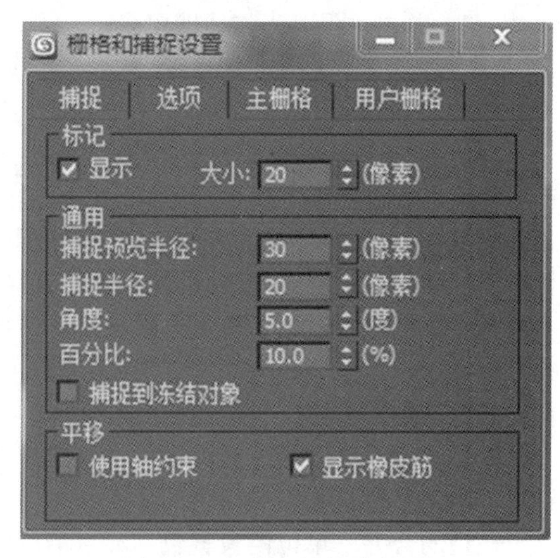

图 1-32 栅格与捕捉精度设置

（2） 设置栅格

栅格是为二维辅助空间定位参照工具，也可称其为空间坐标纸，它包含了主栅格和用户栅格两种类型。主栅格以世界坐标系的中心点为轴心点，而用户栅格则是根据用户需要而建立的栅格物体，下面介绍设置栅格的具体方法。

在菜单栏中，选择（捕捉开关），单击鼠标右键，弹出“栅格和捕捉设置”窗口，并打开“主栅格”标签，即可对系统主栅格的尺寸参数进行设置。在 3ds Max 中，没办法精确线段的长度等，打开栅格，并设置“栅格间距”，利用栅格捕捉的功能，对精确绘图有很大帮助，如图 1-33 所示。

在打开的“栅格和捕捉设置”窗口中，单击“用户栅格”标签，即可对用户栅格的参数进行设置，如图 1-34 所示。

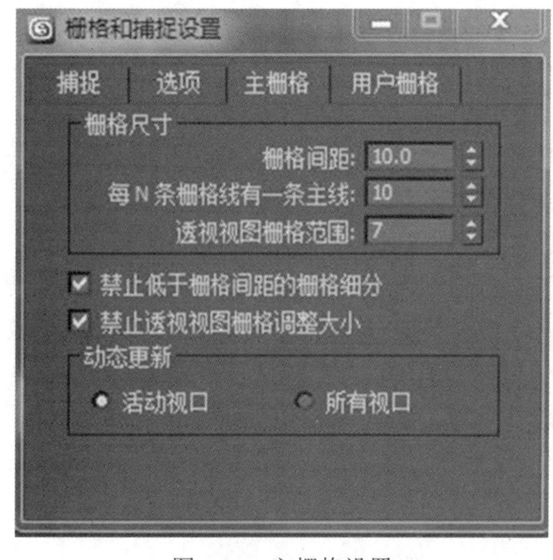

图 1-33 主栅格设置

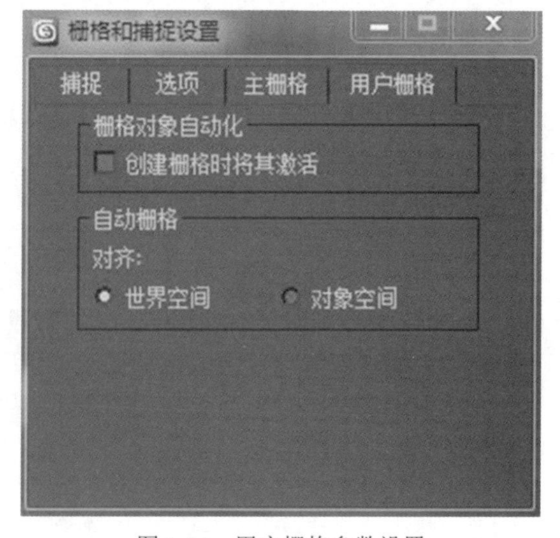

图 1-34 用户栅格参数设置

5. 设置自动保存的时间

在 3ds Max 中有一个系统自动备份功能，默认是每 5 分钟备份一次，共备份 3 个文件，依次更新。当制作较大场景时，如此频繁地自动备份会延误操作速度；当制作小场景时，备份间隔时间最好在 10 分钟左右；当制作非常复杂的场景时，在保证系统运行稳定的前提下，最好将备份时间延长至 20 分钟以上。在此期间，用户也可以根据工作需要进行存盘。

下面介绍更改备份时间的具体操作。

（1） 在 3ds Max 中选择“自定义”|“首选项”命令，如图 1-35 所示，打开“首选项设置”对话框。

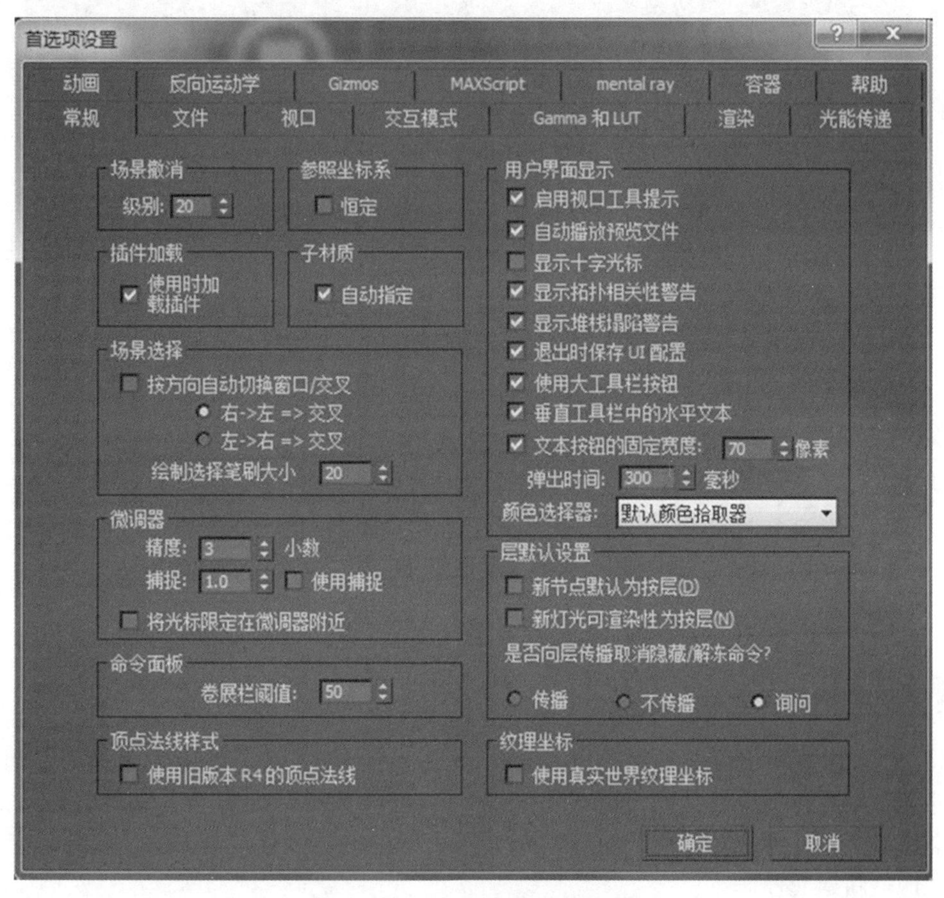

图 1-35　“首选项设置”对话框

（2） 在打开的“首选项设置”对话框中选择“文件”标签，将自动备份文件数设为 3，备份间隔的值设为 5.0 分钟，如图 1-36 所示。

（3） 单击“确定”按钮，即可更改自动保存的时间。

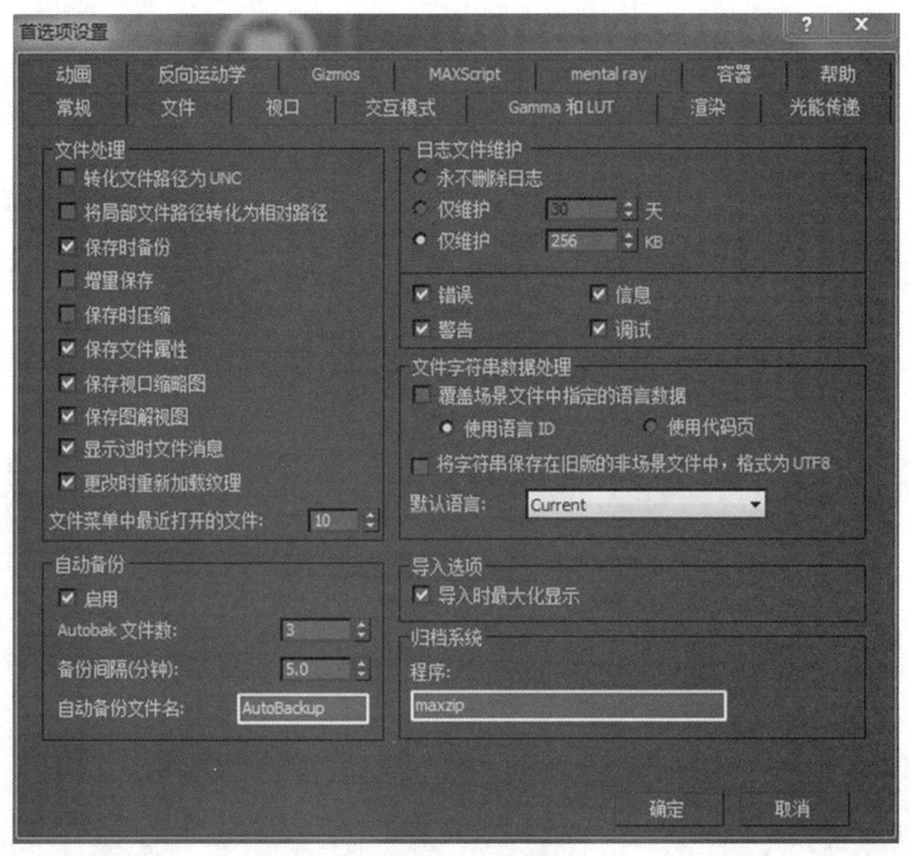

图 1-36　备份间隔设置

知识点

在运行过程中，若出现程序意外退出的情况，可在“3ds Max 2010\autoback”目录中找到备份文件，它们的文件名为“Autobak1.max”等，直接打开即可。

6. 文件的基本操作

3ds Max 2010 中文版的基本操作，是用户在进入三维建模学习前必须掌握的基础知识。文件的基本操作包括新建文件、重置文件、保存文件、打开文件、合并文件、导入文件和输出文件等。本任务主要介绍上述基本操作。

（1） 新建文件。

当使用 3ds Max 2010 进行一项新的工作时，需要创建一个新的 3ds Max 文件。当启动 3ds Max 2010 以后，程序会自动创建一个新的文件供用户使用。当在工作中需要创建一个新的文件时，就需要通过“新建”命令来创建新文件。

执行“文件”|“新建”命令，在弹出的“新建场景”对话框中有 3 个选项，选择所需选项后单击“确定”按钮，即可创建一个新的文件，如图 1-37 所示。

在“新建场景”对话框中各选项的含义如下。

“保留对象和层次”：在新建文件的场景中，仍保留原有的物体以及各物体之间的层级关系。

“保留对象”：在新建文件的场景中保留了原有的物体，但各物体之间的层级关系消除。

“新建全部”：在新建文件的场景中不保留之前的任何内容。

重置文件：执行“文件”|“重置”命令，可以新建一个文件并重新设置系统环境，这个命令在 3ds Max 2010 中会经常用到。在执行“文件”|“重置”命令后，将打开一个提示信息框，如图 1-38 所示。

图 1-37　新建场景

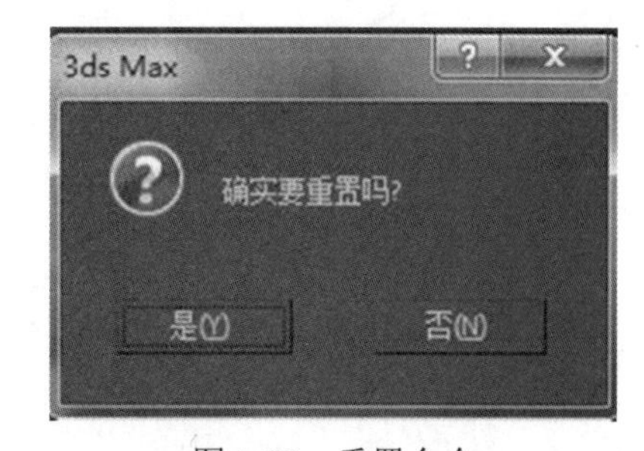

图 1-38　重置命令

如果单击“是”按钮，将创建一个新的文件，并恢复到默认状态下的操作环境。

如果单击“否”按钮，将取消这次操作，返回到当前的场景中。

“新建”命令创建的场景将保持所有目前界面的设置，包括视图和命令面板。如果要回到默认状态下的操作界面，则需要使用“重置”命令。

（2）保存文件。

当完成一个比较重要的操作步骤或工作环节后，应及时对文件进行保存，避免因死机或停电等意外状况而造成数据的丢失。

要对文件进行保存，可执行“文件”|“保存”命令（或直接按“Ctrl+S”组合键）。如果场景没有被保存过，系统将打开“另存文件为”对话框，在该对话框中可以选择保存文件的路径，创建新文件夹以及进行场景内容的预览。

如果对场景已经进行了保存，当再次执行“文件”|“保存”命令之后，文件将以原文件名进行保存。如果此时要以其他名称进行保存，则需要执行“文件”|“另存为”命令，在打开的“另存文件为”对话框中根据需要将文件重命名，然后单击“保存”按钮即可。

在“保存”按钮左边有一个“加号”按钮，单击该按钮将自动在目前文件名结尾处添加一个数字。

（3） 打开文件。

“打开”命令用于打开一个已有的场景文件，执行“文件”|“打开”命令（或按“Ctrl+O”组合键）后会打开“打开文件”对话框。

在选择指定的文件后，单击“打开”按钮即可打开该文件，如果单击“+”号按钮，将打开所选文件被复制后的场景文件，并在其名字后添加一个数字。由于 3ds Max 2010 一次只能打开一个场景，所以在打开一个新的场景文件后，将自动关闭前面的场景。

3ds Max 2010 可以打开低版本 3ds Max 创建的文件，但低版本 3ds Max 不能打开 3ds Max 2010 创建的文件。

（4） 合并文件。

在进行场景模型的编辑操作中，常常需要将一些常用的模型导入到现有的场景中，这样可以节省大量的工作时间。

执行“文件”|“合并”命令，打开“合并文件”对话框，如图 1-39 所示。

在该对话框中选择需要合并的文件，然后单击“打开”按钮，即可将选择的文件合并到当前的场景中。

（5） 导入文件。

在 3ds Max 2010 中，可以导入其他的三维图形或者二维图形。

执行“文件”|“导入”命令，打开“选择要导入的文件”对话框，如图 1-40 所示。

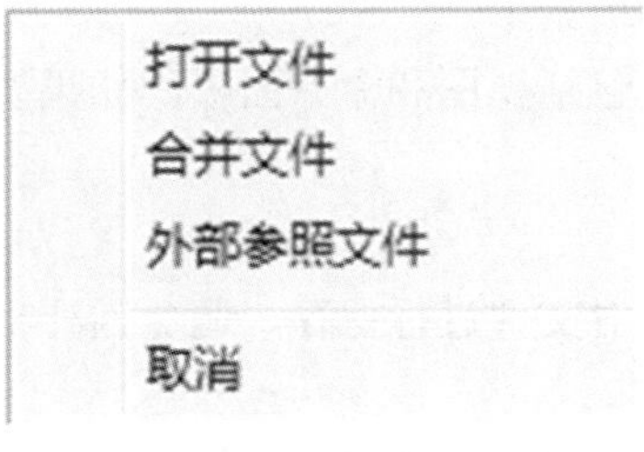

打开文件
合并文件
外部参照文件
取消

图 1-39　合并文件

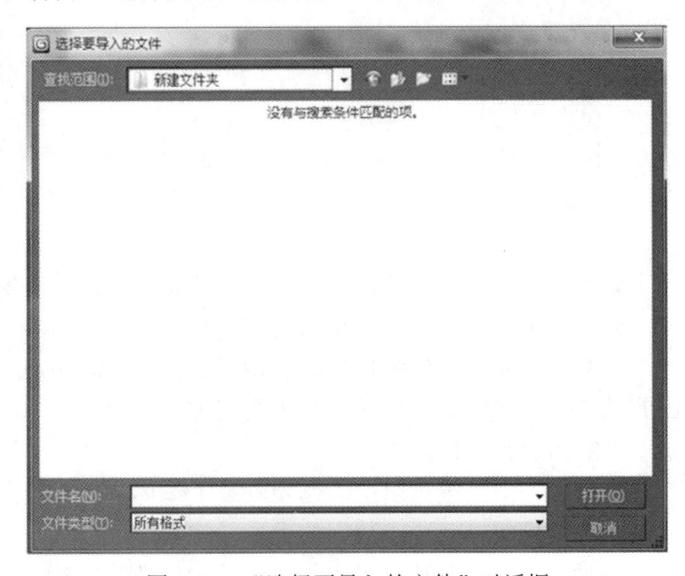

图 1-40　“选择要导入的文件”对话框

在“文件类型”下拉列表中可以选择要导入的文件类型，在选择要导入的文件后，单击“打开”按钮，即可将文件导入到场景中。

在效果图的制作过程中，通常可以将 AutoCAD 文件导入到 3ds Max 2010 的场景中，作为创建模型的参照对象。

（6） 输出文件。

在 3ds Max 中可以将当前的场景文件输出为其他格式的文件。

执行“文件”|“导出”命令，打开“选择要导出的文件”对话框，如图 1-41 所示。

图 1-41　“选择要导出的文件”对话框

在“保存在”下拉列表中选择输出文件的保存位置，并在“保存类型”下拉列表中选择要输出的文件类型。设置好后，单击“保存”按钮即可。将当前的场景文件输出为 3ds 格式的文件，可以在低版本 3ds Max 中将其导入并编辑。

7. 对象的基本操作

在 3ds Max 2010 中，对各对象进行的基本操作包括：选择对象、变换对象、捕捉对象、对齐对象、复制对象、镜像对象和阵列对象等。本任务主要介绍上述基本操作。

（1） 选择对象。

在对物体进行编辑之前，首先要选择所要编辑的对象，然后才能对它进行编辑。在 3ds Max 2010 中可以通过不同的方式对物体进行选择。

1） 使用选择物体工具选择对象。

使用“选择物体”工具可以轻松地对物体进行选择，该工具按钮位于主工具栏的左方，呈指针形状。

单击主工具栏上的“选择物体”按钮后，在场景中单击要选择的物体便可以将其选中。用鼠标单击场景中的对象后，在正交视图中被选择的对象将变成白色，在透视图中被选择对象的四周会出现白色线框来标示出对象的轮廓范围，如图 1-42 所示。

在按住“Ctrl”键时，可以对场景中的多个对象进行连续选择；按住“Alt”键，可以取消场景中对象的选择。

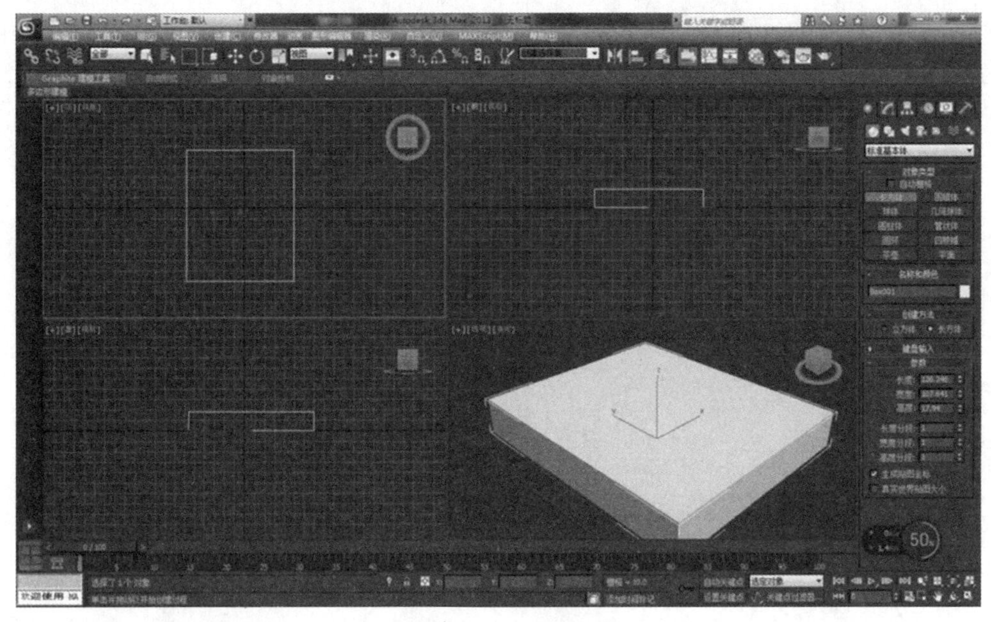

图 1-42　激活视图

2）　按名称选择对象。

使用“按名称选择”工具可以通过物体的名称对其进行选择，该工具按钮位于“选择物体”工具按钮的右侧。

单击“按名称选择”按钮，会打开“从场景选择”窗口，如图 1-43 所示。在窗口左边的对象列表中列举了场景中存在的对象。

图 1-43　从场景选择

在菜单栏中的“显示”中，对话框右上方提供了对象列表中各个对象的排序方式，包括按字母排序、按类型、按颜色和按大小 4 种。

在类型列表中显示了 9 种选择类型，当取消某种类型的复选框后，该种类型的对象将不会在左边的对象列表中出现。

在对象列表中选择对象后，单击“确定”按钮，即可完成该对象的选择。

在“选择对象”对话框中，常用按钮的功能如下。

“全部”：单击该按钮可以将列表中的对象全部选中。

“无”：单击该按钮可以取消已选择的所有对象。

“反转”：单击该按钮可以对列表中的对象进行反向选择。

在进行对象的选择时，配合“Ctrl”键可以在对象列表中进行对象的连续选择；配合“Alt”键，可以取消对象列表中已选择的对象。

当场景比较复杂时，在使用“选择物体”工具进行对象的选择时，往往无法选择到所要的对象，使选择操作显得很困难，如果这时使用“按名称选择”工具就轻松多了。

3） 按颜色选择。

使用“按颜色选择”工具可以通过物体的颜色对其进行选择。

单击命令面板中的颜色框，将弹出“对象颜色”窗口。在选择指定的颜色后，单击“按颜色选择”按钮，将弹出“从颜色选择”窗口。如果场景中的模型有与选择颜色一样的物体，即可根据颜色选择物体。

除了以上的选择方法外，还可以使用“选择并移动”“选择并旋转”和“选择并缩放”工具对物体进行选择。

（2） 变换对象。

对物体进行变换的操作主要包括移动、旋转和缩放 3 种。在 3ds Max 2010 中通过相应的操作工具即可完成这些工作。

1） “选择并移动”工具。

“选择并移动”工具是选择工具中使用最频繁的，使用该工具不仅可以对场景中的物体进行选择，还可以将被选择的物体移动到指定的位置处。该工具按钮位于工具栏的左方，呈双十字箭头形状。

单击“选择并移动”按钮，然后单击所要选择的物体即可将该对象选中，同时按住鼠标左键并拖动鼠标，可以将被选择的对象拖动到指定的位置，然后松开鼠标完成物体的拖动操作。

用鼠标拖动的方法只能将对象移到一个大致的位置，如果要将对象精确地移动一段距离，则需要在选择对象后，用鼠标右键单击“选择并移动”按钮，在弹出的“从场景选择”窗口中，输入需要移动距离的参数，然后按 Enter 键即可，如图 1-44 所示。

“移动变换输入”对话框中的参数含义如下。

绝对值：用于改变物体的绝对坐标值。

相对值：用于改变物体相对的位置。

X：改变物体在 *X* 轴方向的位置。

Y：改变物体在 *Y* 轴方向的位置。

Z：改变物体在 *Z* 轴方向的位置。

图 1-44 移动变换输入

2） “选择并旋转”工具。

使用“选择并旋转”工具，可以在选择对象的同时将对象进行旋转，该工具按钮位于“选择并移动”工具按钮的右侧。

单击主工具栏上的“选择并旋转”按钮，随后选择一个对象并按住鼠标左键进行拖动，可以对该对象进行旋转。

如果要对选择的物体进行精确的旋转，可以在选择对象后，用鼠标右键单击“选择并旋转”按钮，会打开“旋转变换输入”对话框。在相应的选项中输入需要旋转的度数，按Enter 键即可将物体按指定的度数旋转。

3） “选择并缩放”工具。

“选择并缩放”工具，可以在选择对象后，将对象进行缩放处理。该工具按钮位于“选择并旋转”工具的右侧。

如果要对选择的物体进行精确的缩放，可以在选择对象后，用鼠标右键单击“选择并旋转”按钮，会打开“旋转变换输入”对话框。在相应的选项中输入需要旋转的度数，按Enter 键即可将物体按指定的度数旋转。

“选择并缩放”工具包含了“选择并均匀缩放”“选择并非均匀缩放”和“选择并挤压”3 种工具。

各种工具的功能及操作方法如下。

“选择并均匀缩放”：该工具用于选择对象并对其进行等比缩放。单击主工具栏上的“选择并均匀缩放”按钮，然后单击场景中的对象，按住鼠标左键进行拖动，即可对被选择的对象进行等比缩放。

“选择并非均匀缩放”：该工具用于选择对象并对其进行非等比缩放。单击主工具栏上的“选择并非均匀缩放”按钮，然后单击场景中的对象，按住鼠标左键进行拖动，即可对被选择的对象进行非等比缩放。

在使用“选择并非均匀缩放”工具对物体进行缩放的操作中，鼠标沿着某轴进行拖动时，将改变物体在该轴上的比例大小，其他轴上的比例不发生变化。

“选择并挤压”：该工具用于选择对象并对其进行挤压。单击主工具栏上的“选择并挤压”按钮，然后单击场景中的对象，按住鼠标左键并拖动，即可对被选择的对象进行挤压。

在使用“选择并挤压”工具对物体进行挤压的操作中，将鼠标沿着某轴进行拖动时，将改变物体在该轴上的比例大小，在其他轴上的比例将发生相反的变化，以保持物体的总体积不变。

（3）　捕捉对象。

在 3ds Max 2010 中可以运用捕捉功能在创建和编辑对象时进行精确定位。常用的捕捉按钮包括“捕捉标记”“角度捕捉开关”“百分比捕捉开关”和“旋钮捕捉开关”。“捕捉标记”按钮中包括了“2 维捕捉标记”“2.5 维捕捉标记”和“3 维捕捉标记”。其中各种捕捉工具的含义如下。

“2 维捕捉标记”：只捕捉当前视图构建平面上的元素，Z 轴将被忽略。

“2.5 维捕捉标记”：介于二维和三维间的捕捉，可将三维空间的项目捕捉到二维平面上。

“3 维捕捉标记”：可在三维空间中捕捉三维物体。

“角度捕捉开关”：设置进行旋转操作时的角度间隔，使对象按固定的增量进行旋转。

“百分比捕捉开关”：设置缩放和挤压操作的百分比间隔，使比例缩放按固定的增量进行。

“微调器捕捉开关”：用于设置 3Ds Max 中所有微调器每次单击增加或减少值。单击微调器箭头参数会按固定增量增加或减少。

（4）　对齐对象。

使用 3ds Max 中的“对齐”功能，可以快速、准确地将指定的对象按照一定的方向对齐。

选择一个对象后，单击工具栏中的“对齐”按钮，然后单击视图中的目标对象，将弹出“对齐当前选择”对话框。设置好对齐的方向后，单击“确定”按钮，即可完成对齐操作，如图 1-45 所示。

在“对齐当前选择”对话框中，各选项的含义如下。

“对齐位置”：指定对象的对齐方向。

“当前对象/目标对象”：分别设置当前对象与目标对象的对齐。

“对齐方向”：特殊指定方向对齐依据的轴向。

“匹配比例”：将目标对象的缩放比例沿指定的坐标轴向施加到当前物体上。

（5） 复制对象。

在视图中选择需要被复制的物体后，在按住 Shift 键的同时，使用移动、旋转或缩放工具单击物体，或对选择的物体进行移动、旋转或缩放等变换操作时，即可弹出“克隆选项”对话框。在该对话框中可以设置复制物体的个数以及复制物体与原物体的关系。根据需要设置好复制的选项后，单击“确定”按钮即可完成复制的操作，如图 1-46 所示。

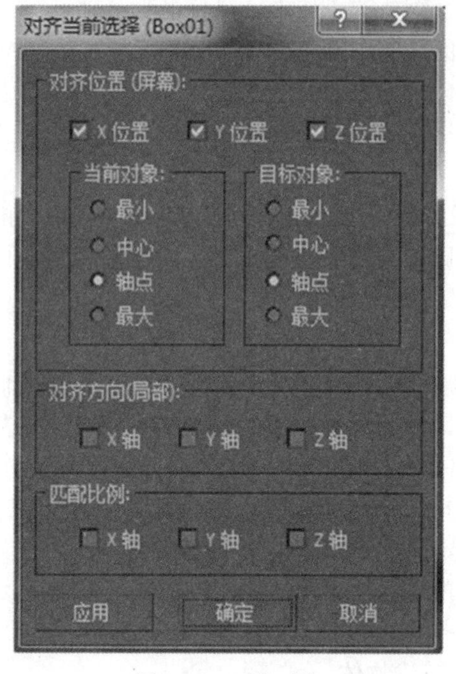

图 1-45 对齐对象

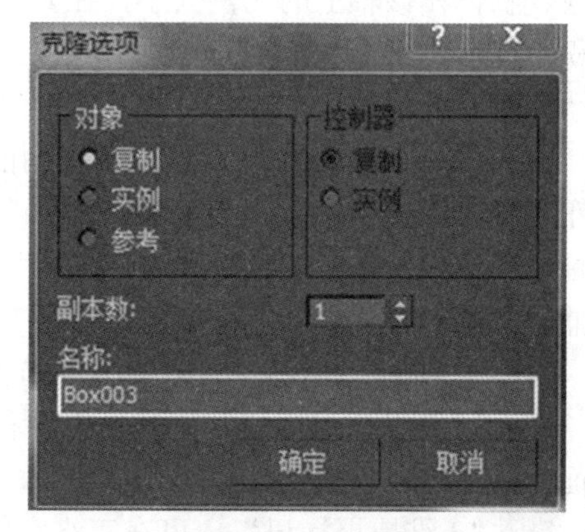

图 1-46 复制对象

在对物体进行复制的过程中，在打开的“克隆选项”对话框中有 3 个选项，它们的含义如下。

“复制”：用于单纯的复制操作。

“实例”：用于关联复制操作，被复制出来的对象和原对象之间存在相互关联的性质，也就是说当一个对象的属性被改变的同时，另一个对象也跟着改变。

“参考”：用于参照复制操作，被复制出来的对象会随原对象的改变而改变，但它不能影响原对象的属性。

（6） 镜像对象。

使用 3ds Max 2010 中的“镜像”工具能模拟现实中镜面的功能，将对象进行镜像转换，也可以创建出相对于当前坐标系统对称的对象副本。

选择需要镜像的对象后，单击主工具栏上的“镜像”按钮，打开“镜像”对话框，根据需要设置好镜像的选项后，单击“确定”按钮即可完成镜像的操作，如图 1-47 所示。

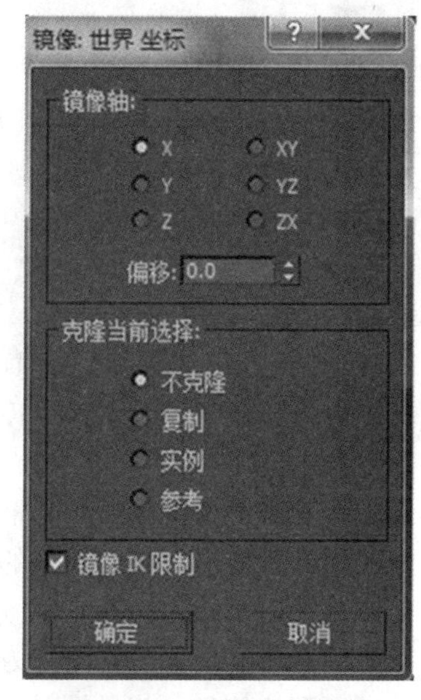

图 1-47 “镜像”对话框

在“镜像”对话框中，常用选项的含义如下。

“镜像对称轴”：用于控制选择的对象按照指定的轴或平面进行镜像，可以在“偏移”选项中确定镜像后的偏移量。

“克隆当前选择”：在此列举了镜像的方式，如果需要进行复制操作，可以指定“复制”“关联”“参考”中的一种方式进行复制操作，复制后的对象将沿着指定的轴或平面与原对象成对称图形。

（7） 阵列对象。

使用阵列操作，能够轻易地创建出对象的成倍副本的集合。在“阵列”对话框中，可以指定阵列尺寸偏移量、旋转和复制数量。选择一个对象后，执行“工具”|“阵列”命令，即可打开“阵列”对话框，如图 1-48 所示。

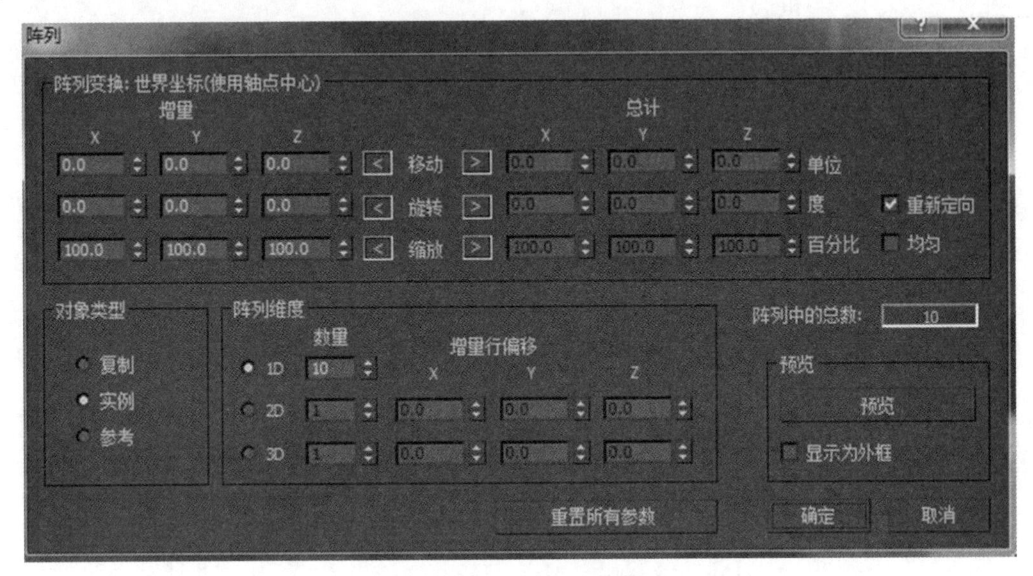

图 1-48　“阵列”对话框

“阵列”对话框的顶部可以设置沿 X 轴、Y 轴和 Z 轴的偏移量、旋转角度和缩放比例，在对话框下方可以设置阵列的数量。

在“阵列”对话框中，“移动”选项的值代表复制后的对象移动的距离；“旋转”选项的值代表复制后的对象旋转的角度。

“缩放”选项的值代表复制后的对象缩放的比例。

本章小结

本章主要带读者认识了 3ds Max 2010 的发展和功能特点，3ds Max 2010 的配置与安装，还包括 3ds Max 2010 的新增功能以及它的操作界面。希望读者能够通过本章的学习，对 3ds Max 的基础知识有一个基本的了解，为后面的学习打下坚实的基础。

本章习题

1. 填空题

（1） 3ds Max 2010 除了是一款专业建模及三维动画制作软件外，还被广泛应用于__________的设计和__________________制作。

（2）3ds Max 2010 的菜单栏集合了各种操作命令，一共包含了__________________、__________________和__________________。

2. 选择题

（1） 在 3ds Max 2010 中，主要包含了（　　）两套灯光系统。

A．标准灯光　　B．光学灯光

C．日光　　D．辅助光源

（2） 以下几项属于 3ds Max 8 界面的组成部分的是（　　）。

A．工具行　　B．视图工作区

C．视图控制器　　D．状态栏和提示行

3. 问答题

（1） 使用 3ds Max 2010 的工作流程，一般可以分为哪几个环节？

（2） 如何选择工具按钮中的附属工具?

（3） 3ds Max 2010 的启动和退出分别有哪几种方法？

（4） 3ds Max 2010 的操作界面共分为哪些部分？

第2章

二维线条建模

在 3ds Max 中建模是最基础的操作，它是一件三维作品的起点。模型的好坏直接影响以后的加工过程，因而对作品的制作效率起着关键作用。

3ds Max 中为用户提供了丰富的基础造型，主要可分为两类即平面二维曲线造型和空间三维造型，在建模和动画中二维曲线起着非常重要的作用，可以对二维曲线进行编辑修改来制作三维模型，如图 2-1 所示。

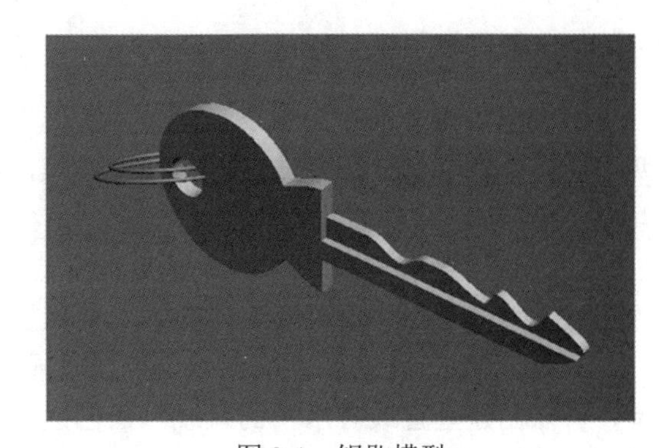

图 2-1　钥匙模型

学习目标

1. 了解基本的二维图形形式。
2. 了解二维图形的使用方式及操作方法。
3. 掌握二维图形修改命令。

2.1 基本的二维图形

二维曲线在建模过程中主要有以下 6 种用法。

（1）运用“挤出”功能将二维曲线平面拉伸成有厚度的立体模型，如制作立体文字、立体墙体等。

（2）运用“倒角”功能将二维曲线平面拉伸成有厚度的带有前后倒角效果的立体模型，如制作倒角台标等。

（3）利用“车削”功能可以把一个截面曲线旋转成个轴对称的三维模型，比如制作啤酒瓶、酒杯等模型。

（4）可用来构建放样造型的路径和截面。

（5）可用来指定动画中对象运动的路径。

（6）可用来作为复杂的反向关节运动的几种连接方式。

2.2 二维曲线的创建与修改

1. 创建类型

用鼠标单击“创建”命令，选中“图形”命令，在创建命令面板的图形对象类型中有两个次级分类项目：样条线和 NURBS 曲线，在许多方面它们的用处是相同的，也可以相互交替使用。

3ds Max 为用户提供了 11 种样条曲线类型，分别是“线”“矩形”“圆”“椭圆”“弧”“圆环”“多边形”“星形”“文本”“螺旋线”“截面”。

“线”：单击该按钮，可以创建由直线段或多个线组成的任意形状的曲线段。配合“Shift”键，可以创建垂直或者水平的直线。在创建线段的过程中要结束线段的创建，单击鼠标右键即可结束。

“圆”：单击该按钮，可以创建由 4 个顶点围成的封闭圆形曲线，4 个顶点两两相对。

“矩形”：单击该按钮，可以创建矩形，配合“Ctrl”键，可以创建正四边形。通过其参数的调节可以设置矩形的圆角效果。

“椭圆”：单击该按钮，可以创建椭圆，配合“Ctrl”键，可以创建正圆。

“星形”：单击该按钮，可以创建各种星形，通过参数设置可以创建出各种形状不一的图形。

“文本”：单击该按钮，可以使用 Windows 下安装的各种字体，创建由封闭曲线组成的平面文字图形。

“螺旋线”：单击该按钮，可以创建平面图形中的螺旋线。

“多边形”：单击该按钮，可以创建任意的多边形。边数值不能小于 3，当边数足够大时，将会变成圆。

“圆环”：单击该按钮，可以创建由两条封闭曲线组成的同心的圆。

“弧”：单击该按钮，可以创建打开或封闭的圆弧。

“截面”：单击该按钮，在视图中创建一个平面，通过此平面截取立体几何模型对象，可以得到一个二维截面图形。

2. 图形的使用及节点调整

在“创建样条曲线命令”按钮的上方有一个“开始新图形”复选框，在默认状态下是被选中的。这个复选框在选中下表示每次所建立的一条曲线，都将作为一个新的独立的物体，如果取消其选择，则表示建立的多条曲线都将被作为一个物体对待。将 11 种二维曲线绘制在前视图中，它们形状各异。

一条曲线的顶点，可以有 4 种不同的顶点类型：“Bezier 角点”“Bezier”“角点”“平滑”，如图 2-2 所示。

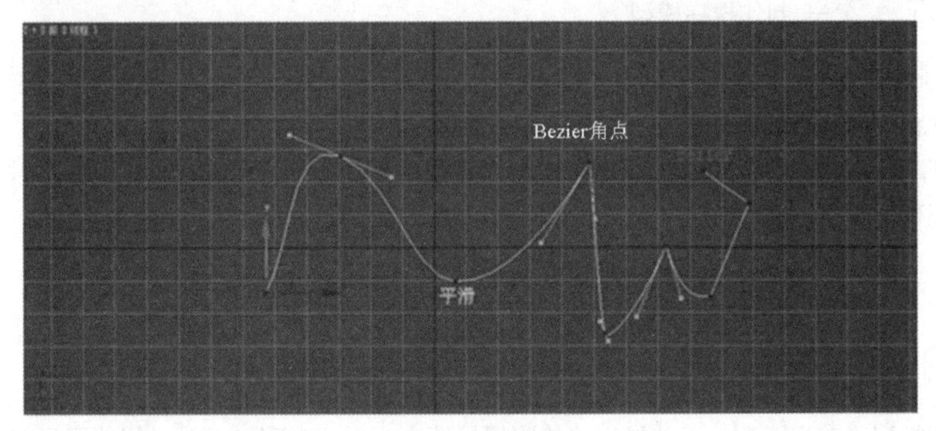

图 2-2　顶点类型

选择曲线的某一个顶点单击鼠标右键，在弹出的面板中可以找到相应的 4 种类型设置命令，可以为顶点设置任意一种顶点类型。

“角点”：选择此方式，建立的线形端点之间为直线。

“平滑”：选择此方式，建立的线形在端点之间将产生平滑的曲线。

“Bezier 角点”：选择此方式，建立的线形在端点产生平滑的尖角形状，与“角点”不同的是，端点之间曲线的曲率方向可以由在端点处拖动鼠标而决定。

“Bezier”：选择此方式，建立的线形将在端点产生平滑曲线，与“光滑”不同的是，端点之间曲线的曲率方向是由端点处拖动鼠标而决定的。

3. 创建“文本”Text（文字）对象

“文本”（文字）命令除了可以创建中文文字外，还可以创建系统内建的任意文字，文字的字体、大小、间距都可以调整。单击“文字”按钮后，在命令面板的下方就会显示出参数栏，在该卷展栏中可设置文字的各种效果，各主要参数作用如下。

“大小”：设置文字的高度。

“字间距”：设置文字之间的间距。

“行间距”：设置文字行与行之间的距离。

"文本"：输入需要的文字等。

"更新"选项区域：设置修改参数后，视图是否立即更新显示。遇到大量文字处理时，为加快显示的速度，可以打开"手动更新"设置，自行指定更新视图。

2.3 二维线的挤出

在日常生活中，楼梯是比较常见的，有直梯、滑梯、旋转楼梯等，我们将在这一节中讲述怎么样精准地制作普通的楼梯。

在 3ds Max 中，挤出修改命令用于将二维图形拉伸成三维立体模型，因此，"挤出"命令也在建模中占有重要位置。

上机实战——制作楼梯模型

制作步骤

（1） 栅格和捕捉设置。

在 3ds Max 中，点击按钮，单击鼠标右键，将会弹出"栅格和捕捉设置"对话框。将"主栅格"数值改为 150mm。

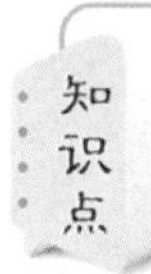

知识点

楼梯踏步宽度为 300mm，高度为 150mm。

切换到"前视图"，滚动鼠标滚轮将栅格缩小，方便观察二维线之间的距离的绘制，如图 2-3 所示。

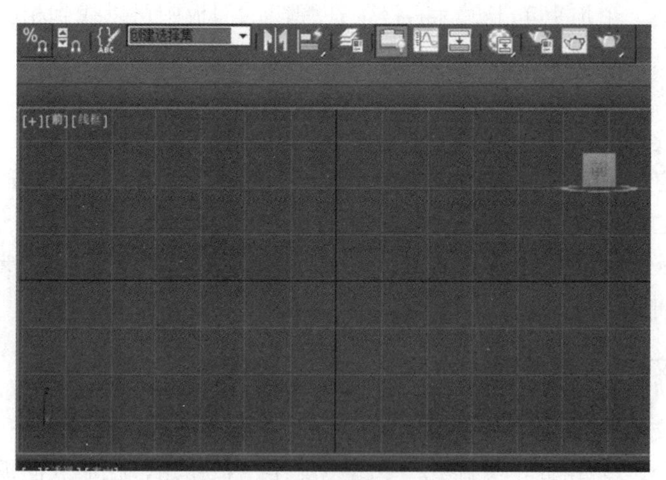

图 2-3　观察栅格距离

（2） 创建二维线。

点击按钮，选择"样条线"中的"线"按钮，将视图切换到"前视图"，打开 2.5 维捕捉，进行楼梯线的绘制。

（3）选中所绘图形，进入“修改器”列表，在“修改器”的卷展栏中，选择“挤出”命令，将挤出“数量”设置为 1500mm，如图 2-4 所示。

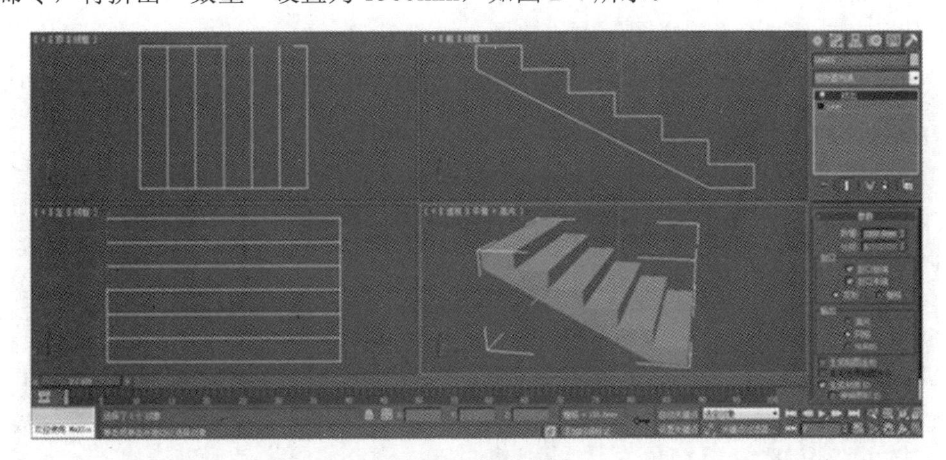

图 2-4　挤出效果

（4）渲染模型，得到如图 2-5 所示的模型效果。

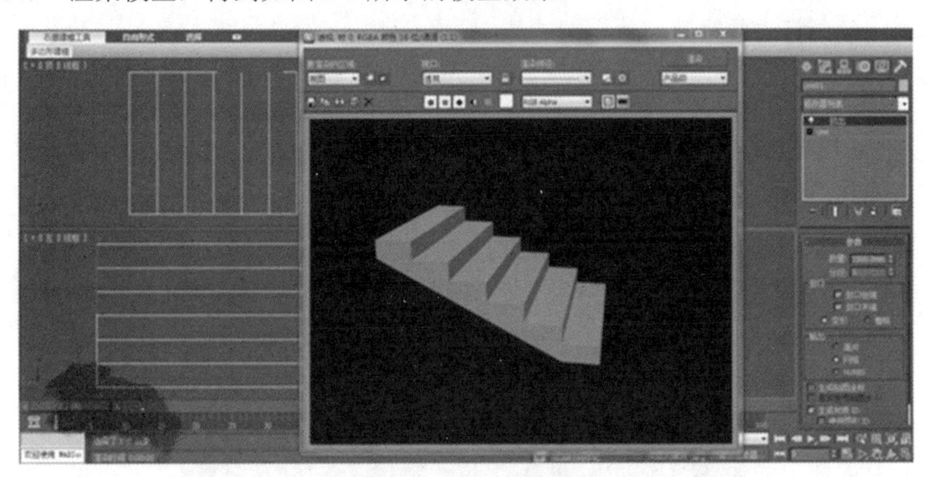

图 2-5　完成渲染效果

2.4 倒角

Bevel（倒角）修改命令用于将二维图形进行挤压形成三维模型，并且在挤压的同时，在边界上加入线形或圆形倒角效果，一般用来完成文字标志的制作。

上机实战——制作大众标志

制作步骤

（1）设置视口背景。

打开“视图”，选中“视口背景”（按“Alt+B”组合键），单击“文件”，在“选择背景图像”中，找出名为“大众标志参考. Jpg”格式文件，选择打开。

为了能将导入的图片在 3D 视口中按窗口比例显示及自由进行缩放，所以将“视口背景”中的“纵横比”设置为“匹配位图”，勾选“锁定缩放/平移”。

大众标志参考导入“前视图”中的效果，如图 2-6 所示。

图 2-6 导入效果

（2） 绘制标志曲线。

选择“样条线”中的“圆”命令，打开 2.5 维捕捉（2.5），绘制如图 2-7 所示的圆形。

图 2-7 绘制圆形

选择“样条线”中的“线”命令，利用 2.5 维捕捉，对图形进行绘制（顶角的线最好画出边界一些，便于以后修改编辑）。

选中所绘线性，单击鼠标右键，将其转换为“可编辑样条线”（在可编辑样条线中，可以进入“点”层级，当线条显示出所有的点之后，可以放大图形，对绘制有偏差的位置进行修改）。

（3）　曲线的修剪。

该二维图形由多条样条曲线组成，曲线与曲线之间有多处重叠需要对曲线之间重叠部分进行修剪。打开“可编辑样条线”的“样条线”选项，选择“点”层级下的“修剪”。在“前视图”中分别点击交叉的曲线段，这样就去掉了重叠的曲线段。选择所有顶点点击“焊接”命令，如果有顶点未焊接可以调整“焊接”命令后面的数值将所有重叠的顶点焊接起来。

（4）　对标志图形进行倒角。

选中所绘图形，进入“修改器”列表，选择“倒角”命令。

（5）　倒角成立体标志。

在保持选择标志曲线的同时在“修改”命令中选择“倒角”命令。在“倒角值”选项中设置各项数值“级别 1”中高度为 2，“轮廓”为 1.4，“级别 2”中高度为 2，轮廓为 0，“级别 3”中高度为 2，“轮廓”为-1.4。可以看到如图 2-8 所示的立体效果。

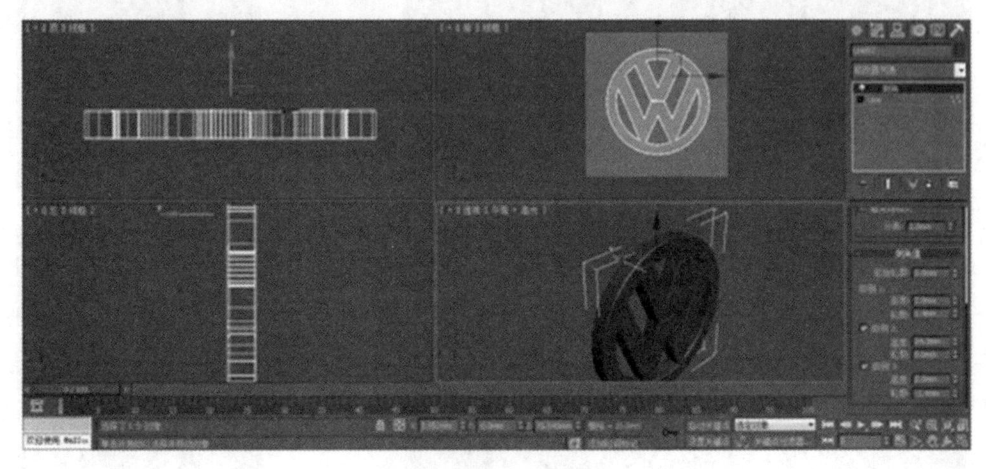

图 2-8　最终完成模型

2.5 车削

“车削”也称为“旋转”（Lathe），用于将二维图形旋转成为三维立体模型，常用来制作“瓶子”“杯子”“盘子”“水果”等对称的对象。

上机实战——制作花瓶

制作步骤

（1）　设置背景参考图。

点击“视图”，打开“视口背景”中的“视口背景（B）”，单击“文件”按钮，弹出对应的对话框，在“查找范围”中，找到所需的图形文件。

调整文件位于视图中的位置。为了能将导入的图片在 3D 视口中按窗口比例显示以及自由进行缩放，将“视口背景”中的“纵横比”设置为“匹配位图”，勾选“锁定缩放/平移”复选框。

（2） 创建二维线。

选中，点击“线”命令进行图形绘制，可大致描绘花瓶图形，如图 2-9 所示。

选中所绘线条，单击鼠标右键，将其转换为“可编辑样条线”，点选“点”层级，将全部点选中，单击鼠标右键，在弹出的窗口中，单击“Bezire”，对线条进行编辑。

将曲线进行调整后，进入“线”层级，点选“轮廓”命令，移动鼠标向里面进行“扩边”，数值自定（不宜过厚）。

进入“点”层级，对顶点进行“圆角”修改，得到圆角效果。

进入“修改器”命令面板，选择“车削”，如图 2-10 所示。在展开的“车削”命令面板中，点击“轴”，利用移动工具对轴线进行移动。

图 2-9　绘制曲线

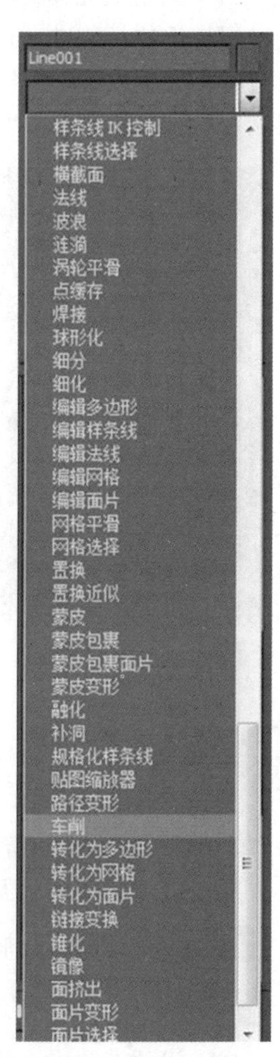

图 2-10　车削命令

返回到“车削”，激活命令。在“视图”中，点击“显示视口背景”，去掉背景图片。渲染模型，得到如图 2-11 所示的模型效果。

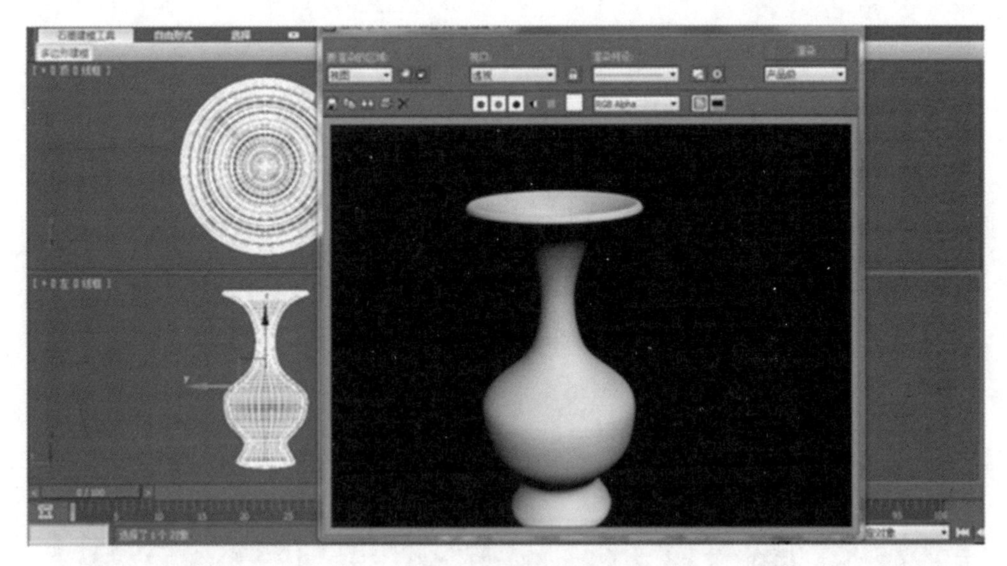

图 2-11　最终完成模型效果

2.6 倒角剖面

倒角剖面修改命令是倒角命令的延伸与扩展。倒角命令可以实现倒直角或倒圆角效果，但无法实现特殊要求的倒角效果。例如，经常用到的桌子和椅子，它们的边沿往往经过特殊的倒角处理，这种倒角效果可以通过倒角剖面命令来实现。

上机实战——制作古典圆凳

制作步骤

（1） 在“顶视图”新建一个圆形，“半径”设为 120mm。切换到“前视图”，在“前视图”中绘制一条曲线，可自行调整，如图 2-12 所示。选中“圆形”，进入“修改器”命令面板，在展开的列表中选择“倒角剖面”命令，在“参数”层级下，点击“拾取剖面”命令，拾取视图中绘制的曲线，如图 2-13 所示。得到模型如图 2-14 所示。

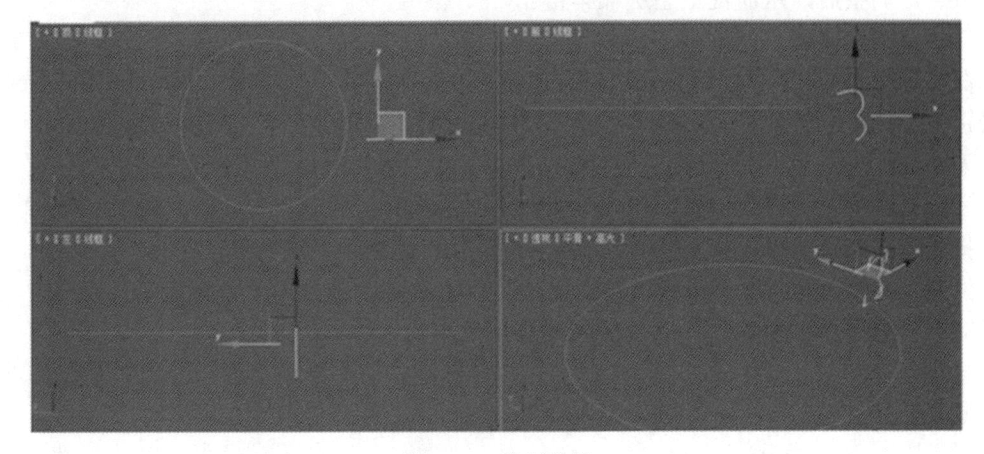

图 2-12　绘制曲线

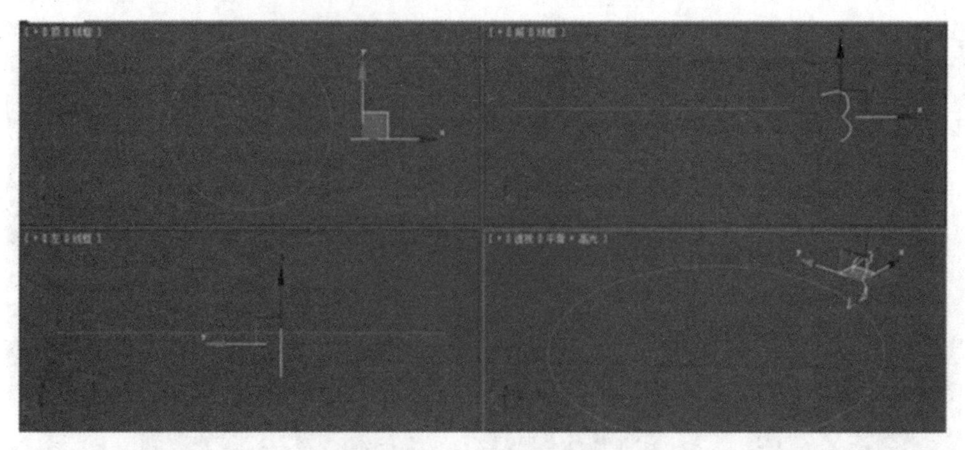

图 2-13 拾取剖面

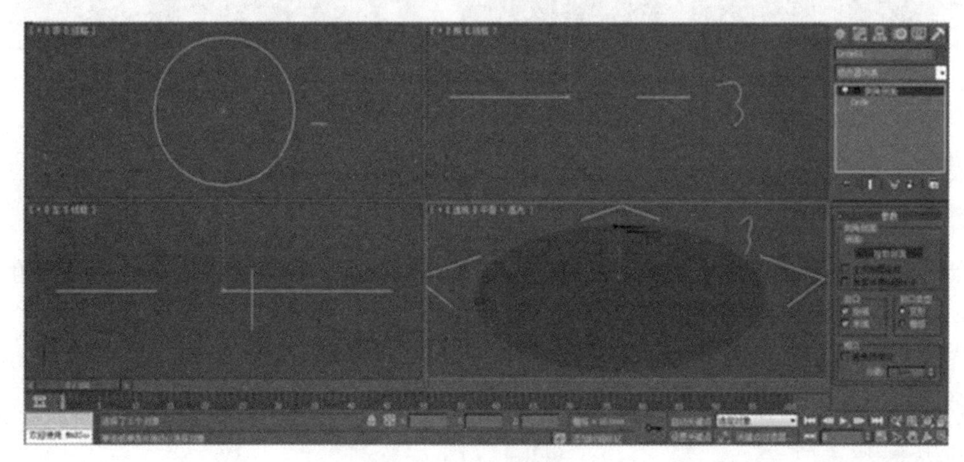

图 2-14 剖面形成效果

（2） 图形的调整。

如果对造型不满意，可以对拾取路径曲线进行修改，达到更加理想的效果。选中“路径”，在“修改器”命令面板中，选择“顶点”层级下的“优化”命令，可任意在曲线上增加节点，调整后，从而使造型更加丰富。

（3） 制作凳腿。

在“前视图”中绘制一条曲线，进行调整后，进入“修改”面板，选择“倒角”命令。“级别 1”中“高度”为 3mm、“轮廓”为 3mm。“级别 2”中“高度”为 18mm、“轮廓”为 0、“级别 3”中“高度”为 3mm、“轮廓”为-3mm。

（4） 调整凳腿摆放位置。

将凳腿在“顶视图”中调整位置，按住“Shift”键进行“复制”，点击“镜像”命令，调整位置。选中两个凳腿，打开“角度捕捉”点击右键，进行角度设置，设置为 90°。按住“Shift”键进行“旋转”。

修改模型颜色，将其成“组”，命名为古典圆凳，然后渲染模型，得到如图 2-15 所示的模型效果。

图 2-15　最终完成模型效果

2.7 可渲染线条

使用“可渲染线条”命令使线条产生厚度，变成三维线条，可以是圆形的也可以是方形的。在 3D 建模制作过程中，很多时候需要绘制线条，通过修改线条的造型来完成模型的需要，“可渲染线条”是比较重要的命令工具，需要认真学习，并能熟练运用。

上机实战——制作简约座椅

制作步骤

（1） 在“顶视图”中绘制一个矩形，将其“长度”数值设置为 400mm。“宽度”数值设置为 1200mm，如图 2-16 所示。

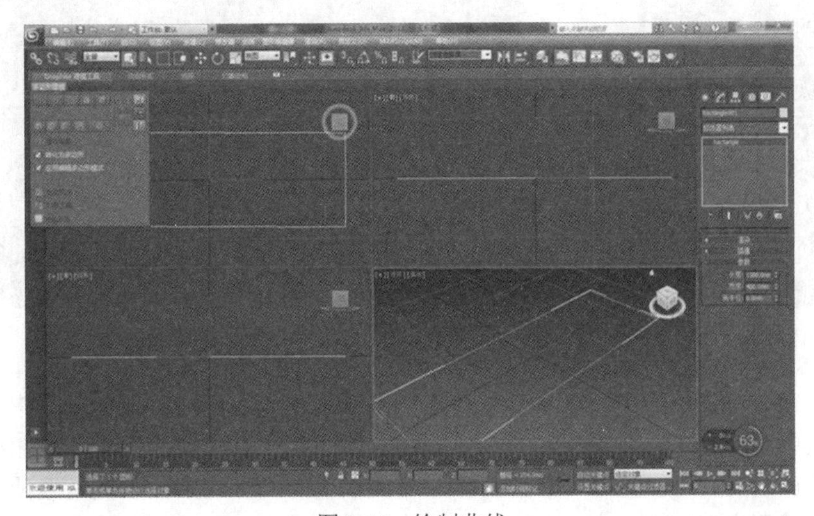

图 2-16　绘制曲线

选择矩形，单击鼠标右键，将其转换为“可编辑样条线”，选择“线段”，进入“线段”层级的卷展栏。选中如图 2-17 所示的两条边线，然后进行“拆分”，设置“拆分”数量为 2，如图 2-18 所示。点选后，对图形进行调整，如图 2-19 所示。

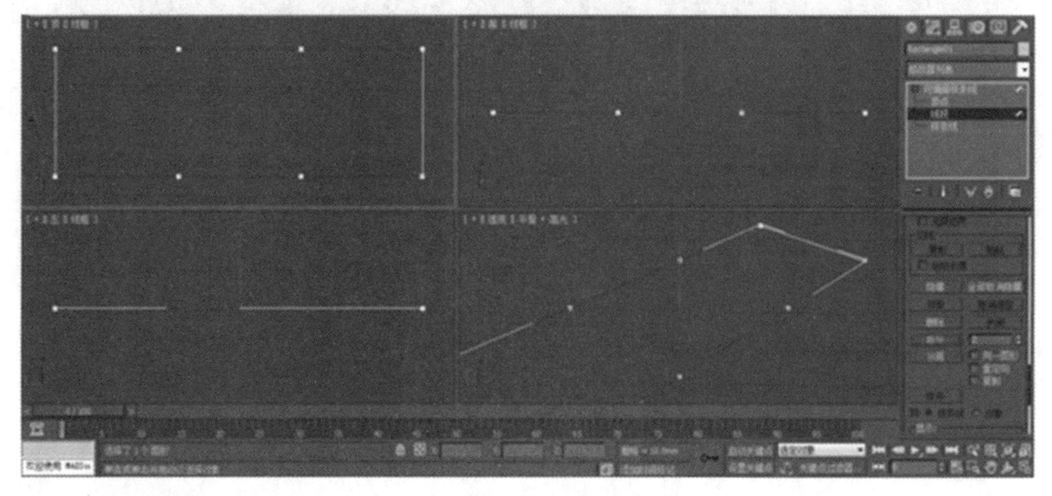

图 2-17　拆分线段

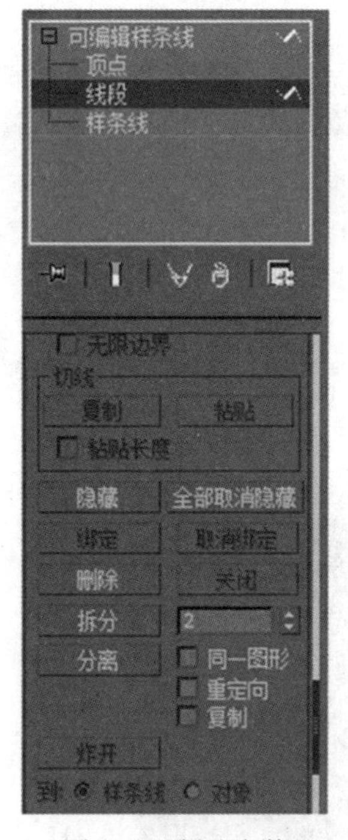

图 2-18　拆分参数

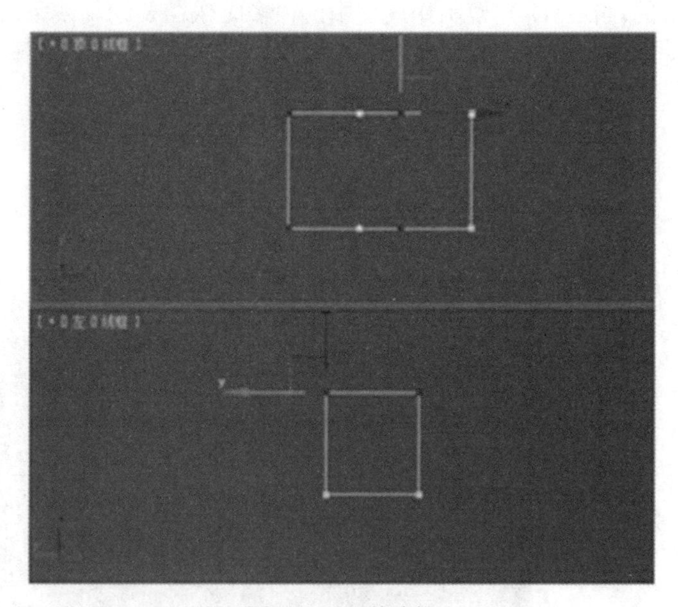

图 2-19　调整线性

（2） 在“左视图”中，选中前两个点，继续进行调整，在“前视图”中，使用移动工具，使点朝后方移动。在钢管转弯处，利用“圆角”工具对转折点进行圆角处理。

在保持曲线的同时，打开“修改器”命令面板中的“可渲染样条线”选项，如图 2-20 所示，设置“厚度”为 15mm，边数为 12。

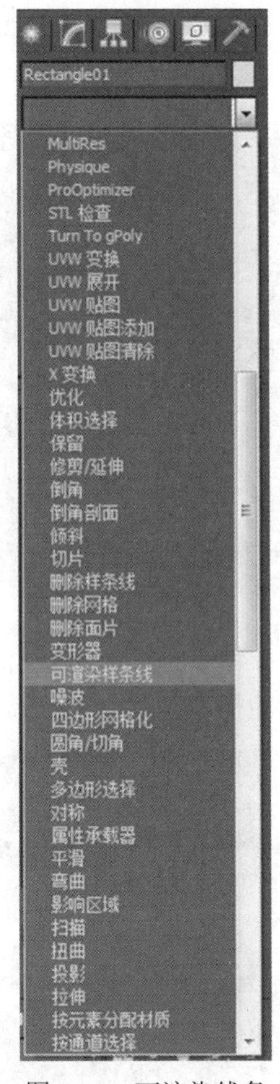

图 2-20　可渲染线条

（3） 创建靠背。

在“前视图”中，绘制如图 2-21 所示的图形，选中图形，单击鼠标右键，进入“可编辑样条线”，在“样条线”层级下，点击“轮廓”对所绘线条进行扩边。进入“点”层级，点击“圆角”命令，使线条折角圆滑。

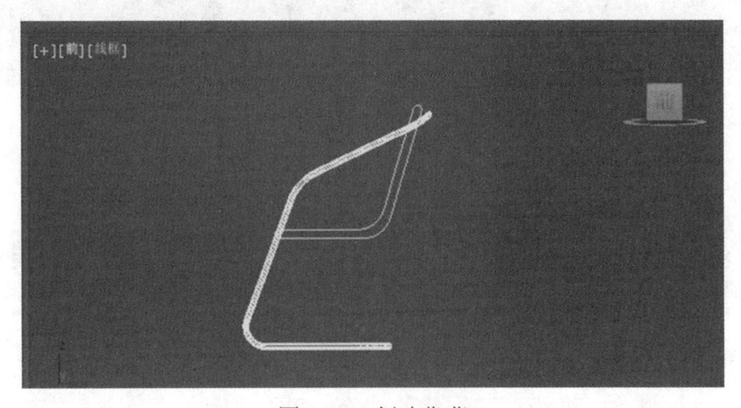

图 2-21　创建靠背

进入“修改器”列表，对曲线进行“挤出”修改操作，在“挤出”修改中，设置合适的“数量”值。并且在视图中分别调整好靠背的位置，如图 2-22 所示。

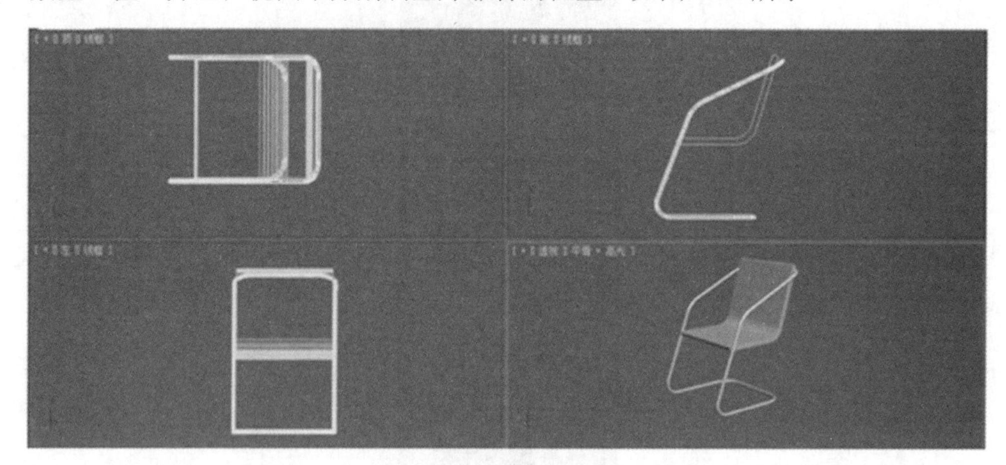

图 2-22　调整靠背位置

渲染模型，得到如图 2-23 所示的模型效果。

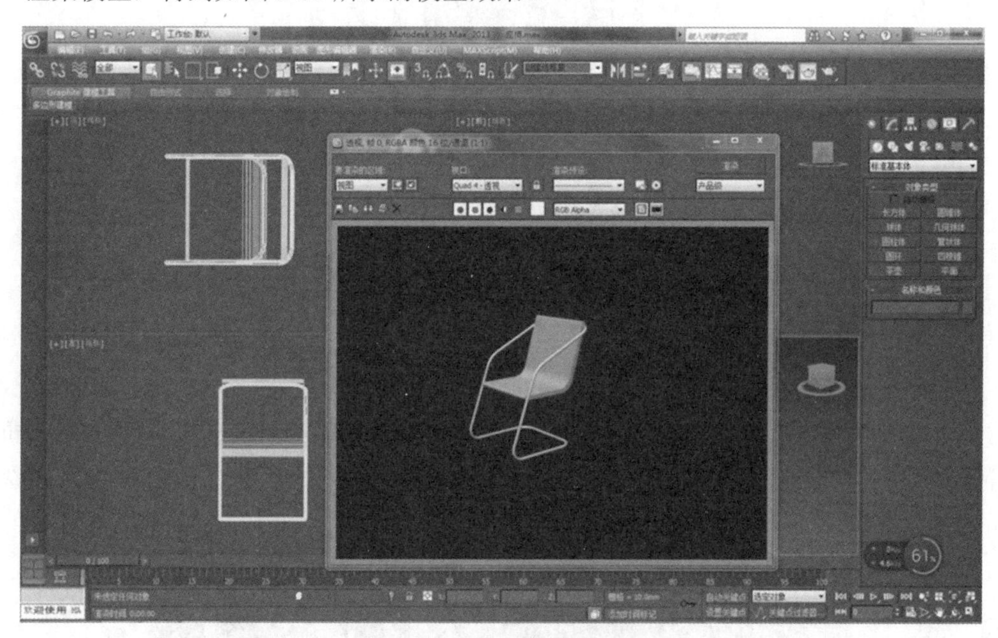

图 2-23　最终完成模型效果

本 章 小 结

本章介绍了如何在 3ds Max 2010 中使用基本的二维图形进行三维建模的方式，其中介绍了二维线的创建与修改二维线转三维线的命令，以及“倒角”命令、“车削”命令、“倒角剖面”命令和“可渲染线条”命令等内容，使大家能够快速掌握并进入到一个新的阶段。

本章习题

1. 填空题

（1）3ds Max 2010 中的各种模型是构成效果图场景的基本元素，其中__________和__________是 3ds Max 2010 中最基本的模型。

（2）异面体是基于原则定义的____________________。

2. 选择题

（1）标准基本体中的模型是制作效果图中常用的模型，其中包括（　　）种类型。

A．8　　B．10

C．12　　D．13

（2）常见的二维图形共有（　　）种类型。

A．11　　B．12

C．8　　D．10

3. 问答题

（1）二维图形有哪些特性，该如何进行掌握使用？

（2）标准基本体中的模型是制作效果图中常用的模型，其中包括哪 10 种类型？

（3）通过“异面体”命令，可以创建哪些三维模型？

第3章 复合建模

本章介绍了关于复合建模的相关知识，“复合建模”是一类比较特殊的建模方法，用于创建由两个以上的对象组合而成的复合对象。其功能强大，尤其是“放样”和“布尔运算”几乎是必不可少的工具。

学习目标

1. 了解“布尔运算”命令及“放样”命令的功能和作用。
2. 掌握“布尔运算”命令及“放样”命令的使用方法。

3.1 布尔运算

在 3ds Max 中，建模形式多种多样，可以用现成的模型，多数通过对模型的修改来达到理想的效果。“布尔运算”是其中的一种修改方式，通过物体对物体的相互运算，来进行模型的修改与创建。

布尔运算分为两类：一类是线的布尔运算，一类是几何物体的布尔运算。

线的布尔运算在编辑线条里面，不过通常可以用 Trim 剪切代替。几何物体的布尔运算命令在创建复合物体的菜单里。

布尔预算的特点：

在布尔运算中，两个原始对象被称为运算对象，一个叫运算对象 A，另一个叫运算对象 B。建立布尔运算前，首先要在视图中选择一个原始对象，这个原始对象就叫做运算对象 A，这时“布尔”按钮才可以使用。对象进行布尔运算后，随时可以对两个运算对象进行修改操作，布尔运算可将修改过程记录为动画，边线神奇的切割效果。

布尔运算的操作步骤：要使用布尔运算，首先在视图中创建两个以上的几何对象，并选中其中一个对象作为原始对象，在布尔运算操作中，将其称为 A 对象。然后，在命令面板中单击“创建”面板，选择“几何体”中的“复合对象”，选择“布尔”按钮，显示出进行布尔运算的参数面板。

布尔运算的运算方式与显示

在“参数”卷展栏中，可以选择已参与运算的对象和布尔运算方法。该卷展栏中包含有“运算对象”和“操作”两个选项区域。在“运算对象”选项区域中，可以选择运算对象，并在“名称”文本框中显示出一侧的运算对象。在“修改”命令面板中，选择运算对象后，可以激活“提取运算对象”按钮、“实例”单选按钮及“复制”单选按钮。

在以下图像显示中，长方体为 A 对象，球体为 B 对象，如图 3-1 所示。

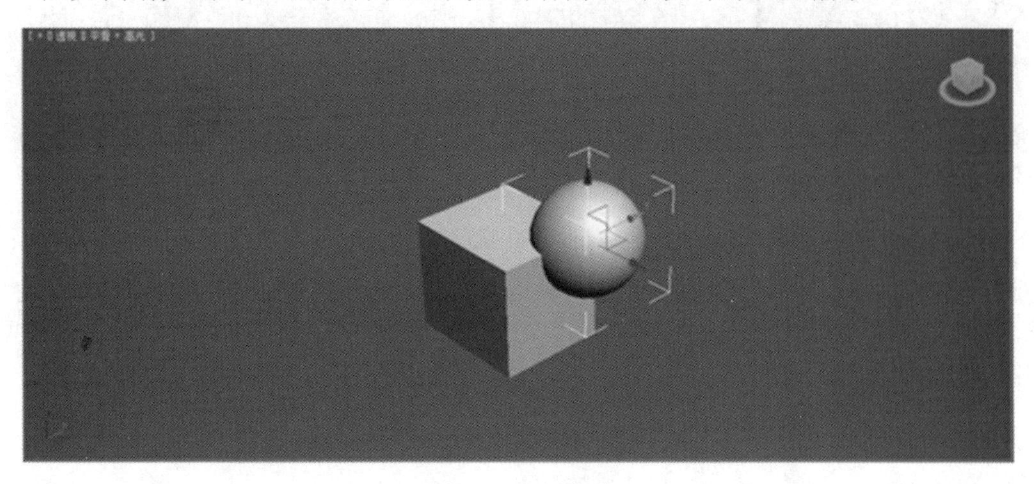

图 3-1　示例模型

“并集”：将两个模型合并，相交的部分被删除，成为一个新对象，如图 3-2 所示。

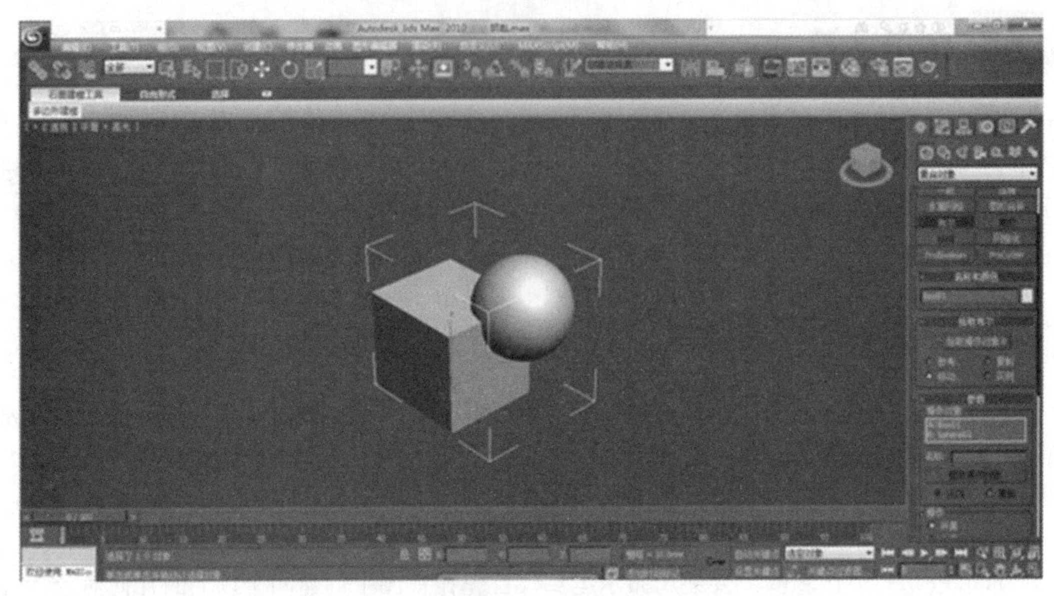

图 3-2　并集

“交集”：将两个模型相交的部分保留，不相交的部分删除，如图 3-3 所示。

图 3-3　交集

“差集”：将两个模型进行相减处理，从一个造型中删除与另一个造型相交的部分，得到一个切割后的造型，这是最常用的一种运算方式。这种方式对两对象相减的顺序有要求，会得到两种不同的结果。“差集 *A-B*”的效果，如图 3-4 所示，“差集 *B-A*”的效果，如图 3-5 所示。

图 3-4　差集 *A-B*

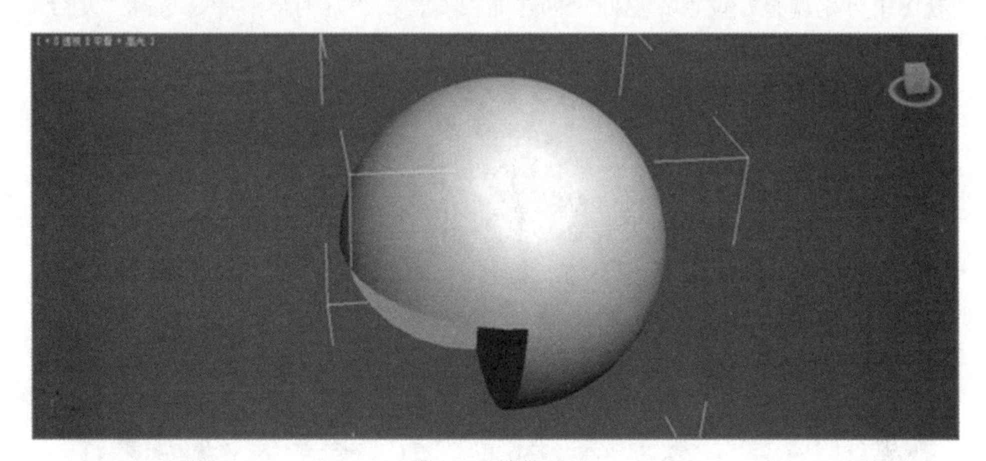

图 3-5　差集 *B-A*

3.2 上机实战——制作钥匙模型

制作步骤

（1） 在“前视图”中绘制一个“圆形”，半径自定（大小可按照真实钥匙半径绘制）。再在“前视图”中绘制两个“矩形”，利用“对齐”工具，分别与圆进行对齐。调整“矩形 1”，选中“圆”，单击鼠标右键，将其转换为“可编辑样条线”，进入编辑面板，选择“附加多个”对矩形 1 和矩形 2 进行附加，使之变成一个整体。单击“修剪”命令，修改多余线条，使用“优化”命令对线条进行“加点”。通过对“点”的编辑、移动，来做出钥匙锯齿的效果，得到如图 3-6 所示的模型效果。

（2） 在“前视图”中再绘制一个“圆形”，单击鼠标右键，将其转换为“可编辑样条线”。在“可编辑样条线”中与制作好的钥匙进行“附加”。框选选中所有顶点，进行“焊接”。进入“修改器”命令面板，选择“挤出”，挤出“数量”设置为 10mm。

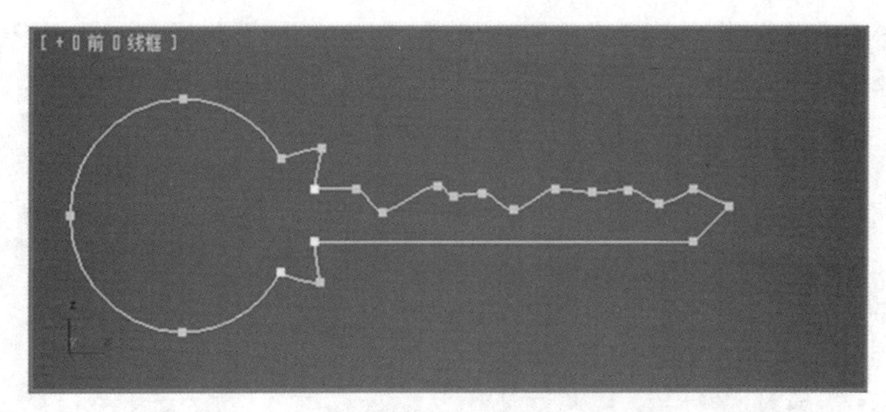

图 3-6　调整顶点位置

（3） 制作钥匙凹槽。

如图 3-7 所示，在“前视图”中绘制一个矩形，长、宽数值比由钥匙模型的长度来确定，在视图中分别调整好位置。返回“创建面板”，在“几何体”中，选择“复合对象”中的“布尔”命令，如图 3-8 所示。

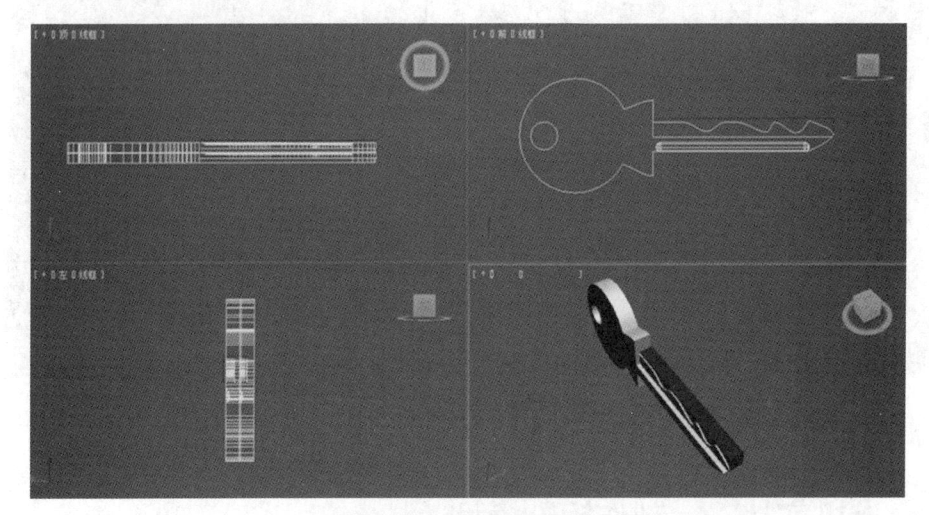

图 3-7　制作长方形凹槽

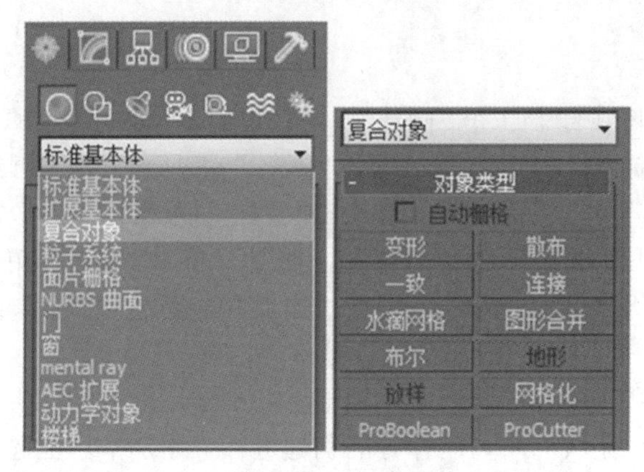

图 3-8　复合对象

选中钥匙模型，在“布尔”运算的下拉列表中，点击“拾取操作对象 B”，系统默认在“参数”的“操作”中，选择“差集（A-B）”。用鼠标拾取长方体，得到模型。参考上面步骤的操作，做出另一面的圆柱形凹槽，如图 3-9 所示。

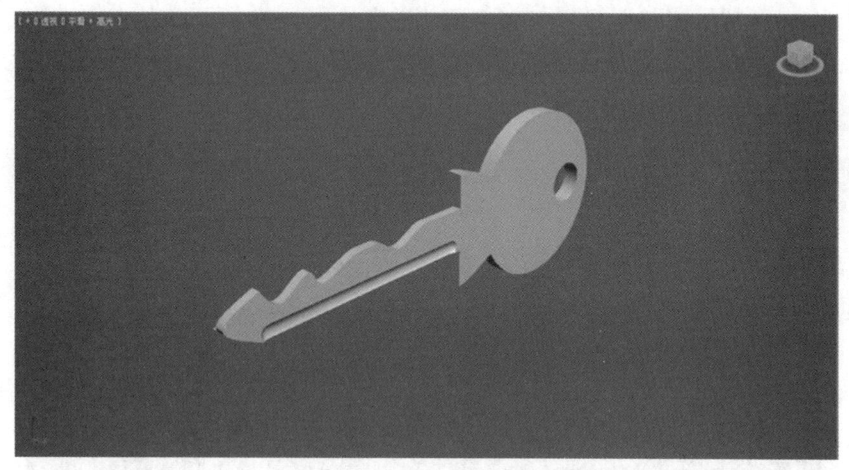

图 3-9 圆柱凹槽效果

（4） 制作钥匙环。

选择“创建面板”中的“样条线”，选择“螺旋线”命令。在“顶视图”中创建一条螺旋线，“半径”1 表示螺旋线内圈线的直径，根据所绘钥匙孔进行调整。“半径 2”表示螺旋线外圈线的半径，视情况进行调整。“高度”数值为 0.8mm，“圈数”数值为 2，在“修改器”列表的下拉列表中，选择“可渲染样条线”，给定螺旋线一定的厚度。钥匙圈就做好了。与钥匙放置在一起，调整好位置，并利用“旋转”工具对其进行旋转调整，制作出自然下垂的效果。

（5） 渲染模型，得到如图 3-10 所示的模型。

图 3-10 最终完成模型效果

3.3 超级布尔运算

ProBoolean（超级布尔运算）与布尔运算的差别：同样都可以对物体进行布尔运算。前者可以在同一模型上重复进行运算，后者只能运算一次。

上机实战——制作烟灰缸

制作步骤

（1） 制作烟灰缸主体。

在“前视图”中，绘制如图 3-11 所示的二维曲线。

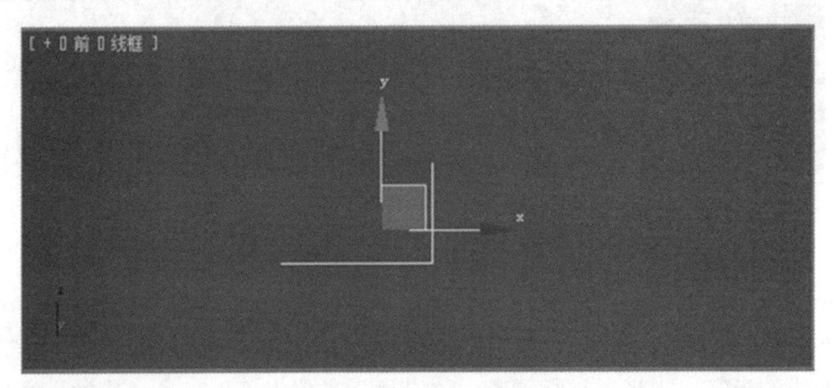

图 3-11　绘制曲线

单击鼠标右键，将其转换为“可编辑样条线”。进入修改命令面板，选择“样条线”层级，在其下拉列表中，选择“轮廓”命令，利用移动工具，拖动鼠标来给二维曲线进行扩边。

继续选择“顶点”，在其下拉列表中，选择“圆角”命令。选中需要圆滑部位的顶点，拖动鼠标，进行编辑，如图 3-12 所示。选择烟灰缸底部的顶点，选择“切角”使其更加形象、美观，如图 3-13 所示。

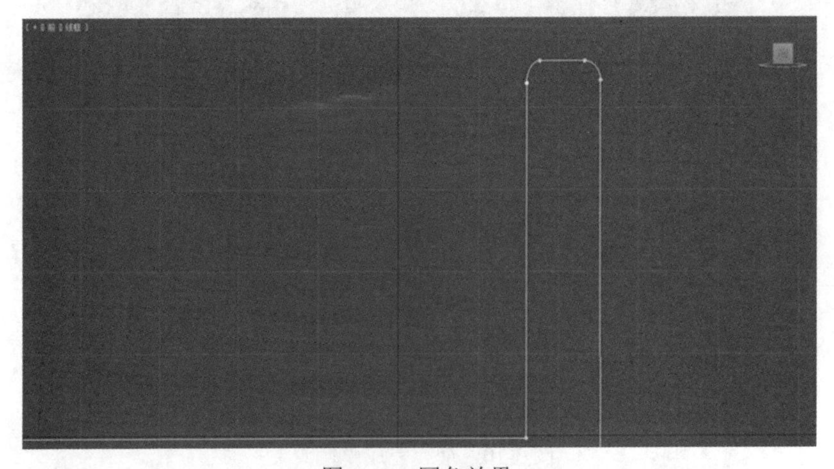

图 3-12　圆角效果

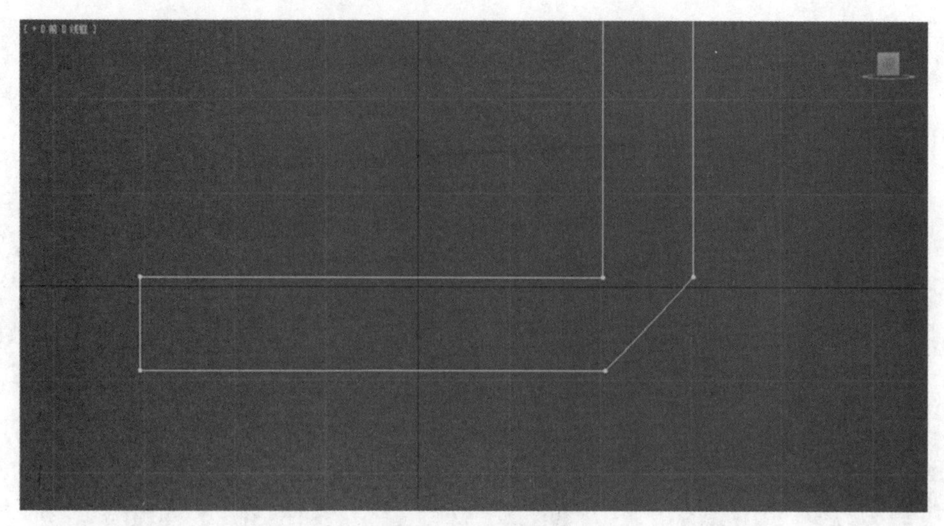

图 3-13　切角效果

打开修改器列表的下拉列表，选择“车削”命令。展开“车削”，选中“轴”，在“前视图”中，对轴进行移动调整。

在“参数”中，勾选“焊接内核”。将“分段数”数值调整为 32，使烟灰缸的边沿更加平滑，如图 3-14 所示。

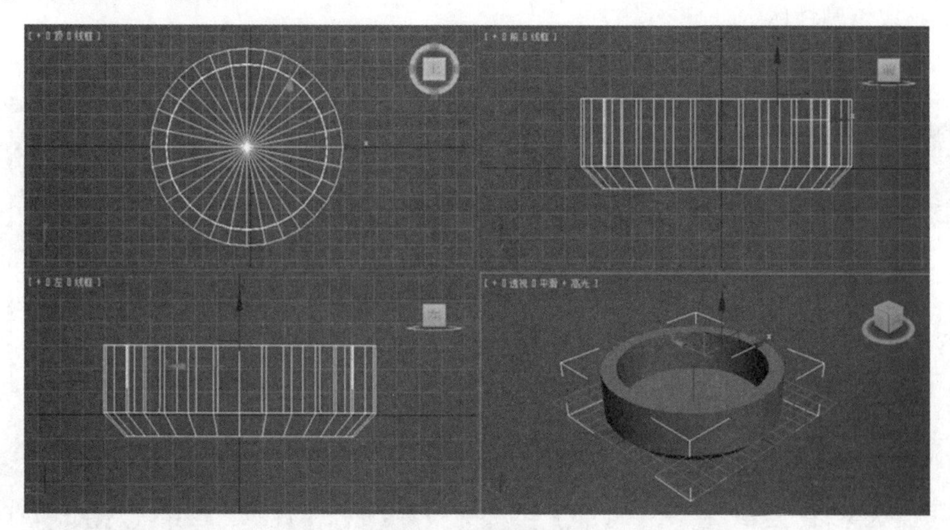

图 3-14　烟灰缸模型

（2）　制作烟灰缸上的放烟的部位。

在“前视图”中，绘制一个圆柱体，将其在其他视图中分别调整好位置。选择创建面板中的，在“调整轴”卷展栏中，选择“仅影响轴”。再激活“对齐”命令，选择烟灰缸，在弹出的“对其当前选择”中，设置“X 位置-中心-中心”，使圆柱体的轴心点与烟灰缸的中心点对齐，点击“确定”按钮后，返回创建面板。点击“栅格与捕捉”按钮，在弹出的“栅格与捕捉设置”中，将“角度”设置为 120°。点击“旋转”按钮，按住“Shift”键进行旋转，得到三根等距离的圆柱体，如图 3-15 所示。

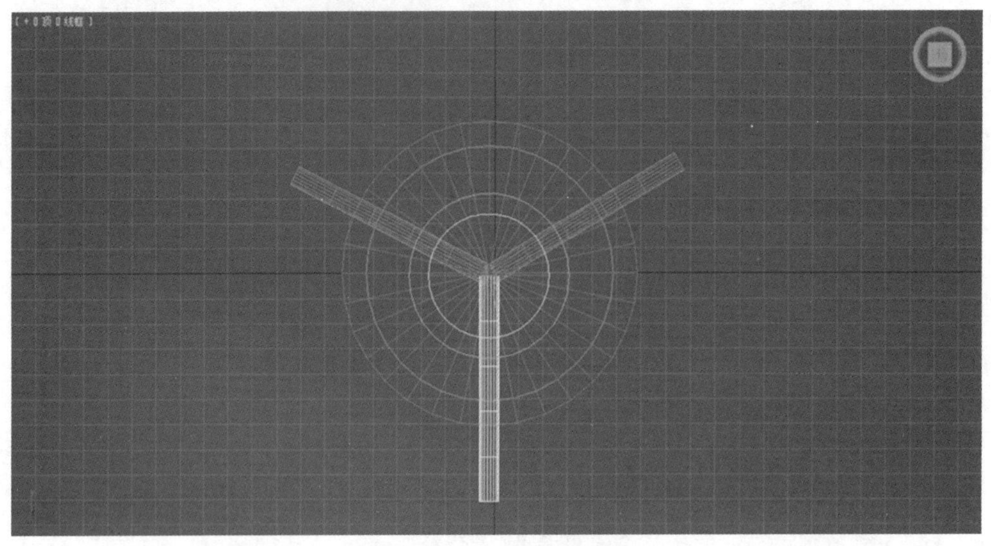

图 3-15　等距离圆柱体设置

选中一根圆柱体单击鼠标右键，将其转换为“可编辑多边形”，选择“附加”，将其他两根圆柱体相加到一起变成一个整体。

返回创建面板，选择烟灰缸，进入“复合对象”，选择 ProBoolean（超级布尔运算），“开始拾取”圆柱体。

（3） 渲染模型，如图 3-16 所示。

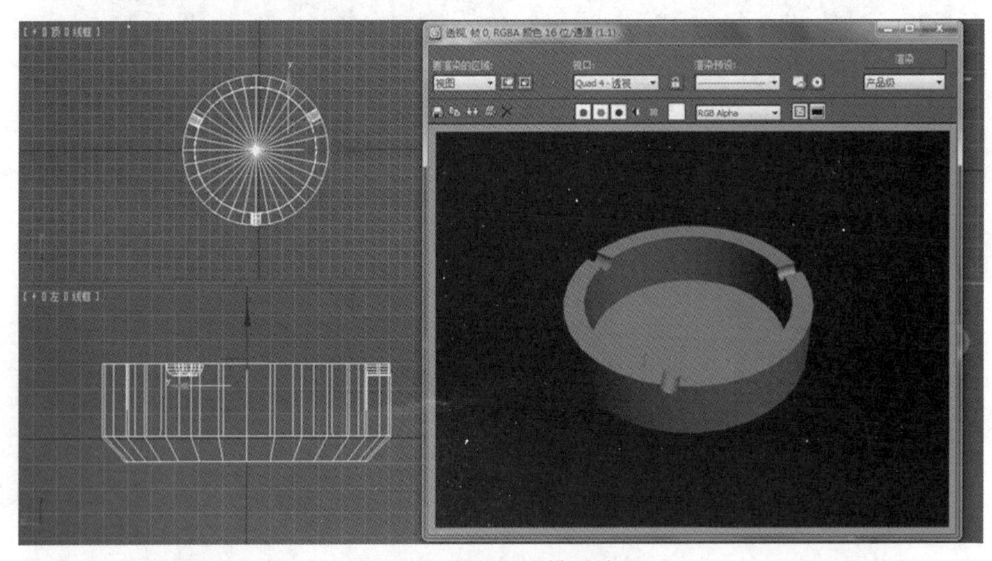

图 3-16　最终完成模型效果

3.4 放样建模方法

“放样”是 3ds Max 中一个非常重要的建模命令，它是让一个或几个二维图形（截面图形），沿另一个二维图形生长（放样路径），组成三维模型的工具。其中当作横截面的二维造型被称为“图形”。一个放样对象可以有好几个横截面二维图形，但只能有一个路径。例如，如图 3-17 所示的截面按路径进行放样，即可得到如图 3-18 所示的三维模型。

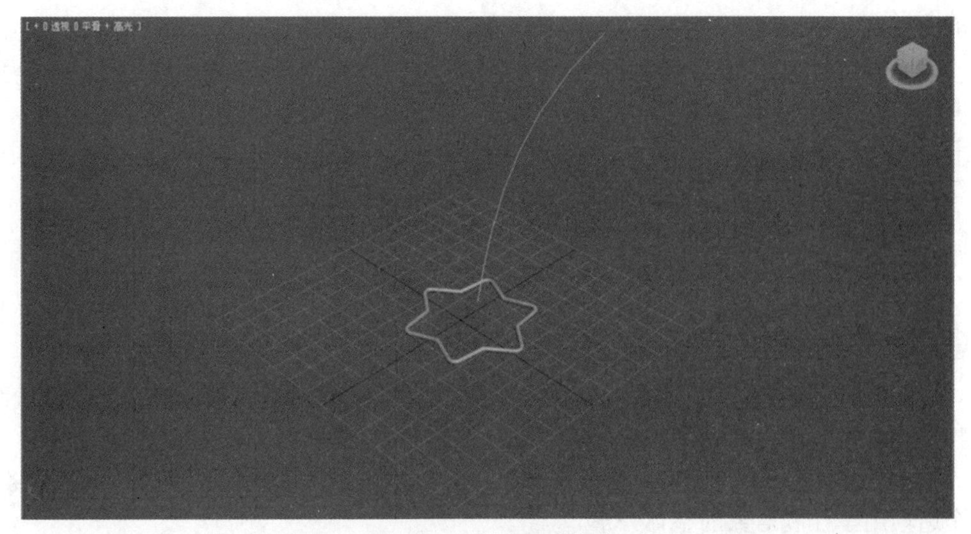

图 3-17　放样示例模型

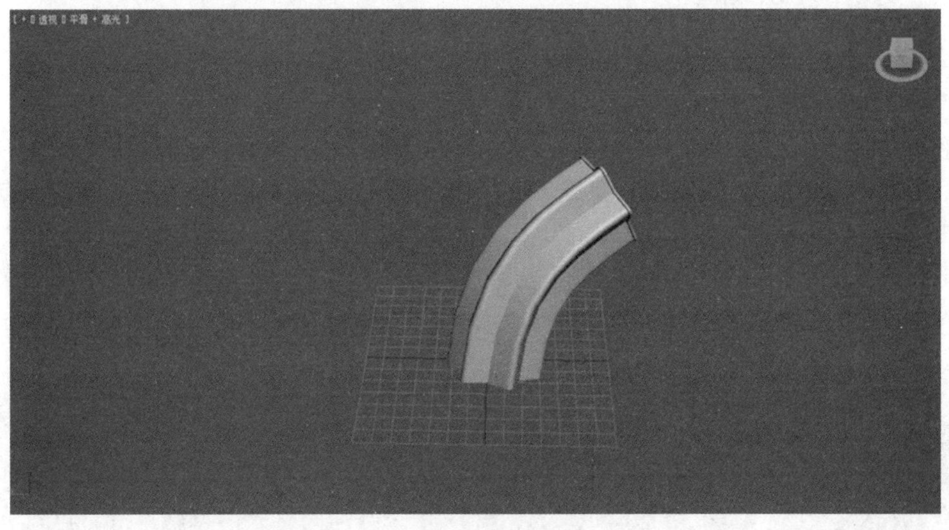

图 3-18　放样效果

创建放样模型的时候，对放样的路径和截面要有一定的限制要求。路径和截面都应该是样条曲线，样条曲线可以是闭合的，也可以是开放的。放样路径只能是一条样条曲线，如果不是样条线，必须将它们转变成为一条样条线才能使用。放样截面可以有多个。每个截面可以由多条样条曲线构成，所包含的样条曲线数目必须相同。如果放样的第一个截面包含有嵌套的样条曲线，则所有的截面都必须含有相同的嵌套顺序和形式。

在放样时，对于路径和截面的选择顺序有两种方式，一种是先选择截面，再选择放样的路径，这种方法适用于截面的位置和方向在放样后不发生变化的情况；另一种是先选择路径，再选择放样路径上的各个截面，这种方法适用于路径的位置和方向在放样后不发生变化的情况，尤其适用于使用多个截面创建放样的模型。

在“放样”列表的“创建方法”卷展栏中，确定使用什么方式建立放样模型。

“获取路径”：如果已经选择了截面图形，那么单击此按钮，在视图中选择将要作为路径的图形。

“获取图形”：如果已经选择了路径，那么单击此按钮，在视图中选择将要作为截面造型的图形。

“移动”“复制”“实例”是三种复制属性，一般默认的是“实例”方式，这样，原来的二维图形都将继续保留，进入放样系统的只是它们各自的关联对象。

在“曲面参数”卷展栏中，可设置对象表面的光滑属性。

“平滑长度”复选框：选中该复选框，可以对长度方向的表面进行光滑处理。

“平滑宽度”复选框：选中该复选框，可以对宽度方向的表面进行光滑处理。两相都打开可获得光滑的造型。

“贴图”选项区域：控制贴图在路径上的重复次数。这种放样对象对有些空间缠绕的管状物必须利用它滋生的贴图坐标才能表现出完好的贴图效果。

“输出”选项区域：进行输出参数的设置，其中有两个参数分别是“面片”和“网格”，这两个选项用于控制对象的整体外形。

上机实战——制作咖啡杯

制作步骤

（1） 制作杯体。

利用前面所学过的“车削”命令进行制作。在“前视图”中绘制出所需的二维图形，单击鼠标右键将其转换为“可编辑样条线”后，对折角部位进行调整，选中要圆滑的顶点，可利用“圆角”工具拖动鼠标使杯沿圆滑。在“修改器”列表中选择“车削”命令，在“前视图”中，展开“车削”命令，选中“轴”，调整“轴”的位置，得到如图 3-19 所示的模型。

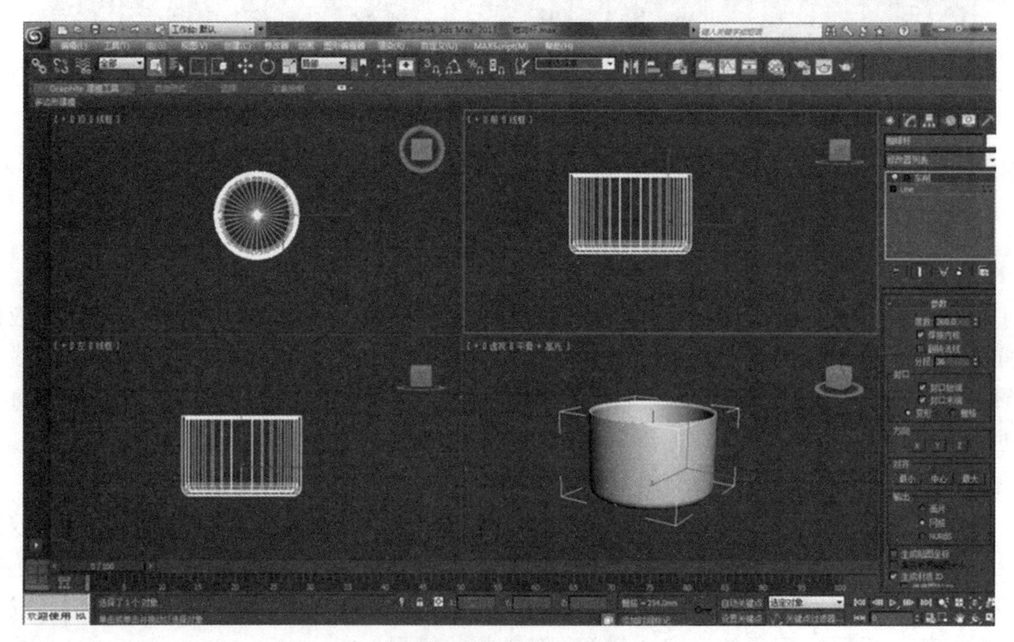

图 3-19　车削后效果

（2） 制作杯子把手。

在“前视图”中绘制一条曲线，进入“修改器”列表，选择“点”层级，对其形状进行修改。再在“前视图”中绘制一个“矩形”，单击鼠标右键将其转换为“可编辑样条线”，进入“点”层级，选择“圆角”命令，对“矩形”四个顶点进行“圆滑”处理。选中把手，在创建面板的“复合对象”中单击“放样”命令，单击“拾取图形”对修改后的矩形进行拾取，即生成三维的把手模型，如图 3-20 所示。

图 3-20　放样效果

在“蒙皮参数”里的“选项”中，“路径步数”的数值设置越高，物体表面越圆滑。

（3） 渲染模型，得到如图 3-21 所示的模型效果。

图 3-21　最终完成模型效果

3.5 放样的变形

要创建一个复杂的放样对象，首先可以利用放样命令制作一个简单的放样对象，然后再通过放样变形功能，就可以将简单的放样对象改变为各种复杂的形体。选择放样对象后，单击“修改”命令面板，在“变形”中，利用所列变形方式，即可对图形进行变形编辑，如图 3-22 所示。

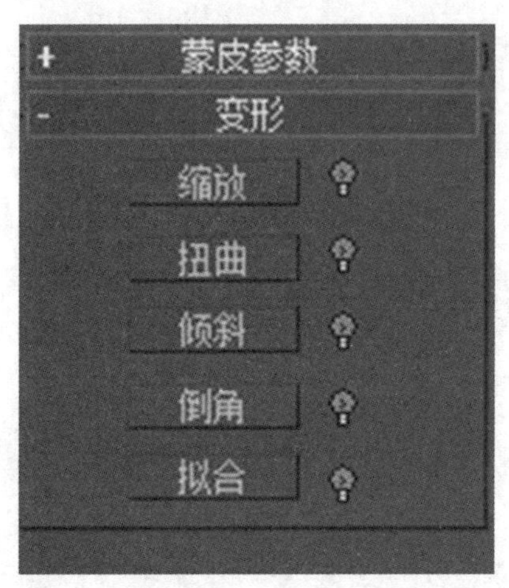

图 3-22 放样的变形方式

（1）“缩放”变形：通过改变放样界面在 X 和 Y 两个方向的比例，将截面放大或缩小，使放样对象产生局部的凸起和凹陷的效果，实现放样对象的缩放变形。

用多边形沿直线路径放样生成一个放样体后，调整缩放变形曲线形状如图 3-23 所示。放样对象产生的缩放变形效果如图 3-24 所示。

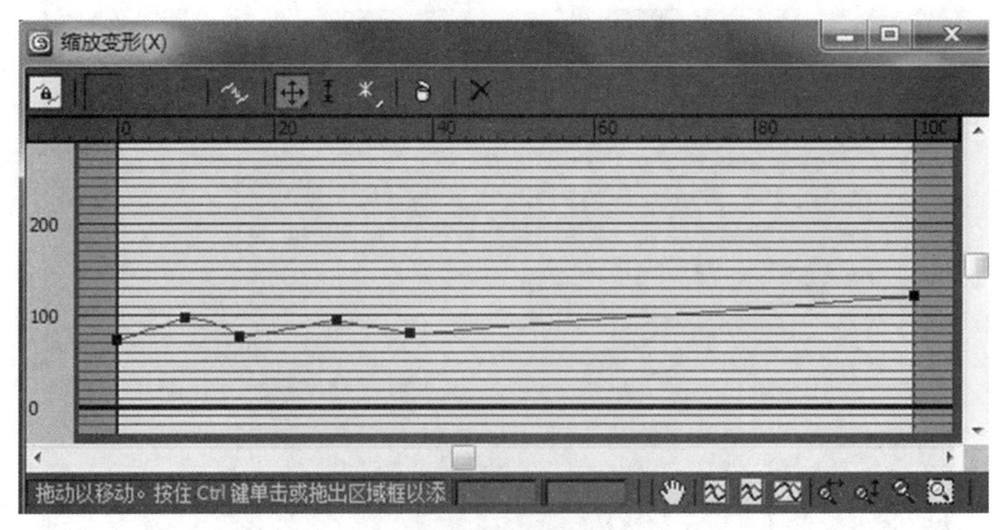

图 3-23 缩放变形

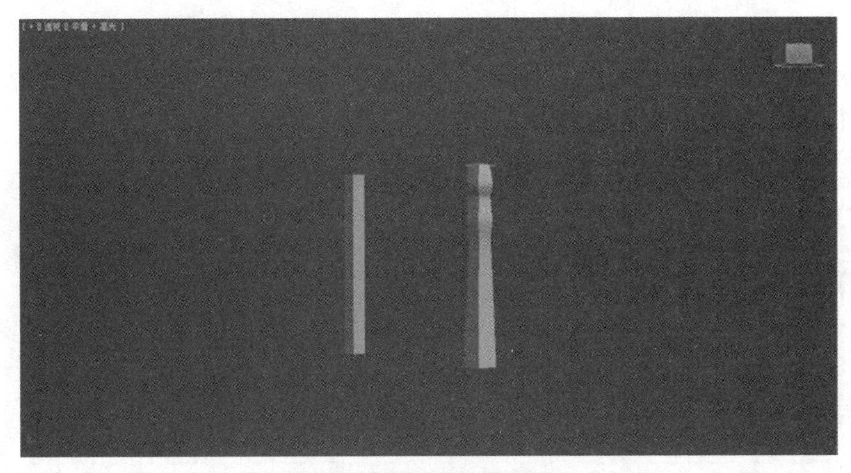

图 3-24　缩放变形后的模型

（2）“扭曲”变形：将放样截面以路径为轴心线进行旋转，使放样对象产生扭曲效果，实现放样对象的扭曲变形。调整后的扭曲变形曲线形状如图 3-25 所示，使放样对象产生的扭曲变形效果如图 3-26 所示。

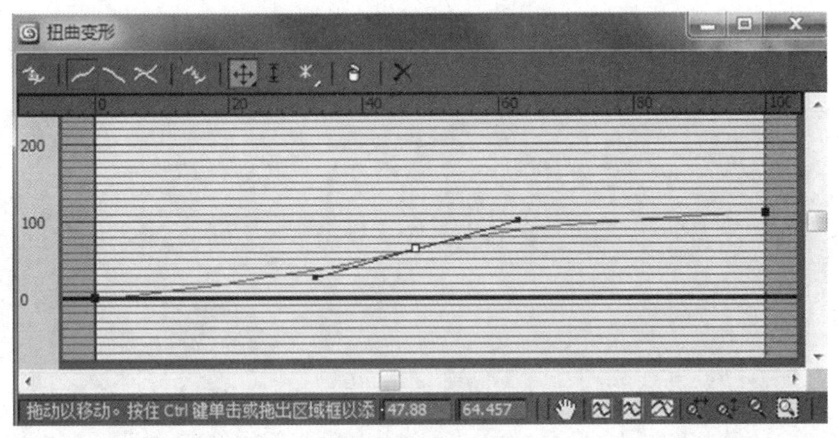

图 3-25　扭曲变形

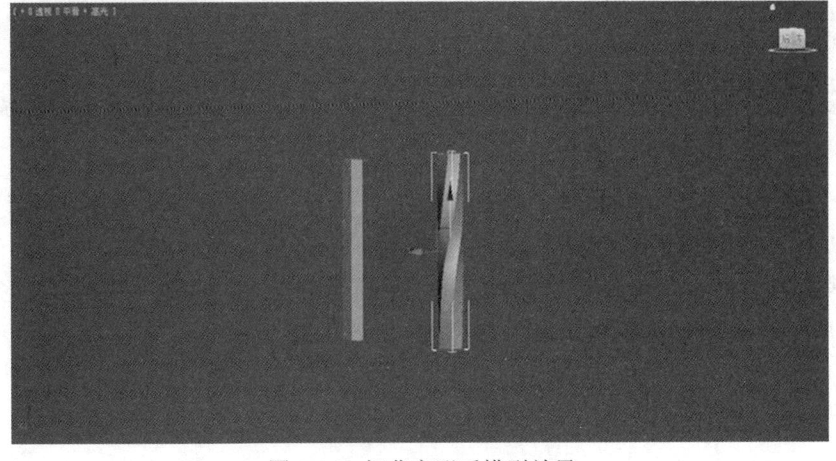

图 3-26　扭曲变形后模型效果

（3）“倾斜”变形：将放样截面绕垂直于路径的 *X* 轴和 *Y* 轴进行旋转，使放样对象产生倾斜效果，实现放样对象的倾斜变形。调整后的倾斜变形曲线形状如图 3-27 所示，放样对象产生的倾斜变形效果如图 3-28 所示。

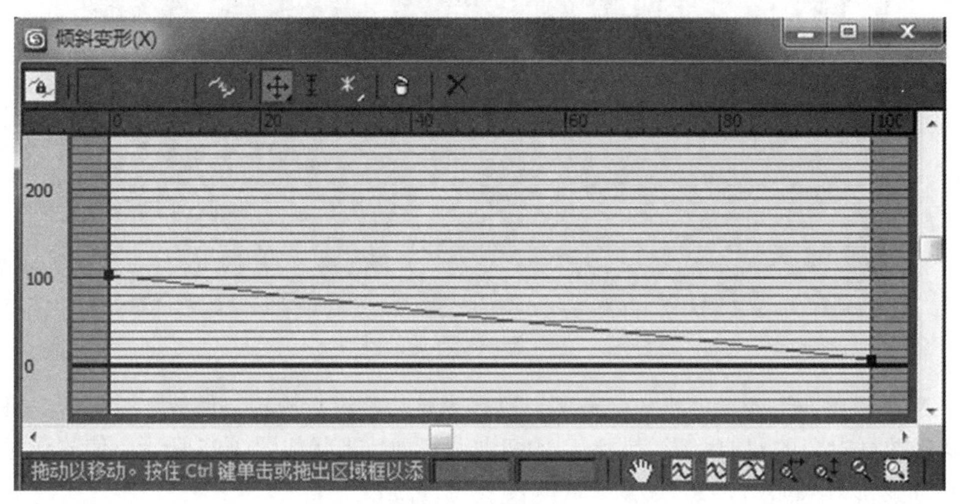

图 3-27　倾斜变形

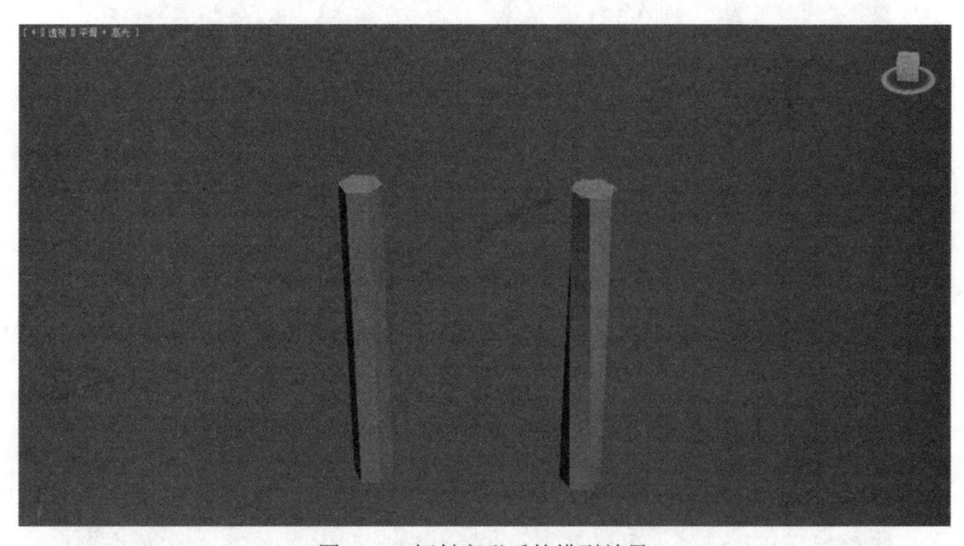

图 3-28　倾斜变形后的模型效果

（4）“倒角”变形：倒角变形与缩放变形很相似，可以使放样对象产生类似倒角的变形效果。它是将放样对象两端附近的截面沿截面的 *X* 轴和 *Y* 轴两个方向进行偏移缩放，使放样对象的两端产生倒角效果，实现放样对象的倒角变形。调整后的倒角变形曲线形状如图 3-29 所示，放样对象产生的倒角变形效果如图 3-30 所示。

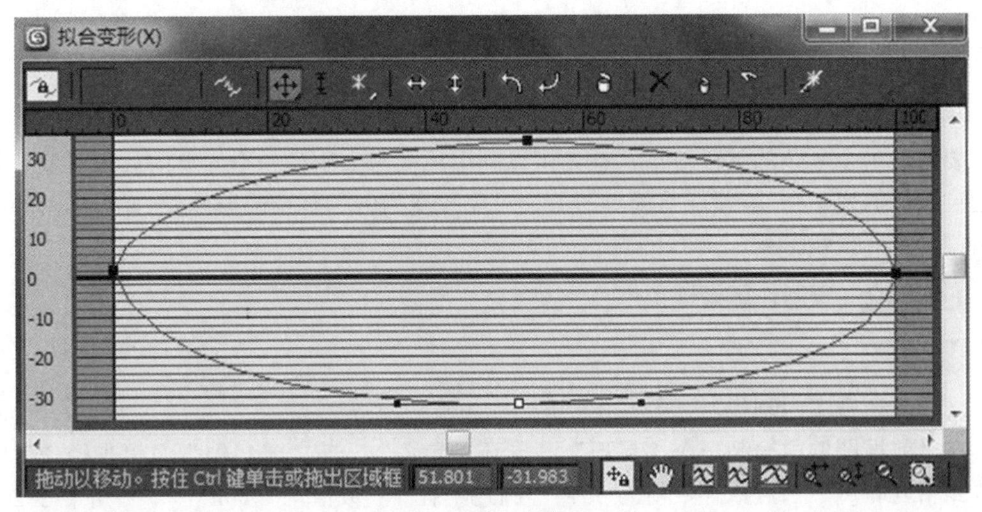

图 3-29　拟合变形

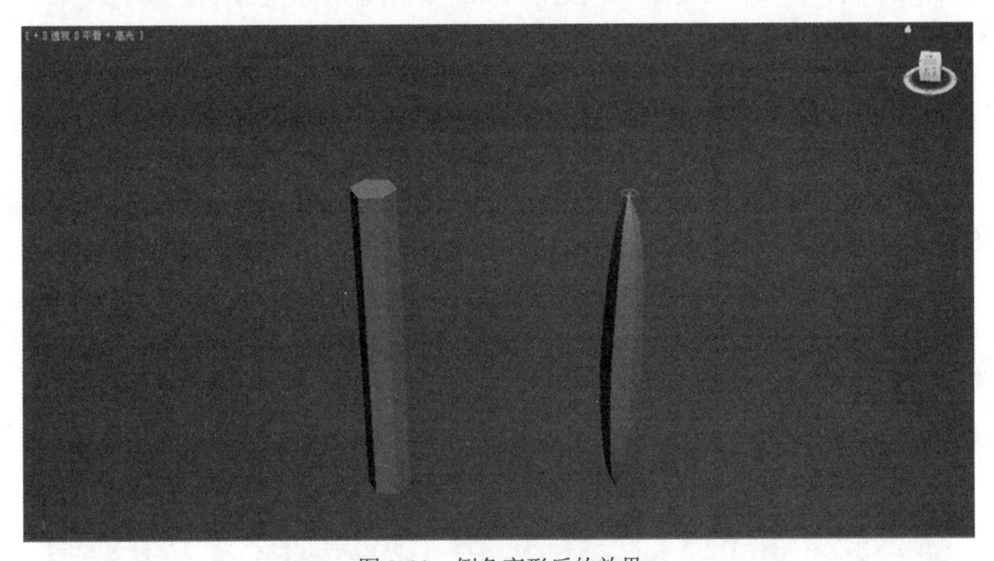

图 3-30　倒角变形后的效果

（5）“拟合”变形：由于“拟合”变形功能强大，其工具栏新增了一些工具按钮，以满足拟合变形的操作。增加的工具按钮功能如下。

“水平镜像”：用于在水平方向拟合变形曲线。

“垂直镜像”：用于在垂直方向拟合变形曲线。

“逆时针旋转 90°”：将拟合变形曲线逆时针旋转 90°。

“顺时针旋转 90°”：将拟合变形曲线顺时针旋转 90°。

“删除曲线”：用于删除拟合变形曲线。

“获取图形”：用于在视图中拾取拟合图形。

“显示 *Y* 轴”按钮：可以分别拾取 *X* 轴方向和 *Y* 轴方向的拟合图形。

“生成路径”：将放样路径用直线代替原来的路径。

3.6 放样的变形实例

要创建一个复杂的放样对象，首先可以利用放样命令制作一个简单的放样对象，然后再通过放样的变形功能，就能将简单的放样对象改变为各种复杂的形体。选择放样对象后，单击“修改”按钮。

上机实战——制作牙膏模型

制作步骤

（1） 牙膏帽的制作。

在“前视图”中绘制一个“星形”，展开“参数”，将“半径 1”及“半径 2”的数值改到相近即可。“点数”数值为 35，“圆角半径 1”数值为 0.2mm，“圆角半径 2”数值为 0.2mm。同样，在“前视图”中按住“Shift”键绘制一条直线，选中直线，在“复合对象”中，选择“拾取对象”星形。

选择放样对象后，单击“修改”按钮，进入修改命令面板，展开“变形”，点选“缩放”，就可打开缩放控制面板。通过移动点来调整牙膏帽的形状。

（2） 牙膏体的制作。

在“前视图”中绘制一个“圆形”，比牙膏帽稍大。按住“Shift”键绘制一条直线作为放样路径，放样方法参考上面步骤。

对牙膏体进行修改。

在“缩放变形”中，选择“加点”工具，便于进行图形的修改。关掉“均衡”，点开“显示 Y 轴”，进行点的移动。选中点，单击鼠标右键，选择 Bezir 角点，拖动操作杆，使牙膏体变得更加自然。切换视图，进行多角度观察。

（3） 渲染模型，得到模型效果如图 3-31 所示。

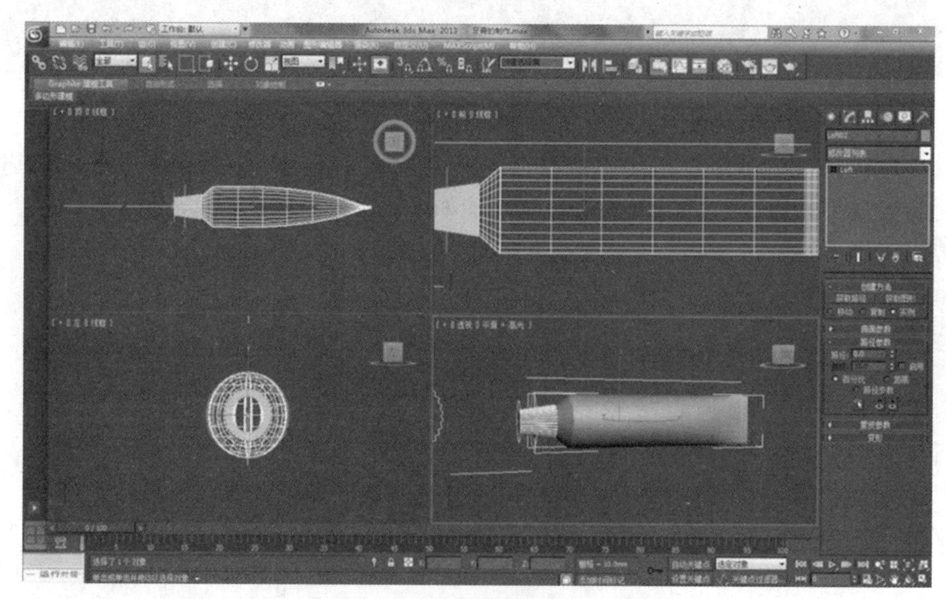

图 3-31　最终完成模型效果

1. 多截面放样

在放样对象的一条路径上，允许有多个不同的截面图形存在，它们共同控制放样对象的外形。

“路径”：用以确定插入点在路径上的位置，它的值的含义由 3 个参数项决定：“百分比”，将全部路径设为 100%，根据百分率来确定插入点的位置；“距离”，以实际路径的长度单位为单位，根据具体长度数值来确定插入点的位置；“路径步数”，以路径的步数值来确定插入点的位置。

- “拾取图形”：用于在屏幕上手动选择截面图形，将它作为当前所在的位置，可以进行更换或其他修改操作。

“上下翻动截面图形”：用于上下翻动截面图形，它们可用在各截面图形之间来回选择，一个向后，一个向前。

在“蒙皮参数”卷展栏中，如图 3-32 所示，用以设置对象显示的方式。

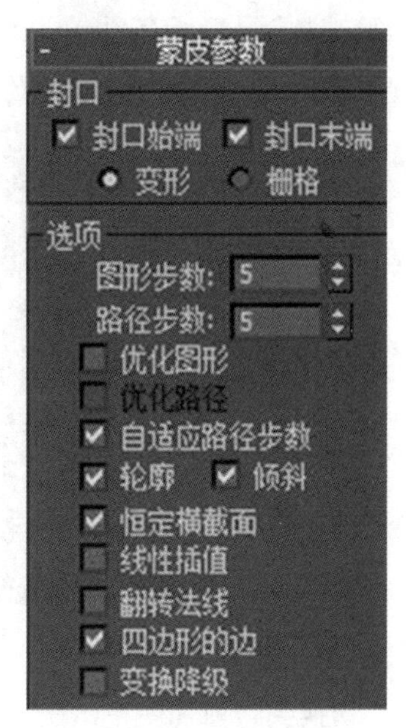

图 3-32　蒙皮参数

“封口始端”与“封口末端”：通过勾选其一的“封口始端”与“封口末端”，可设置对象两端的面是否封闭起来。

“选项”选项区域中主要选项介绍如下。

“图形步数”：设置截面图形节点之间的步幅数，加大它的值会使造型外表皮更加光滑。

“路径步数”：设置截面图形节点之间的步幅数，加大它的值会使造型弯曲时更加光滑。

“优化图形”：设置是否对截面图形进行优化处理，这样将会自动指定光滑的程度，但不能进行变形操作。

“自适应路径步数”：设置是否对路径进行优化处理，这样将不按照路径的步数值，默认状态是选中，但放样后的队形不能进行变形操作。

“轮廓”：截面图形在放样时，会自动更正自身角度到垂直路径，得到正常的造型。否则，它将保持初始角度不变，会得到平行于截面的放样造型。

“倾斜”：截面在放样时，会根据路径在 Z 轴上的角度改变而进行倾斜，使它总与切点保持垂直状态，一般默认选中。

“恒定横截面”：截面将在路径上自动缩放变化，整个截面都有同一的尺寸，否则它将不变化，保持它原始的尺寸。

“线性插值”：在每一个截面图形之间使用直线边界制作表皮，否则会用光滑的曲线来制作，为取得光滑的造型表面，最好不使用它。

“翻转法线”：将对象表面的法线方向反向，显示对象内部的效果。

上机实战——制作餐桌布

制作步骤

（一）制作桌体

（1） 在“顶视图”绘制一个圆，半径自定。同样在该视图中绘制一个星形，“边数”为30，半径自定，半径1及半径2数值尽量接近即可，给定“圆角半径”一定的数值，使星形的顶点圆滑。

对星形进行调整，选中星形，单击鼠标右键，将其转换为“可编辑样条线”，进入“点”层级，选中星形所有顶点。利用“移动工具”拖动鼠标来进行造型调整，如图3-33所示。

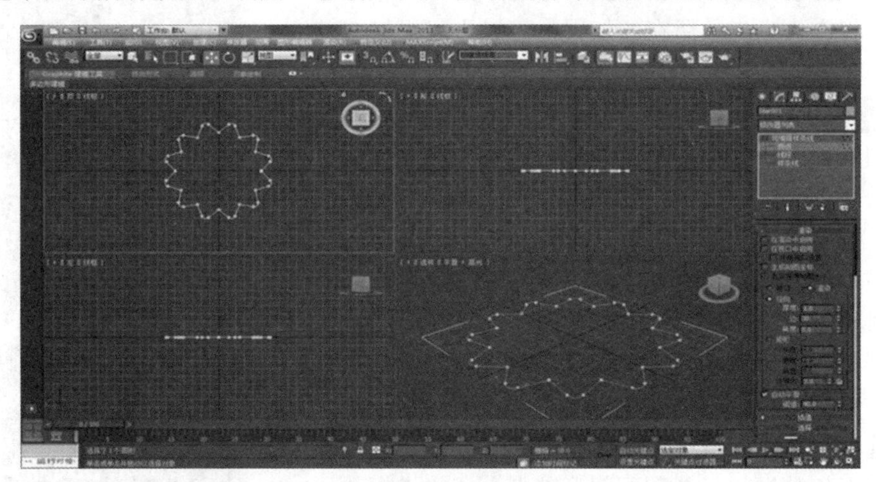

图3-33 调整曲线形状

切换到“前视图”，在“前视图”中自上而下绘制一条直线，在“创建面板”中，选择“复合对象”，选择“放样”命令，单击“获取图形”，拾取圆形，生成模型如图3-34所示。

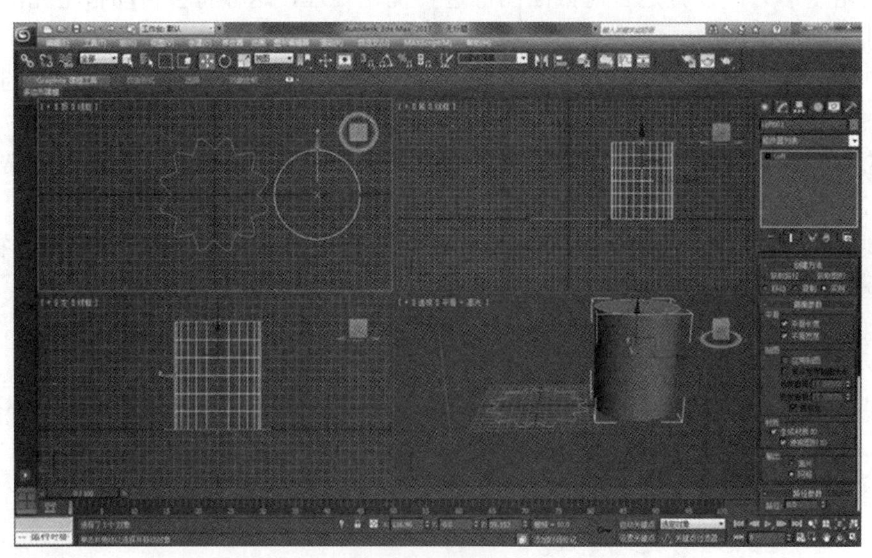

图3-34 放样桌体

将“路径参数”里的“路径”数值改为100。点选“获取图形”，获取修改后的星形。

（2）修改。

如果对造型不满意，可以退回“线”层级，通过修改线（路径）的大小，来调整模型的大小形状。

（3）制作桌布边沿圆滑的效果。

进入“放样”（Loft）命令面板，点击“图形”，选中放样路径（路径会变成红色）。

按住“Shift”键向下移动，用“缩放工具”调整，则会产生圆角的边沿，如图3-35所示。

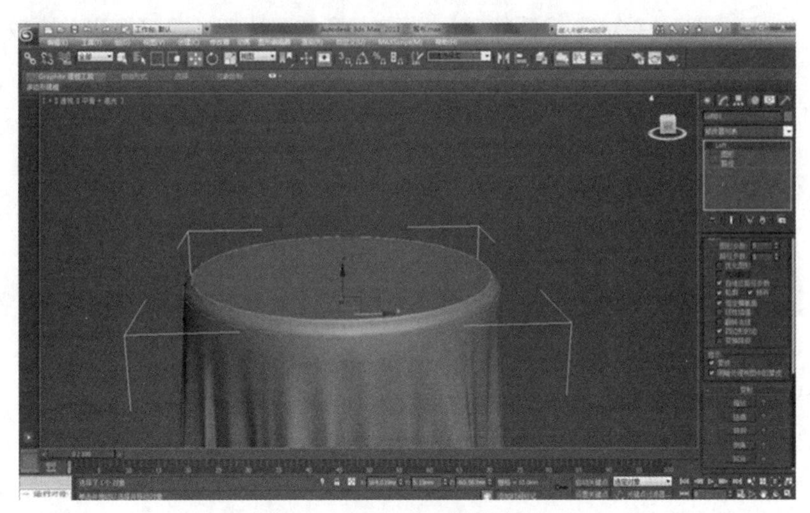

图3-35　完成边沿圆滑效果

（4）在“放样”（Loft）中，点击“蒙皮参数”，勾选“封口始端”，即可去掉桌子底面。

（5）最后进行调整。可将桌布边沿修改得更加光滑，使之更贴近真实，渲染模型，如图3-36所示。

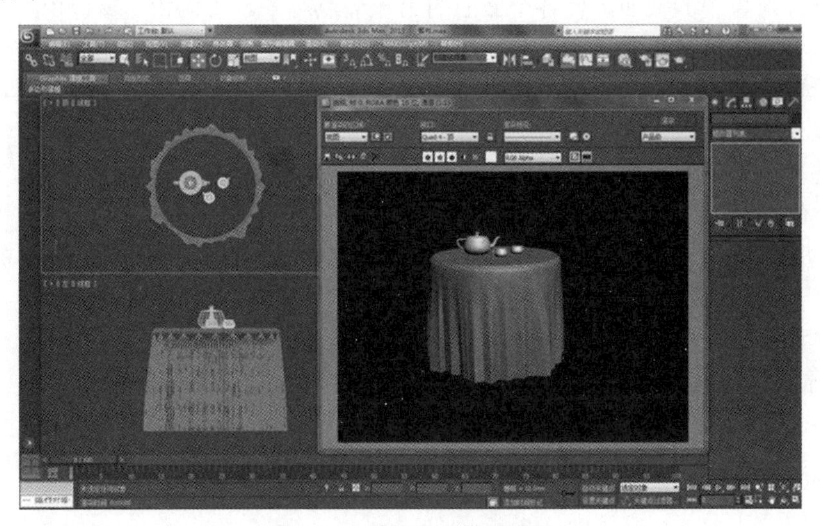

图3-36　最终完成模型效果

2. 多截面放样的修改方式

（1） 要调整放样的截面图形，首先用多个截面创建一个放样对象并将其选中。然后单击“修改”按钮，打开“修改”命令面板，即显示出“Loft”（放样）选项，单击 Loft 前面的“+”号，将“Loft”（放样）选项展开，再单击“图形”子项，显示卷展栏。

在“图形”卷展栏中，提供了用于截面的对齐方式和进行其他操作的按钮，并提供了用于设置截面位置的数值框。

“路径级别”：用于显示或设置当前截面在放样路径上的位置。

“比较”：用于调整并对齐截面的第一节点。单击该按钮，即可调出“比较”对话框，用以调整并对齐截面。

“重置”：用于将当前截面快速恢复到初始状态，取消对当前截面所做的“缩放”“旋转”等操作。

“删除”：用于删除当前截面。

“对齐”选项区域：用于设置当前的截面与路径对齐方式。

“中心”：单击该按钮，可以将当前截面按默认位置与路径对齐。

“左边”：单击该按钮，可以将当前截面的左边与路径对齐。

“右边”：单击该按钮，可以将当前截面的右边与路径对齐。

“顶部”：单击该按钮，可以将当前截面的顶部与路径对齐。

“底部”：单击该按钮，可以将当前截面的底部与路径对齐。

“输出”：用于将当前位置的截面从放样对象中取出，并将取出的截面放到视图场景中。选择要提取的截面，单击“输出”按钮，就会弹出对话框。在“放置到场景”对话框中，设置提取方式，输入截面的名称或使用默认名称，单击“确定”按钮即可将选择的截面放置到视图中，使其生成一个平面图形。

（2） 对齐截面节点。

在“图形”卷展栏中，单击“比较”按钮，会弹出“比较”窗口，利用“比较”窗口，可以调整放样对象中的截面，使各个截面的第一节点对齐。“比较”窗口由主工具栏、工作区和状态栏三个部分组成。主工具栏提供了用于截面操作的工具按钮，工作区用于显示在视图中拾取的截面轮廓，状态栏提供了用于调整工作区显示方式的操作按钮，并显示当前按钮的操作提示。

在“比较”窗口中，主工具栏和状态栏上各按钮的功能如下。

“拾取图形”：用于在视图中拾取放样的截面图形。

“重置”：用于将工作区快速恢复到初始状态。

- “最大化显示”：用于在工作区中显示出完整的截面轮廓。
- “移动”：用于移动工作区，显示要操作的位置。

“缩放”：用于全方位缩放工作区。

“缩放区域”：用于缩放选定的区域。

上机实战——制作窗帘

制作步骤

（1） 制作窗帘。

在“前视图”中利用拖动“线”命令，绘制一条曲线，调整其造型，可自由变化。再在“前视图”中自下而上绘制一条直线，选择直线，在创建面板中，选择“复合对象”，选择“放样”（Loft），单击“获取路径”按钮，拾取曲线，完成简易窗帘模型，如图 3-37 所示。

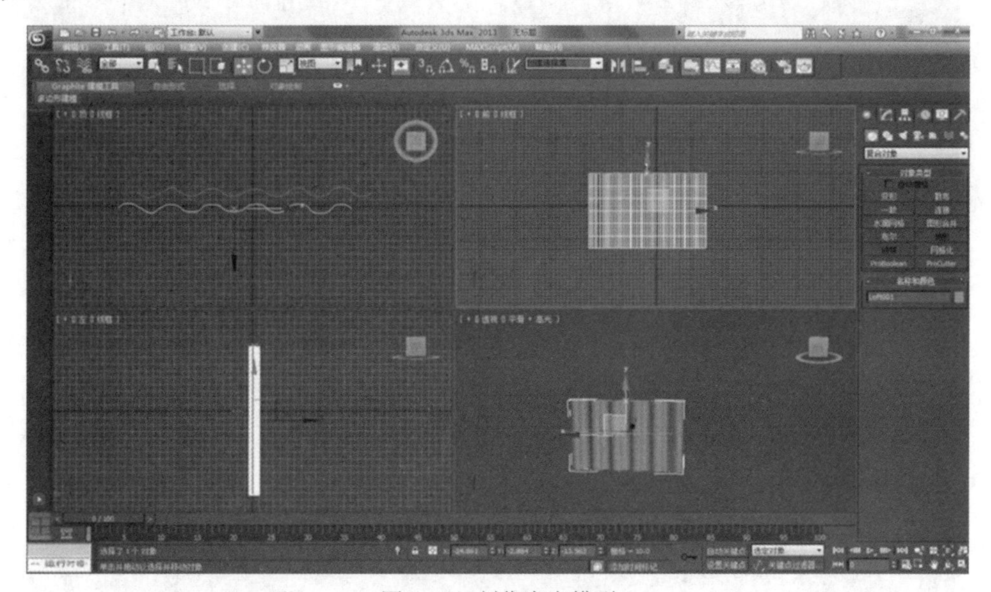

图 3-37　制作窗帘模型

（2） 丰富窗帘造型。

绘制一条曲线，选中窗帘，在“修改”面板中，将“路径”数值改为 100，“获取图形”拾取第二条曲线，选中窗帘中的“路径”（路径呈现红色），使用“移动工具”上下进行移动调整，即可使窗帘造型更加自然。

（3） 调整窗帘形式。

在“放样”（Loft）中，展开“变形”卷展栏，选择“缩放”命令，在弹出的对话框中，利用“插入角点” 在“控制轴”上添加角点，调整角点位置。

如果觉得窗帘模型不够平滑，可在“蒙皮参数”中调整“图形步数”及“路径步数”，将其数值都设置为 10。

展开“放样”（Loft），选择“图形”，在“图形命令”卷展栏中，选择“居左”，如图 3-38 所示。

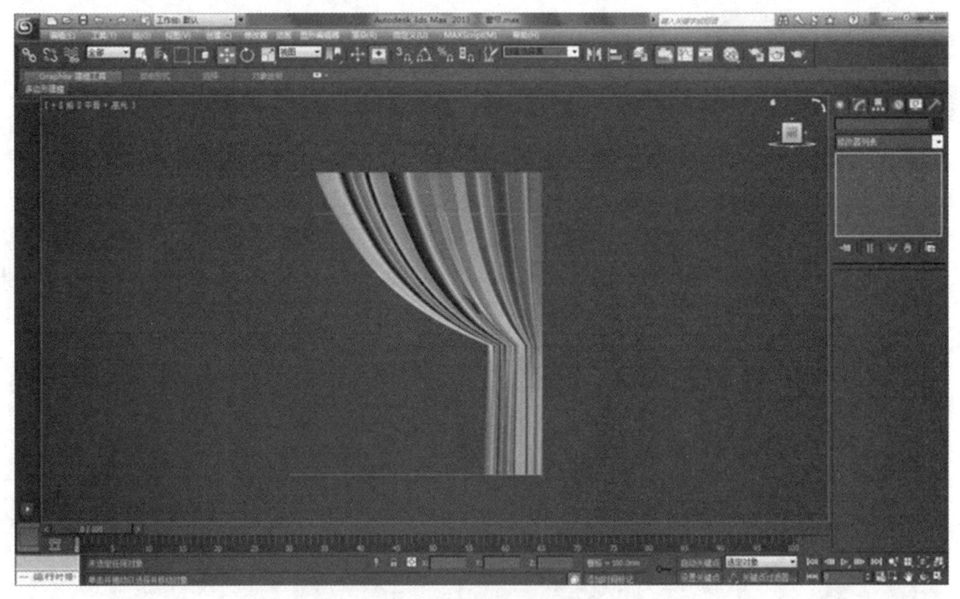

图 3-38　调整窗帘位置

返回创建面板。利用“镜像”工具，镜像复制出第二个窗帘。

（4）　渲染模型，得到如图 3-39 所示的模型效果。

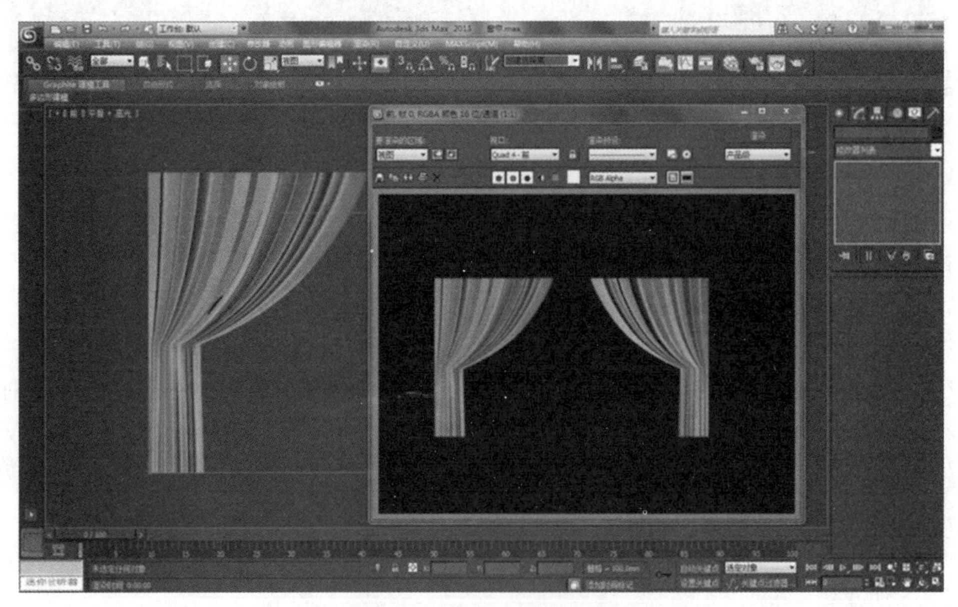

图 3-39　最终完成模型效果

本章小结

本章主要介绍了“布尔运算”命令及“放样”命令的运用方式，通过对其功能的分项讲解，使读者能更好地掌握其使用方法，明确其地位以及在建模过程中的重要作用。并通过上机实战的案例示范加深读者印象，使读者能更好地应用于实践操作中。

本章习题

1. 填空题

（1） 3ds Max 2010 系统直接创建的面片有两种：_________和________，也就是面片栅格的两种内部组成形式。

（2） 创建一个放样对象，至少需要有______________个样条曲线二维图形，并将其中一个定义为_______________，将另一个定义为_______________。

2. 选择题

（1） NURBS 面板上包括了（　　）个曲面创建按钮。

A．15　　B．17

C．16　　D．18

（2） 利用复合对象能够实现复杂物体的建模，包括（　　）等操作。

A．变形　　B．散布

C．连接　　D．布尔

3. 问答题

（1） 什么是面片建模，它有哪些优点？

（2） 什么是布尔运算，它有什么用途？

第4章 常用造型修改器

在 3ds Max 中直接创建的模型都是具有一定规律的模型，与所要模拟的大千世界相距甚远，可以这样说，直接创建的模型是比较简单的，一般不能满足要求。为了解决这个问题，在 3ds Max 2010 中提供了强大的修改命令，用于对模型的变形进行设计。由于修改命令很多，本章将介绍一些常用的三维修改命令。

学习目标

1. 了解常用的三维修改命令。
2. 了解 FFD（自由变形）的分类形式及其各自的功能作用。

4.1 通过 FFD（自由变形）次对象修改模型

在 3D 建模中，很多物体是通过对其形状的修改来改变形体样貌，从而达到理想的效果。比如，苹果建模，可以将球体通过修改，变成苹果的形状，达到制作要求。

FFD 是 Free Deformation（自由变形）的简称，是一种特殊的晶格变形修改，它可以通过少量的控制点来调节表面的形态，产生均匀平滑的变形效果，是一种模型加工工具，它能保护模型局部不发生撕裂。

FFD（自由变形）修改命令是用栅格框包围选定的几何体，通过调整栅格的控制点，让包住的几何体变形，它可以用于整个对象，也可以用于网格对象的一部分。FFD（自由变形）命令，分别是 FFD2×2×2、FFD3×3×3、FFD4×4×4、FFDbox 和 FFDcyl，FFDbox 和 FFDcyl 也可以用于空间的扭曲。

（1） 添加 FFD（自由变形）修改命令的方法。

在视图中选中要修改的对象，然后单击“修改”命令，进入“修改器列表”，选中 FFD4×4×4 命令。

这时视图中的对象周围被一些橘黄色的线和控制点包围，如图 4-1 所示，因为 FFD4×4×4 修改命令，提供居右 4 个控制点（控制点穿过晶格每一个方向）的晶格或在每一个侧面一个控制点（共 16 个）。

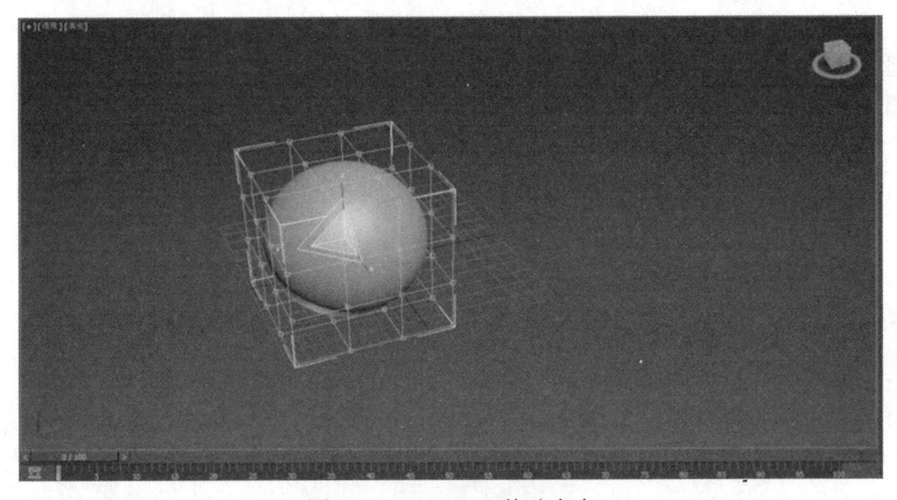

图 4-1　FFD4×4×4 修改命令

（2） 通过 FFD（自由变形）次对象修改模型。

在命令面板的编辑列表中，单击 FFD4×4×4 选项前面的“+”按钮，打开 FFD4×4×4 列表，可以看到 FFD（自由变形）有 3 个次对象。

“控制点”子项：在此子对象层级，可以选中并操纵晶格的控制点，可以一次处理一个或一组控制点，来改变基本对象的形状。

在“顶视图”“左视图”和“前视图”中，可直接看到控制点各有 16 个，但所看到的这些店其实是 4 个点重叠在一起的（如果使用的是 FFD3×3×3 命令，则重叠在一起的是

3 个点）。如果使用选中并移动工具，在视图中选中控制点，每次只能选中一个点进行控制；如果要选中这一组点，应该用鼠标拖动的方法选取。

“晶格”子项：在此子对象层级，可以从几何体中的单独的移动、旋转或缩放晶格框。当首先应用 FFD 时，默认晶格是一个包围几何体的边界框。

“设置体积”子项：在此子对象层级，变形晶格控制点变为绿色，可以选中并操作控制点而不影响修改对象。这样使晶格更精确地符合不规则形状的对象，当变形时这将提供更好的控制。

4.2 FFD（自由变形）的参数

为选中的对象添加 FFD 修改命令后，在修改命令面板的下方就会显示出它的“参数”卷展栏。在卷展栏中可设置 FFD 的各种效果，各主要参数含义如下。

“显示”选项区域：有两个复选框，这些选项将影响 FFD（自由变形）在视图中的显示。如果选中“晶格”复选框，将可以以连接的栅格方式显示 FFD（自由变形）的线条和点，虽然线条有时会使视图显得混乱，但它们可以使晶格形象化；如果选中“源体积”复选框，控制点和晶格会以未修改的状态显示。

“变形”选型区域：有两个单选按钮，用来控制变形点的位置。如果选用“仅在内”单选按钮，只有位于源体积内的节点会变形，默认设置为启用；如果选中“所有节点”单选按钮，将所有节点变形，不管它们位于源体积内部还是外部。体积外的变形是对体积内变形的延续。远离源晶格点的变形可能会很严重。

“重置”：单击该按钮，将所有控制点返回它们的原始位置。

“与图形一致”：单击该按钮，在对象中心控制点位置之间沿直线延长线，将每一个 FFD 控制点移到修改对象的交叉点上，这将增加一个由“补偿”微调器指定的偏移距离。

4.3 FFD 4×4×4 修改器

FFD 4×4×4 是一种特殊的晶格变形修改，它可以通过少量的控制点来调节表面的形态，产生均匀平滑的变形效果，相比较 FFD2×2×2、FFD3×3×3、FFDbox 和 FFDcyl 更加方便且被广泛运用。

1. 上机实战——制作枕头模型

制作步骤

（1） 在“顶视图”绘制一个“切角长方体”，尺寸自定义，将“长度分段”数值及“宽度分段”数值都设置为 20。

（2） 进入“修改”面板，选择“FFD4×4×4”，选择“控制点”。将切角长方体四周的点全部进行选择。

在“前视图”中，用“缩放”工具，对模型进行修改，如图 4-2 所示。

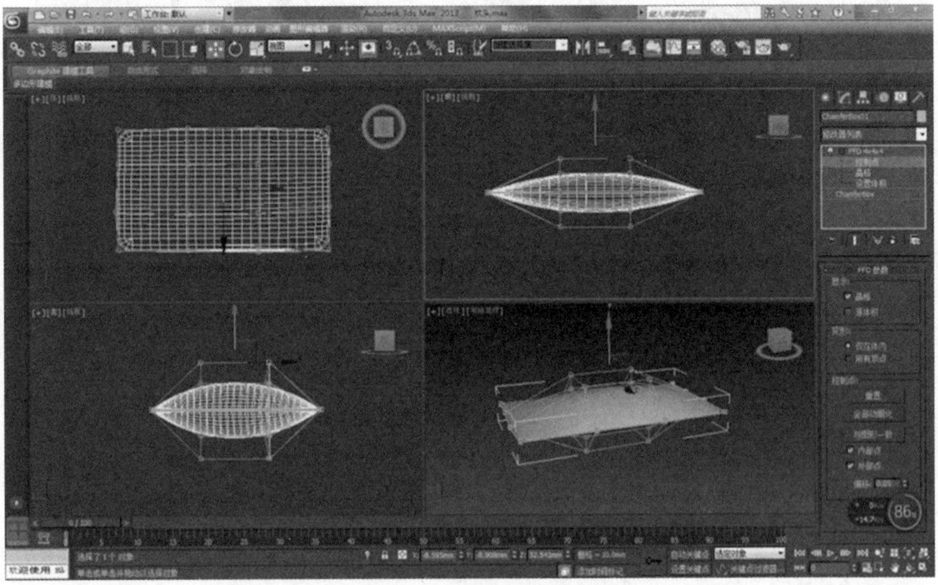

图 4-2　调整模型

如果觉得模型不够形象，可以调整“切角长方体”的高度，使枕头更加丰满，如图 4-3 所示。

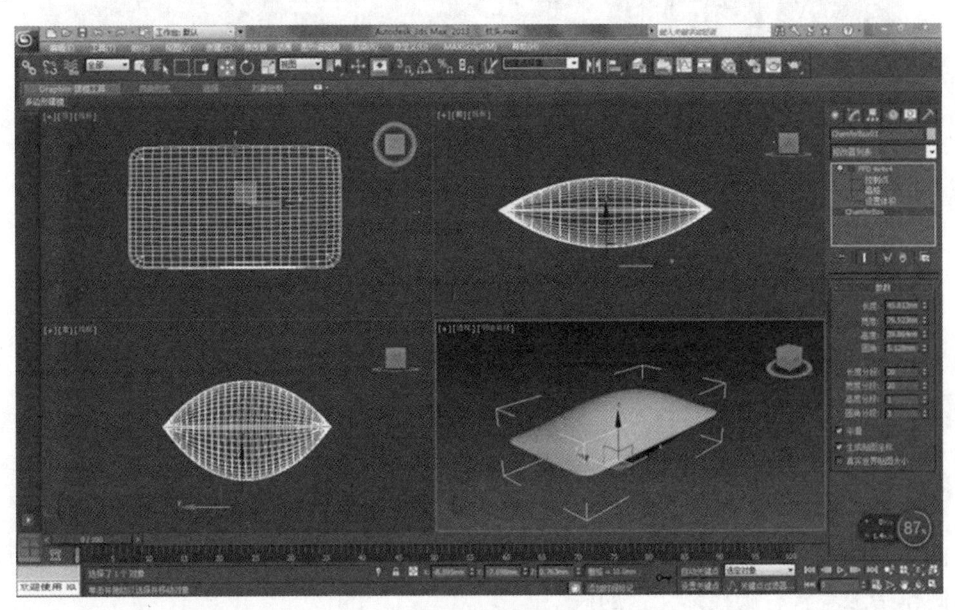

图 4-3　调整边沿

在“顶视图”中，选中如图 4-4 所示的控制点，利用移动工具，通过对控制点进行移动，形成枕头凹边的效果。

为了使造型更加丰富，可以再添加一个“FFD 长方体”，在“参数”中重新“设置点数”。还可以利用“移动工具”调整点的位置，来丰富造型。

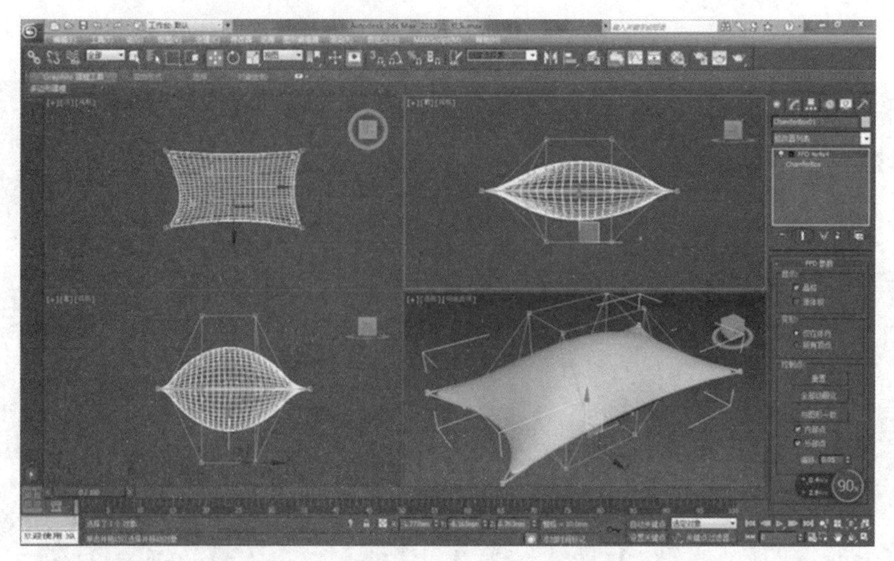

图 4-4　制作凹边效果

（3）　渲染模型，得到如图 4-5 所示的模型效果。

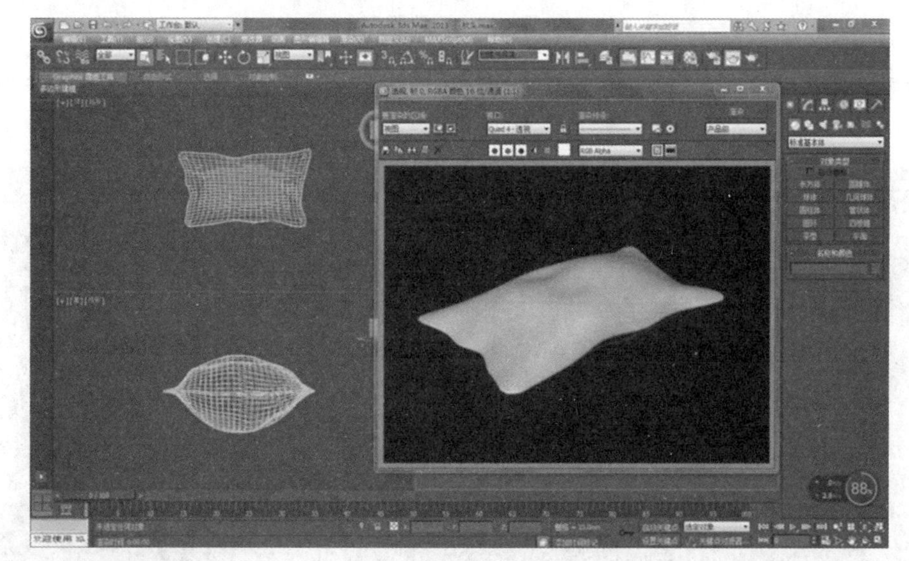

图 4-5　最终完成模型效果

2. FFD 圆柱体

FFD 圆柱体是一种通过多圆柱体表面进行修改，从而达到制作要求的变形修改命令，经常制作蜡烛等含有圆柱体元素的模型。

上机实战——制作蜡烛

制作步骤

（一）制作蜡烛主体

（1）　在“顶视图”绘制一个圆柱体，“半径”数值设置为 18mm，“高度”数值设置为

108mm，“高度分段”数值设置为 8，“端面分段”数值设置为 6，“边数”数值设置为 18。

（2） 保持选择圆柱体状态，在修改器中选择“编辑网格”命令。并选择圆柱体上端面的全部多边形。

（3） 在保持多边形的状态下，在修改器中选择“FFD 圆柱体”命令，并通过移动工具调整控制点的位置，得到一个不规则的面，如图 4-6 所示。

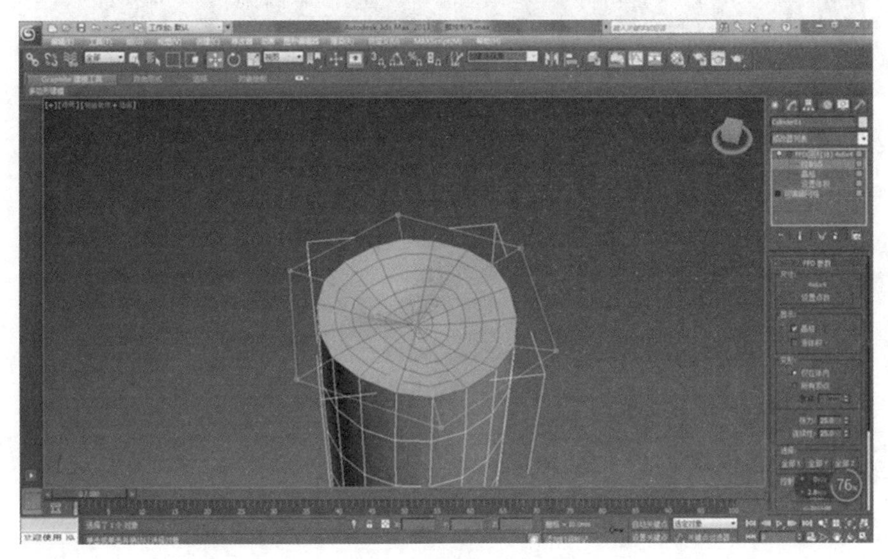

图 4-6　调整端面形状

（二）制作火焰

（1） 制作一个“球体”，调整好位置。

（2） 保持球体的状态，在修改器中选择“FFD 圆柱体”命令，利用“移动工具”调整控制点位置，如图 4-7 所示。

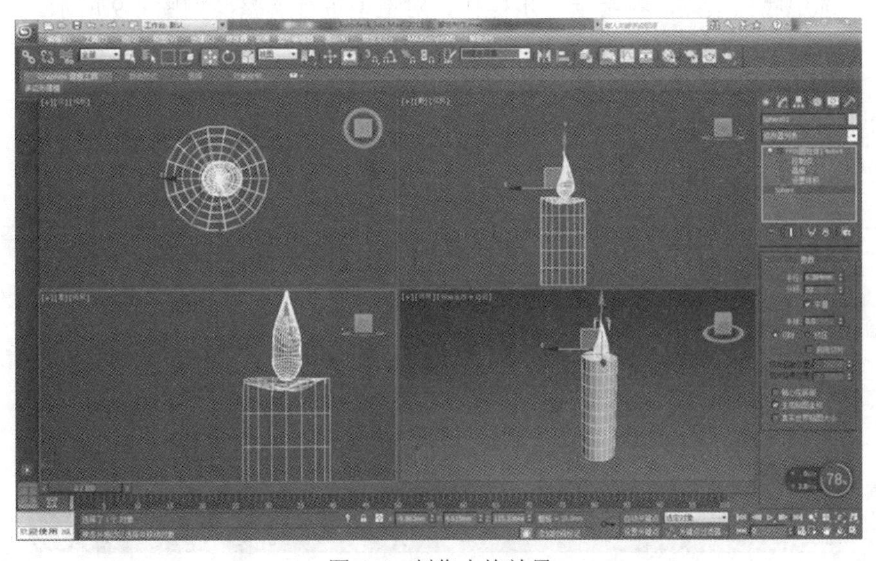

图 4-7　制作火焰效果

（3） 调整好位置及大小比例，进行渲染，如图 4-8 所示。

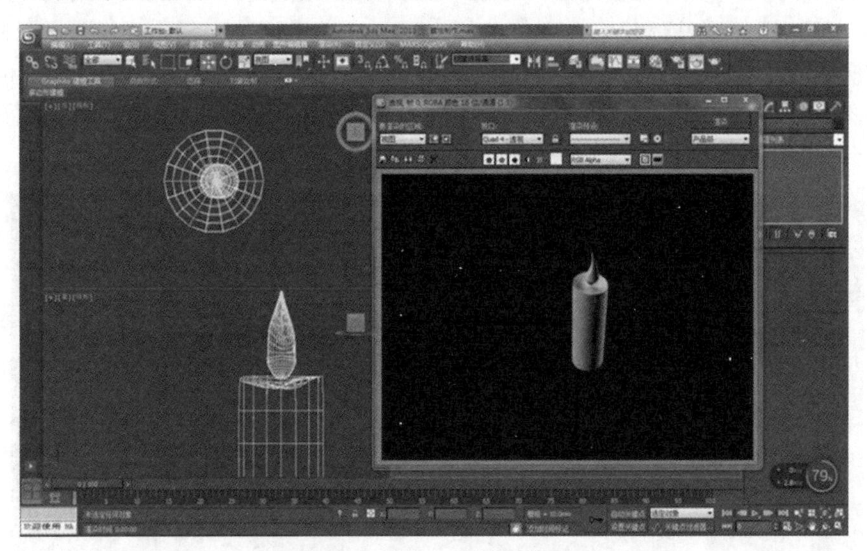

图 4-8　最终完成模型效果

上机实战——制作苹果

制作步骤

（一）制作苹果主体

（1） 在“顶视图”绘制一个球体，进入“修改”面板，选择“FFD 圆柱体”命令，对球体进行修改。

（2） 在“顶视图”中选中顶点，切换到“前视图”，按住“Alt”键对其余 3 个点进行减选。用“移动工具”调整造型。

同样，选中底部顶点，参考上一步操作，对造型进行调整，如图 4-9 所示。

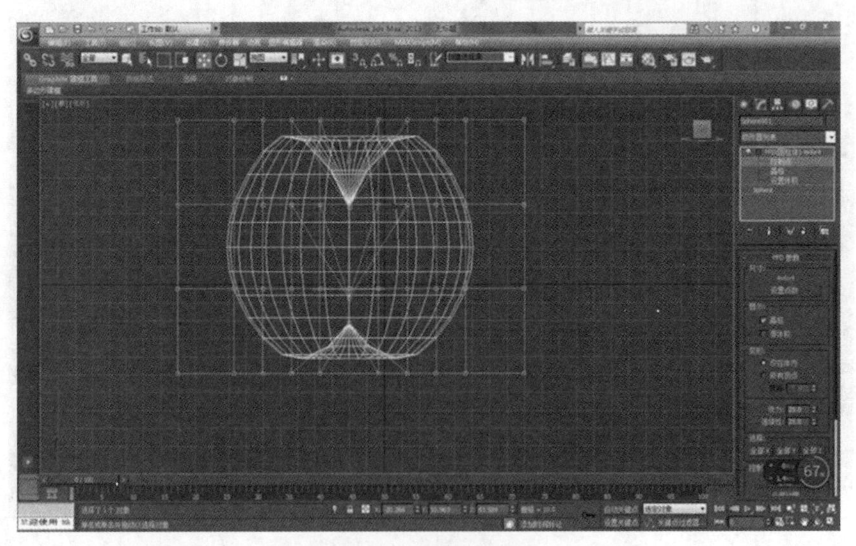

图 4-9　调整两端形状

选中下半部分的点，用“缩放”工具进行调整。切换回 4 视图，分别观察造型，如图 4-10 所示。

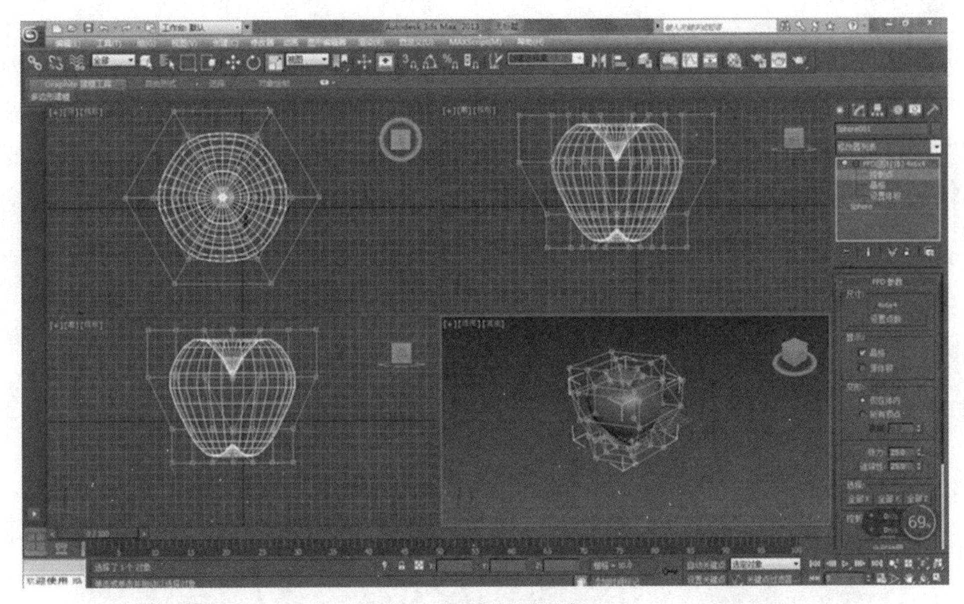

图 4-10　多面观察

（二）绘制果把

在“前视图”绘制一条曲线，进入“修改器”列表中，选择“可渲染线条”，给定一定的数值，调整其与苹果的位置关系，如图 4-11 所示。

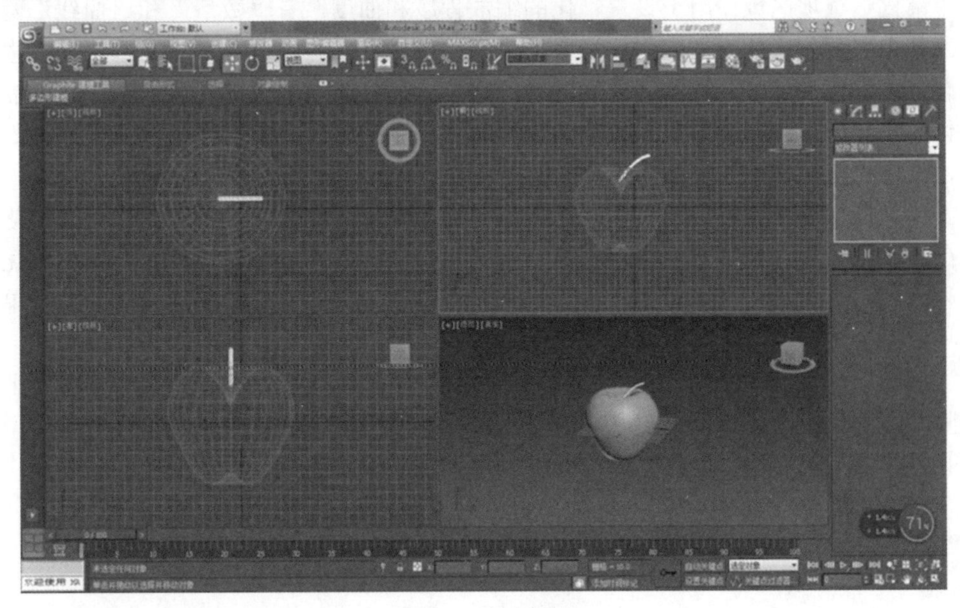

图 4-11　绘制果把

4.4 锥化

对物体的轮廓进行锥化修改，将物体沿某个轴向逐渐放大或缩小，例如，软管锥化成塔、木桶等。为选中的对象添加“锥化”修改命令后，就可在修改命令面板的下方显示出它的“参数”卷展栏，在“参数”卷展栏设置锥化参数后，即可使集合对象产生锥化变形，为球体对象添加“锥化”修改命令后的效果如图 4-12 所示。

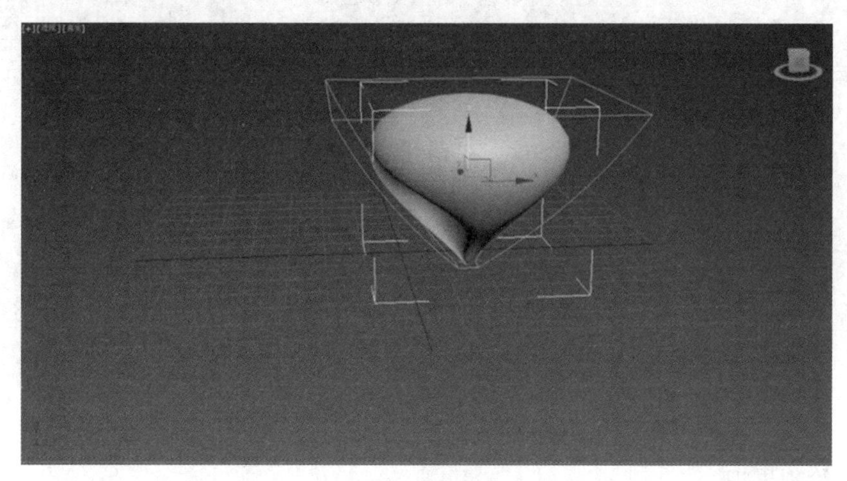

图 4-12　锥化效果

在“锥化”修改命令面板的“参数”卷展栏中，各主要参数的含义如下。

“锥化”选项区域：用于设置锥化的缩放程度和曲度，有“数量”和“曲线”两个数值框。其中“数量”数值框，用于设置锥化的缩放程度。该数值为正时，锥化端产生放大的效果；该数值为负时，锥化端产生缩小的效果。“曲线”数值框用于设置锥化的曲度，使锥化的表面产生弯曲的效果。该数值为正时，锥化的表面产生向外凸的效果；该数值为负时，锥化的表面产生向内凹的效果。

“锥化”轴选项区：用于设置锥化的轴向和效果。其中的“主轴”用于设置锥化的主轴，在其右边有 X、Y、Z 三个单选按钮。单击 X、Y、Z 单选按钮，可以设置的锥化主轴分别为 *X*、*Y*、*Z* 坐标轴；“效果”用于设置产生锥化效果的方向，在其右边的三个单选按钮，将根据主轴的不同而发生变化。

“极限”选项区：用于设置对象沿坐标轴锥化的范围，包含“极限”复选框和“上限”“下限”两个数值框。如果选中“极限”复选框，即可控制锥化的范围是否发生作用，然后在其下的“上限”和“下限”数值框中设置锥化的效果的上限与下限。

4.5 扭曲

“扭曲”(Twist)修改命令用于将几何对象的一端相对于另一端绕某一轴向进行旋转，使对象表面产生扭曲变形的效果。为选中的对象添加“扭曲”（Twist）修改命令后，就可在修改命令面板的下方显示出它的“参数”卷展栏，在“参数”卷展栏中设置扭曲的参数后，即可使集合对象产生扭曲变形。

在“扭曲”（Twist）修改命令面板的“参数”卷展栏中，各主要的参数含义如下。

“扭曲”选项区域：业内关于设置扭曲的程度，有“角度”和“偏量”两个数值框。其中，“角度”数值框，用来确定围绕垂直轴扭曲的量。默认设置为 0.0；“偏量”数值框，用来设置扭曲向两端偏移的程度。此参数为负值时，对象扭曲会与 Gizmo 中心为邻；此参数为正值时，对象扭曲就远离于 Gizmo 中心；如果参数为 0，将均匀扭曲。范围为 100～100，默认值为 0.0。

可制作的模型，例如，台灯杆、旋转楼梯等。

上机实战——台灯的制作

制作步骤

（一）创建灯杆

（1）在“顶视图”绘制一个圆柱体，尺寸自定义（参考台灯杆尺寸）。“分段数”数值为 50。按“Shift”键复制出第二个圆柱体。选中第一个圆柱体，转换为“可编辑多边形”，将第二个圆柱体“附加”成为一个整体。

（2）进入“修改器”列表，选择“扭曲”。在“顶视图”中，将“中心点”移至两个圆柱体中间，使之默认围绕中点扭曲，如图 4-13 所示。

根据需要，对“参数”中扭曲“角度”数值进行调整。

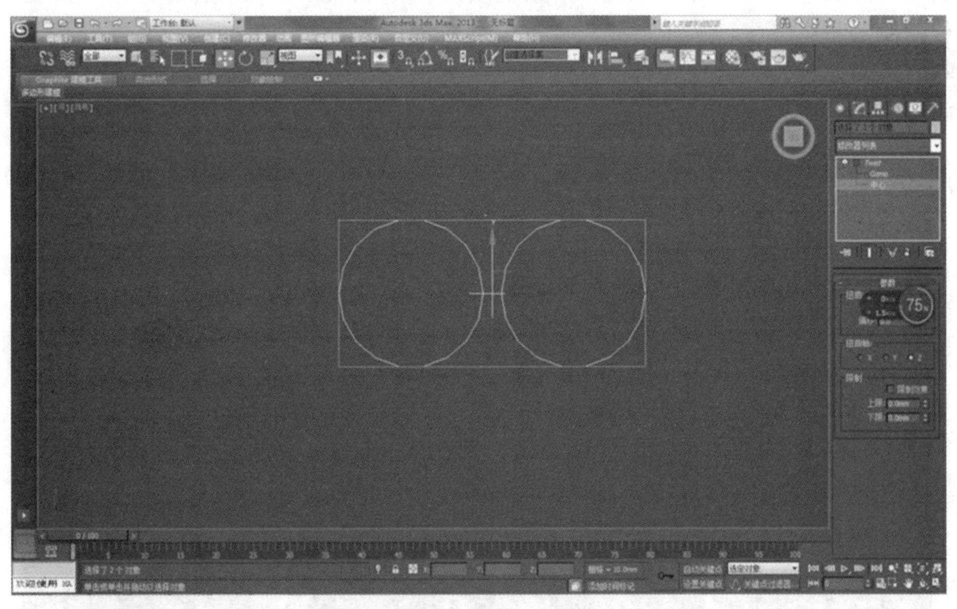

图 4-13　调整中心点

（二）制作灯帽

（1）在“顶视图”绘制一个星形，“边数”为 25。“圆角半径 1”及“圆角半径 2”数值皆为 1.0mm。

（2） 将绘制的星形转换为“可编辑样条线”，用“轮廓”工具进行扩边，在“修改器”列表中选择“挤出”，给定数值使之具有厚度，如图 4-14 所示。

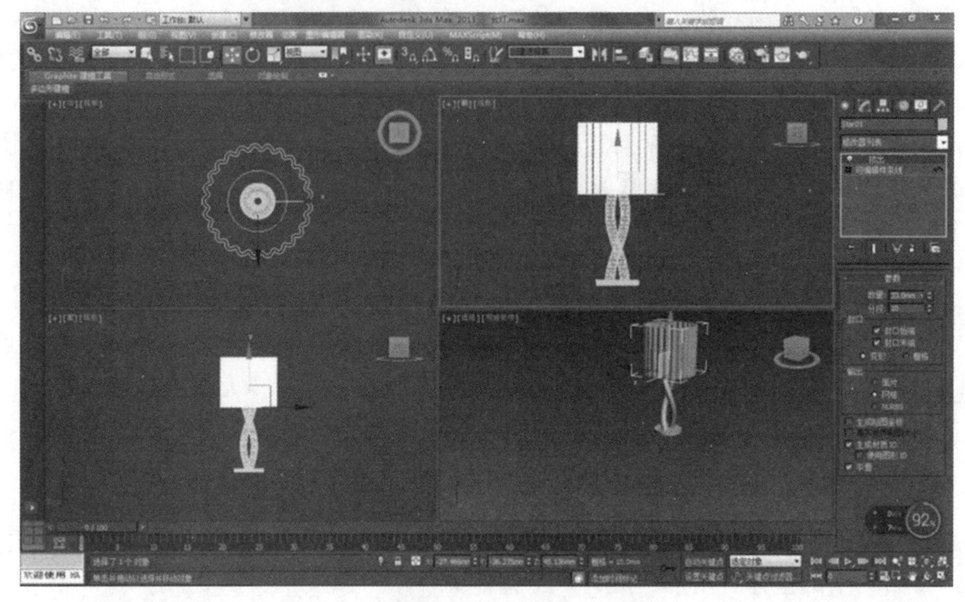

图 4-14 灯帽效果

进入“修改器”列表，选择“锥化”，调整“数量”数值。

返回“挤出”命令，将“分段数”数值改为 10。回到“扭曲”命令，将“曲线”数值做调整，使之带有弧度，从而得到想要的模型效果。

利用“缩放工具”调整灯杆及灯帽的比例大小，利用圆柱体制作一个台灯底座，完成模型的制作。

（3） 渲染模型，得到如图 4-15 所示的模型效果。

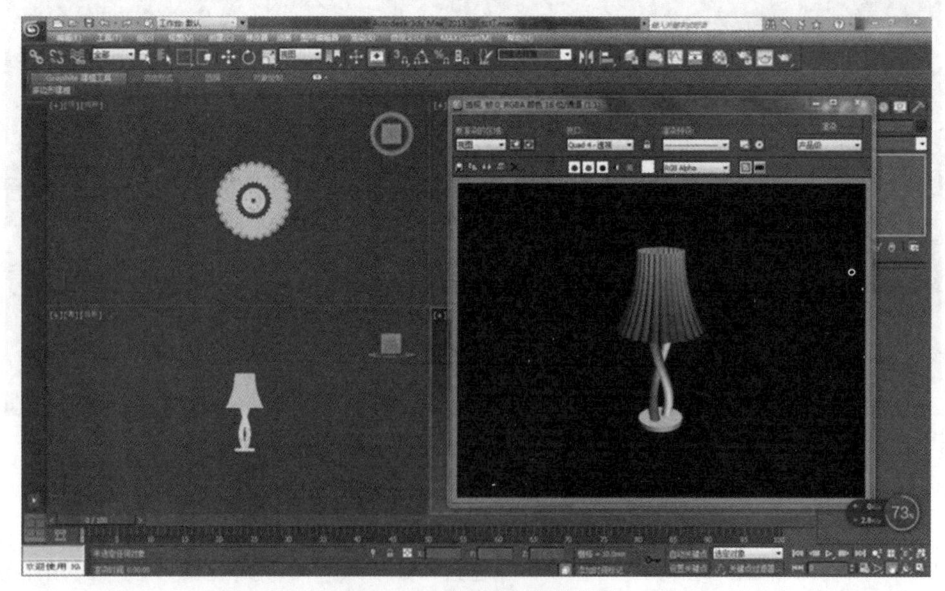

图 4-15 最终完成模型效果

4.6 弯曲

“弯曲”（Bend）修改命令用于对几何体进行弯曲处理，可以使对象沿某一特定的轴向进行弯曲变形。使用任何一种添加修改命令的方法为选中的对象添加“弯曲”（Bend），就可在“修改命令”列表中显示“弯曲”（Bend）命令，并在命令面板中显示“弯曲”（Bend）命令的“参数”卷展栏，在“参数”卷展栏中设置弯曲参数后，即可使集合对象产生弯曲变形。

在“弯曲”（Bend）修改命令的“参数”卷展栏中，各主要参数的含义如下。

“弯曲”（Bend）选项区：用于设置弯曲的角度和方向。有“角度”及“方向”两个数值框，分别指定坐标轴弯曲的角度和沿指定坐标轴弯曲的方向。

“弯曲轴”选项区：用于设置弯曲的坐标轴，有 X、Y、Z 三个弯曲轴，单击 X、Y 或 Z 单选按钮，可以使队形分别沿着 *X*、*Y* 或 *Z* 轴弯曲。

“限制”选项区：用于设置对象沿坐标轴弯曲的范围，包含有“上限”和“下限”两个复选框。选中“限制”复选框，“上限”数值框和“下限”数值框才能发生作用。这两个数值框用于扭曲效果的上限和下限。

当这两个数值框有效时，弯曲命令仅对位于上下限之间的顶点应用弯曲效果。当它们相等时，相当于禁用扭曲效果。

上机实战——制作楼梯

操作步骤

（一）制作踏步

（1） 在“前视图”中，激活（捕捉开关）后，点击鼠标右键，在弹出的“栅格与捕捉设置”中将“主栅格”的“栅格间距”改为 150mm，如图 4-16 所示。

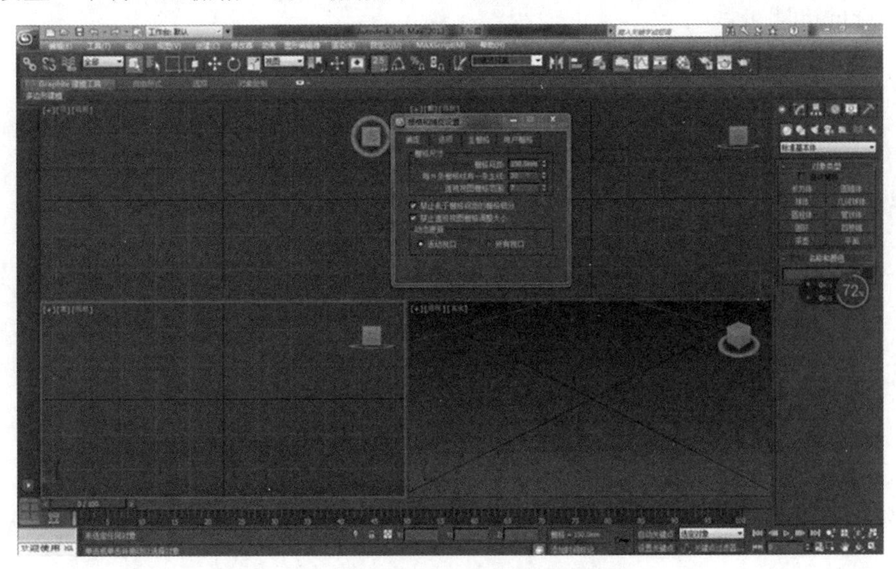

图 4-16　栅格与捕捉设置

（2） 打开“栅格与捕捉”开关，选择“线”工具在“前视图”中沿栅格点进行绘制，“栅格点”宽度现为150mm，默认踏步尺寸，宽为300mm，高为150mm。

（二）制作扶手

（1） 利用“矩形”工具在“前视图”中绘制一个高700mm，宽300mm的矩形，点击“栅格与捕捉”，与绘制的踏步进行对齐，如图4-17所示。

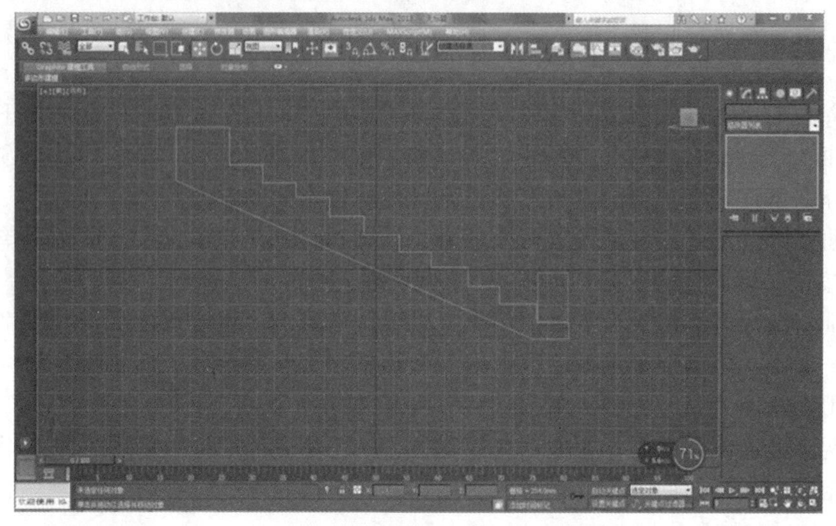

图4-17　制作楼梯扶手

（2） 按“Shift”键复制一个矩形，同样方法，与顶部踏步对齐。使用“线”沿放好的矩形进行勾画，即可得到楼梯扶手形状的曲线。

（3） 选中踏步，转换为“可编辑样条线”，进入“线段”层级，选中踏步底部的线，将“拆分”数值给定20，如图4-18所示。进入“修改器”列表，选择“挤出”命令，“数量”为1000mm即可。

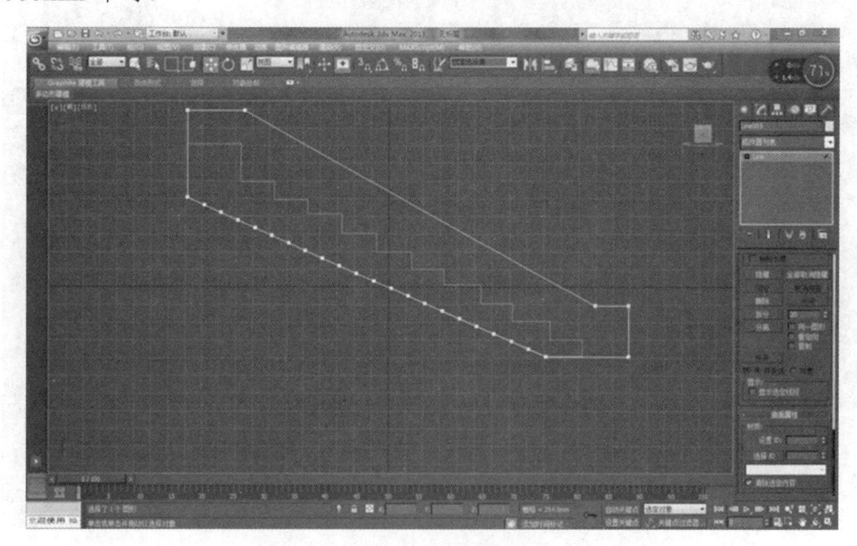

图4-18　拆分线段

（4）选中扶手，按住“Alt+Q”组合键，将扶手“孤立显示”编辑。将扶手线条转换为“可编辑样条线”，进入“线段”层级，选中扶手上、下的线，将“拆分”数值给定 20，然后进入“修改器”列表，选择“挤出”，“数量”为 50mm，在“顶视图”中调整与踏步的位置。

（5）在“顶视图”中按住“Shift”键复制一个扶手，调整好位置。在“组”中选择“成组”。

（6）进入“修改器”列表，选择“弯曲”，将“弯曲轴”选定 *X* 轴。“角度”数值与“方向”数值自定义即可，如图 4-19 所示。

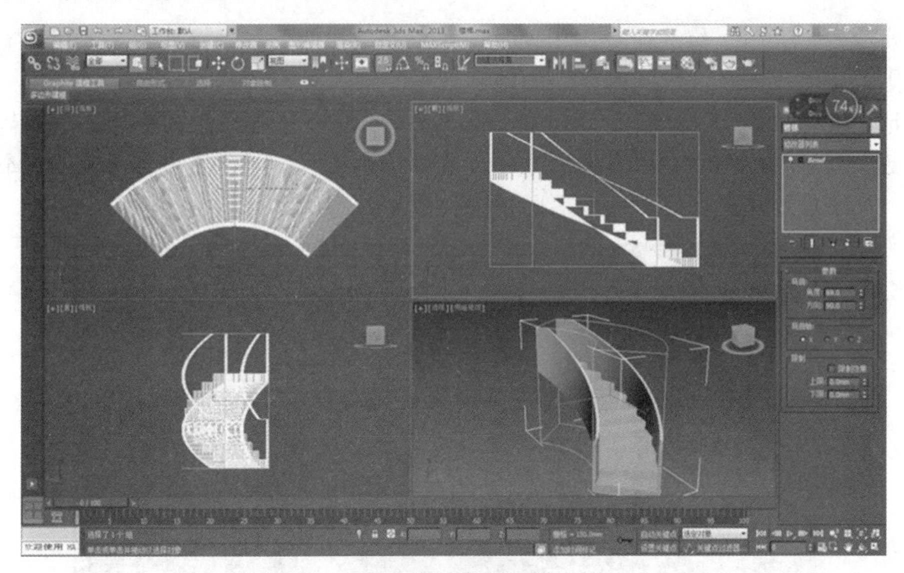

图 4-19　弯曲效果

（7）调整好位置，“渲染”产品即可，如图 4-20 所示。

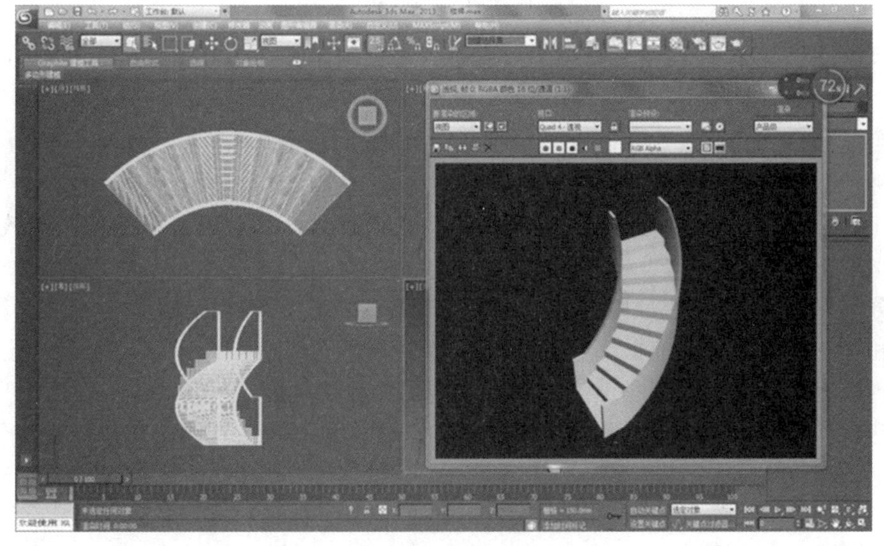

图 4-20　最终完成模型效果

知识点

在 3D 中，面是不会弯曲的，只有通过增加分段数量，使面与面之间产生过渡才会形成表观上的弯曲。

4.7 噪波

“噪波”（Noise）修改命令用于使几何对象产生扭曲变形，将其表面处理为随机变化的不规则效果。比如水波纹的制作、山地和纸张。

为选中的对象添加“噪波”（Noise）修改命令后，就可在修改命令面板下方显示出它的“参数”卷展栏。在“参数”卷展栏中设置噪波参数后，即可使集合对象产生不规则扭曲变形，为平面对象添加噪波命令后的效果如图 4-21 所示。

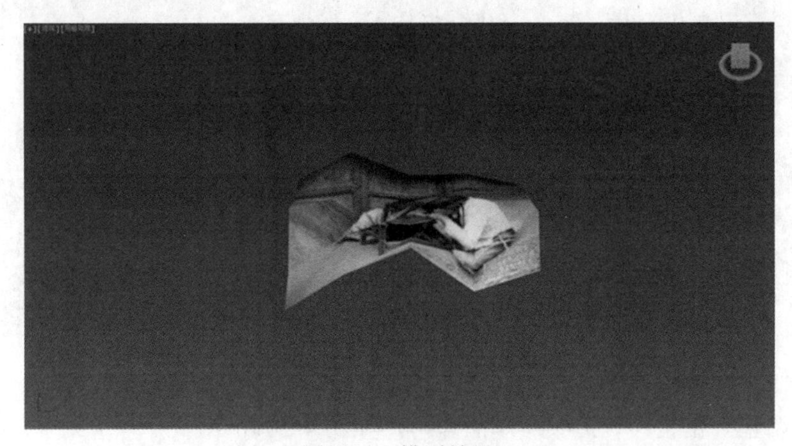

图 4-21　模型效果

在“噪波”（Noise）修改命令的“参数”卷展栏中，各主要参数的含义如下。

（1）“噪波”（Noise）选项区域：用于设置噪波的产生方式。包含有“种子”“比例”“粗糙度”“迭代次数”四个数值框和“分形”复选框。

“种子”：用于设置噪波产生的随机数目。

“比例”：用于设置噪波效果的平滑度。数值越大，对象表面产生的凹凸效果越小，噪波越平滑。

“分形”：用于设置生成噪波的分形算法。单击并选中该复选框，才能激活“粗糙度”数值框和“迭代次数”数值框。

“粗糙度”：用于设置噪波产生的不规则凹凸起伏程度。

“迭代次数”：用于设置噪波分形算法的迭代次数，数值越小，对象表面产生的噪波越平滑。

（2）“强度”选项区域：用于设置噪波在 3 个坐标轴方向产生的强度。有 X、Y 和 Z 三个数值框，可以设置 *X*、*Y* 和 *Z* 坐标轴方向的噪波强度。

（3）动画选项区域，用于设置噪波的动画效果。包含有“动画噪波”复选框，以及

“频率”数值框和“相位”数值框。

“动画噪波”：用子控制是否打开噪波动画效果。选用该复选框，“频率”数值框和“相位”数值框才能使用。

“频率”：可以用于设置噪波动画的速度，频率越高，噪波波动的速度越快。

“相位”：可以用于控制噪波波形的相位。

上机实战——制作揉皱的纸

揉皱的纸，如图 4-22 所示。

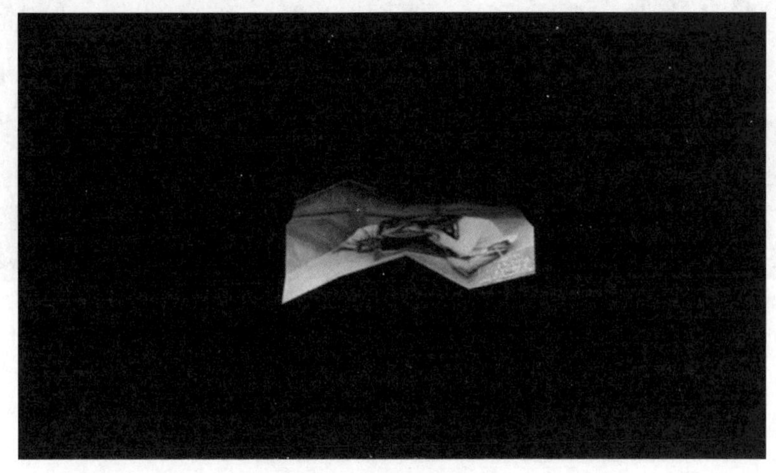

图 4-22　模型效果

制作步骤

（1） 在“顶视图”中绘制一个“平面”，长、宽、高尺寸自定。将“长度分段”数值及“宽度分段”数值调整为 50。进入“修改器”列表，选择“噪波”，调整“强度”及“比例”。得到模型效果如图 4-23 所示。

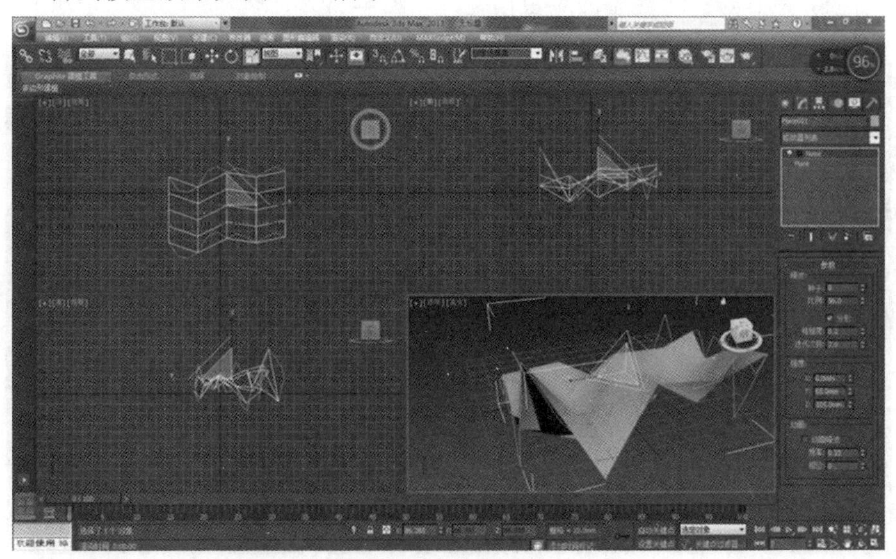

图 4-23　模型效果

（2） 渲染模型，如图 4-24 所示。

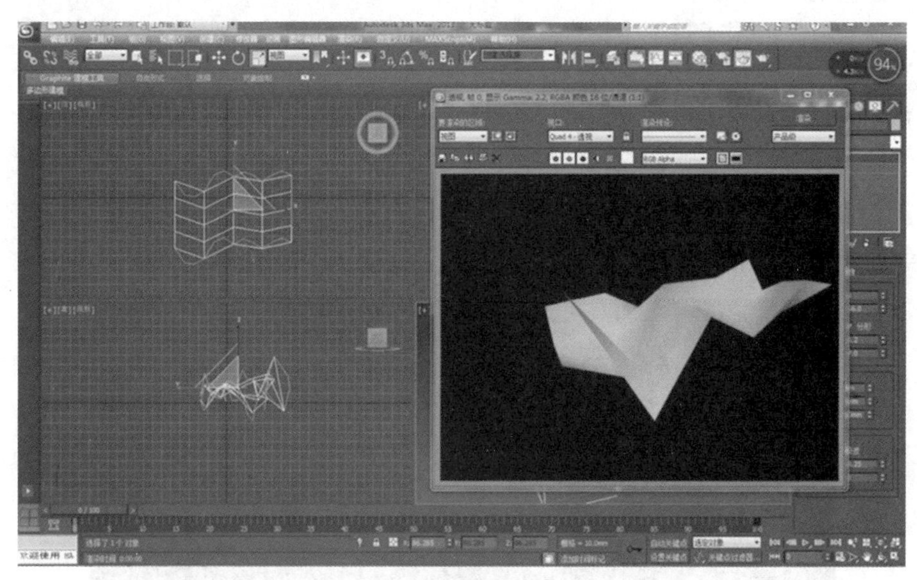

图 4-24 最终完成模型效果

4.8 壳

利用“壳”命令可以做出一些有厚度的模型，或者给模型添加厚度。比如，鸡蛋壳。

1. 上机实战——鸡蛋壳的制作

（1） 制作完整鸡蛋模型。

创建一个“分段”数为 48 的球体，在修改器中选择“FFD 3×3×3”的命令，移动上方控制点的位置，制作出一个完整的鸡蛋模型，如图 4-25 所示。

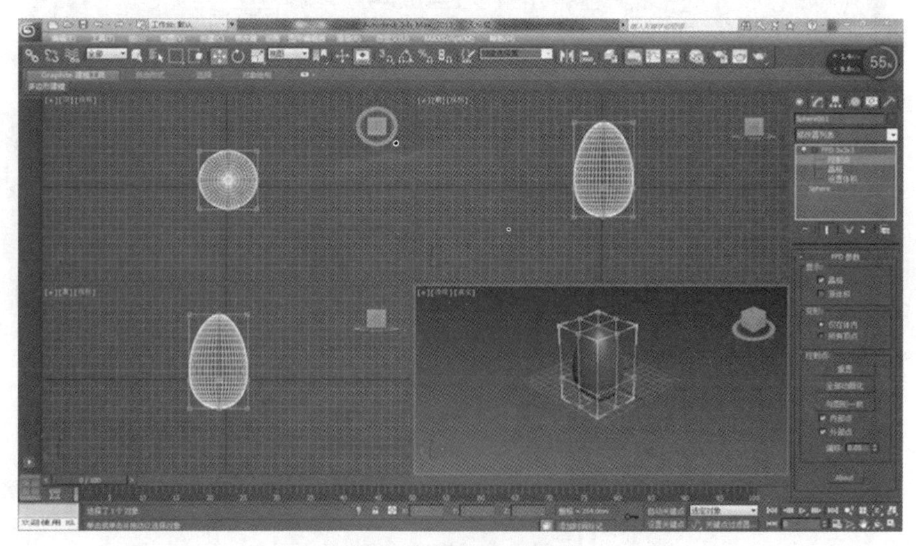

图 4-25 制作鸡蛋模型

（2） 制作破碎的蛋壳。

创建一个“长方体”，设置其长、宽、高的“分段”数均为 4。保持长方体状态，在修改器中选择“噪波”（NOISE）命令，打开“分型”选项，调整 X、Y、Z 轴的强度参数，制作出一个不规整的长方体模型，如图 4-26 所示。

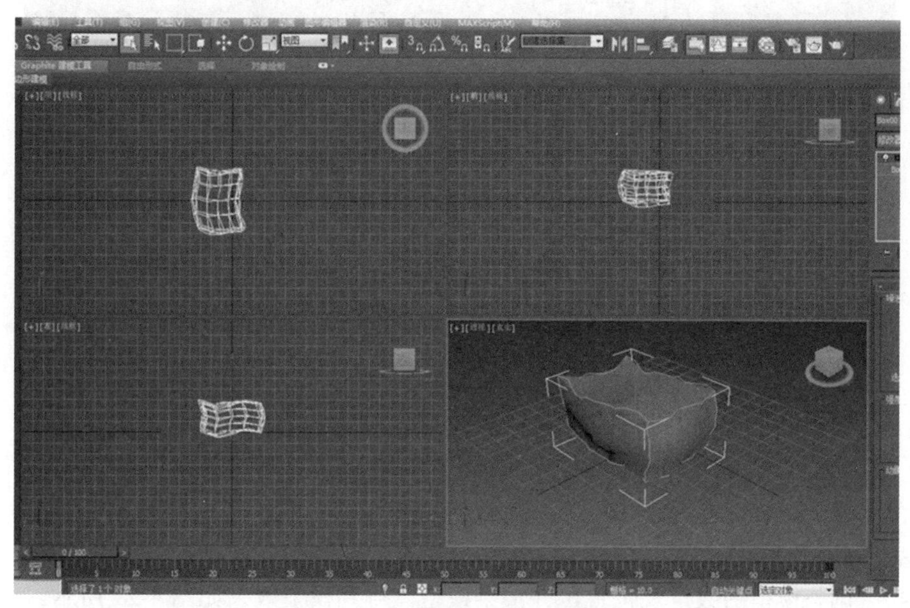

图 4-26　制作不规整长方体模型

选择鸡蛋和长方体，“复制”出两个相同的模型。选择第一个鸡蛋壳模型，在“创建”|“创建复合对象”中选择“ProBoolean”（超级布尔）命令，“运算”方式为“差集”，并拾取长方体模型进行布尔运算。得到半边鸡蛋壳的模型，如图 4-27 所示。

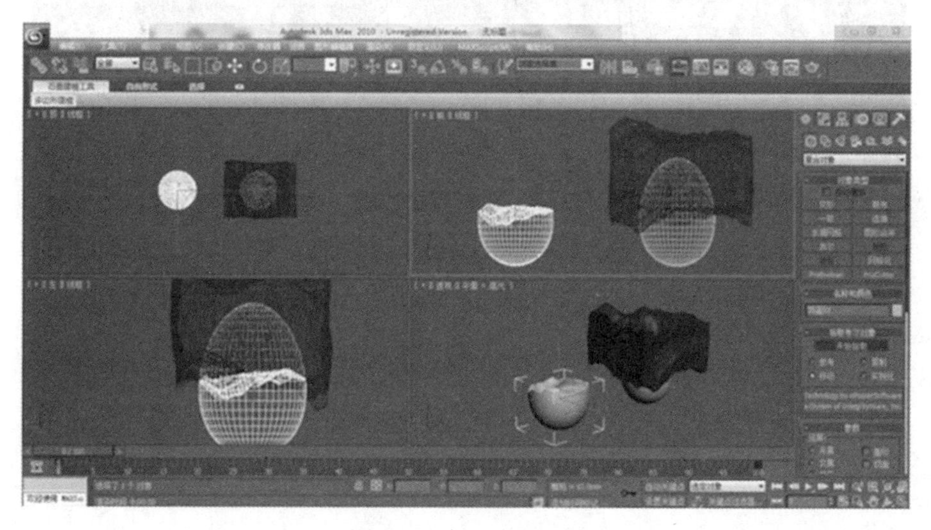

图 4-27　超级布尔运算

保持选择这半边鸡蛋壳模型的状态，在修改器中选择“编辑网格”命令，选择多边形，可以观察到鸡蛋壳上方的多边形自动被选择了。

按“Delete”键删除刚才选择的多边形面，在修改器中选择“壳”命令，调整“外部量”的数值。选择第二个鸡蛋，在“ProBoolean”（超级布尔）中，选择“交集”的运算方式。拾取长方体，制作出上方的鸡蛋壳模型，如图 4-28 所示。

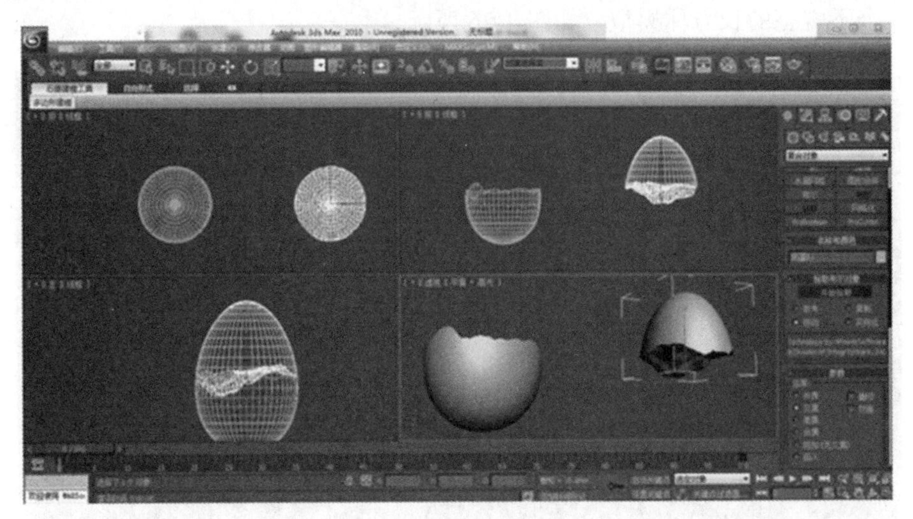

图 4-28　得到蛋壳效果

（3）按照上面制作蛋壳的步骤，制作出有厚度的鸡蛋壳模型。

（4）调整模型的数量及位置，并渲染模型，得到模型效果如图 4-29 所示。

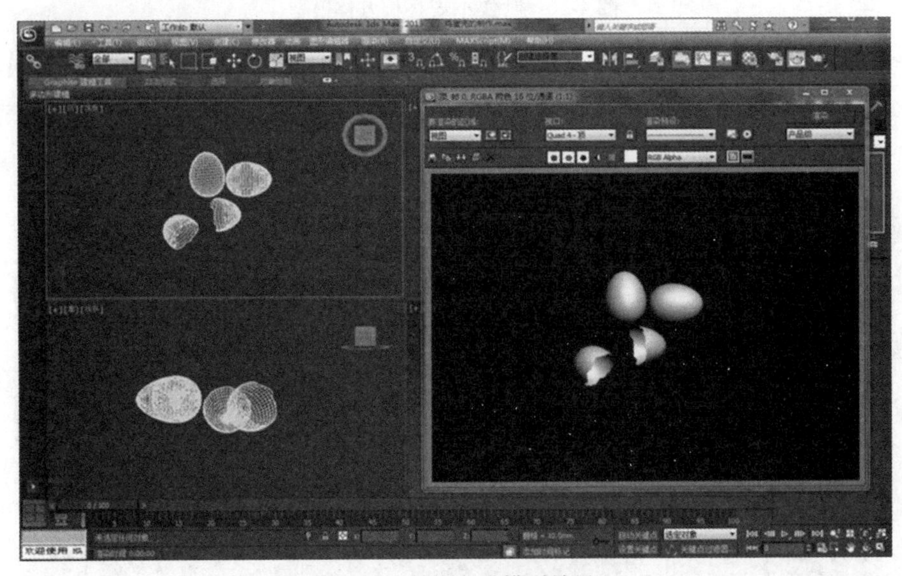

图 4-29　最终完成模型效果

2. 上机实战

壳的延伸扩展案例——古代锅模型

操作步骤

（1）在“顶视图”中创建一个“球体”，将“分段”数量改为 42。

将球体转换为“可编辑样条线”。进入“面”层级，在“前视图”中，将球体上半部分删除。

在“左视图”中，留取中间三个面，将其余的面删除，完成锅提手的效果，如图 4-30 所示。

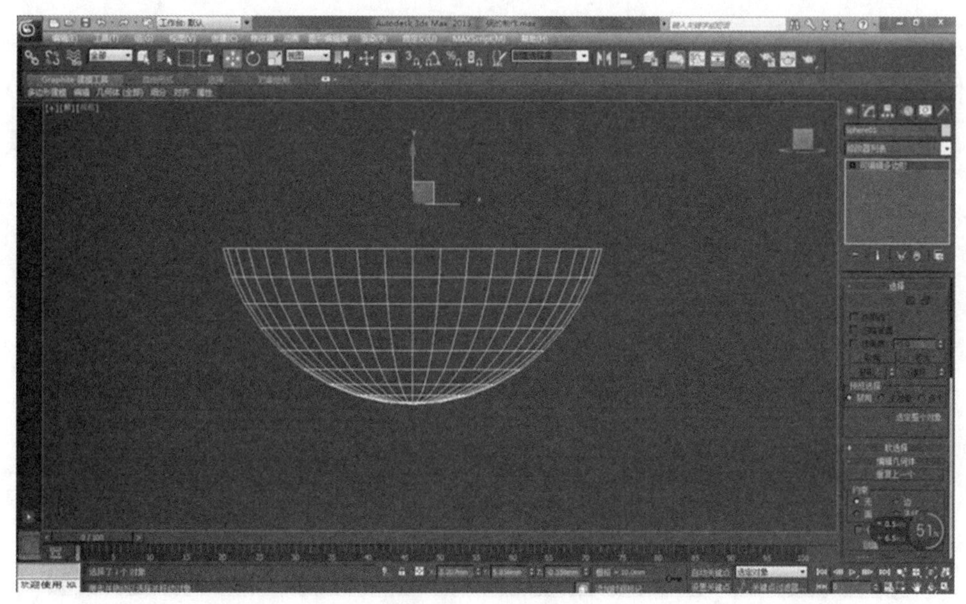

图 4-30　制作把手

将图所示选中的面进行删除，选择“顶点”，框选“点”，使用“移动工具”对点进行移动，调整位置。按住“F3”键，切换出模型的线框显示模式。观察视图中的模型。

（2）　切换到“透视图”，从底部第三圈开始，选择两个面，如图 4-31 所示。

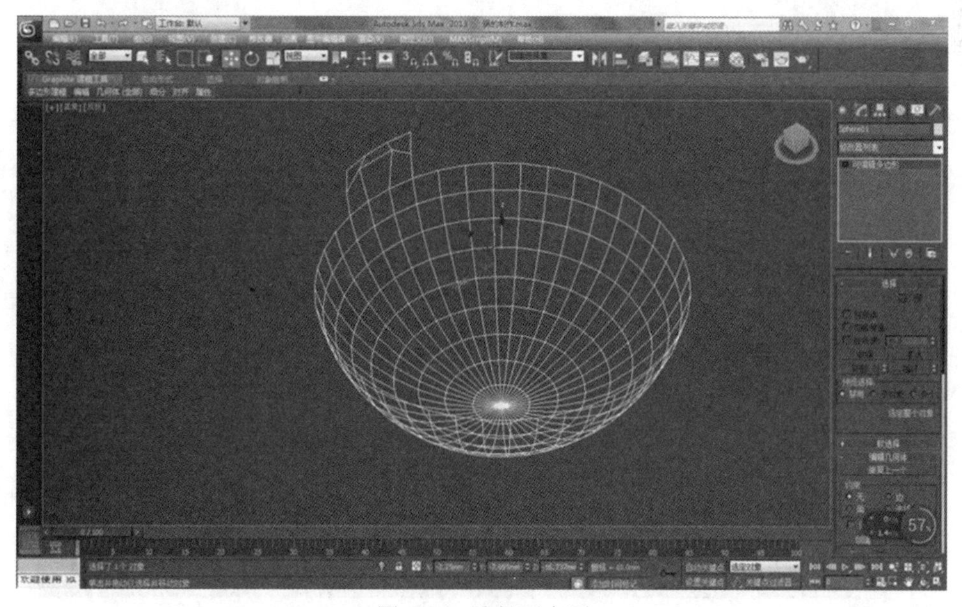

图 4-31　选择两个面

使用“倒角”命令，给定数值。切换到“透视图”，观察模型变化，如图 4-32 所示。

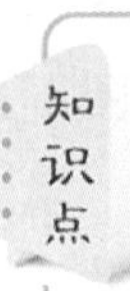

“轮廓量”可使物体产生收缩。

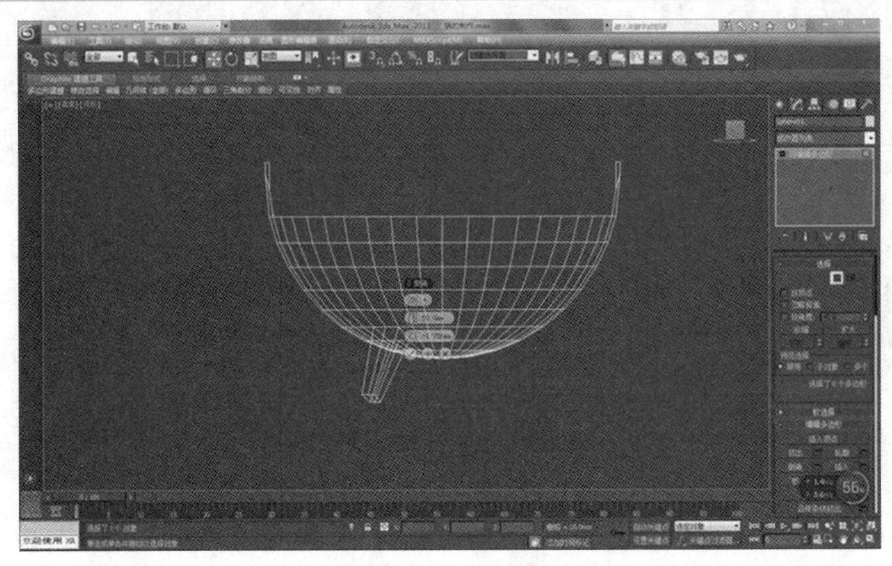

图 4-32　倒角多边形后模型效果

（3） 用同样的方法选择另两个面（这里给定球体的分段数量为 42，可根据此数值计算距离）。

（4） 使用“倒角”命令。系统默认为上一次操作调整的数值。进入“修改器”列表，选择“壳”，给模型一定的厚度，如图 4-33 所示。

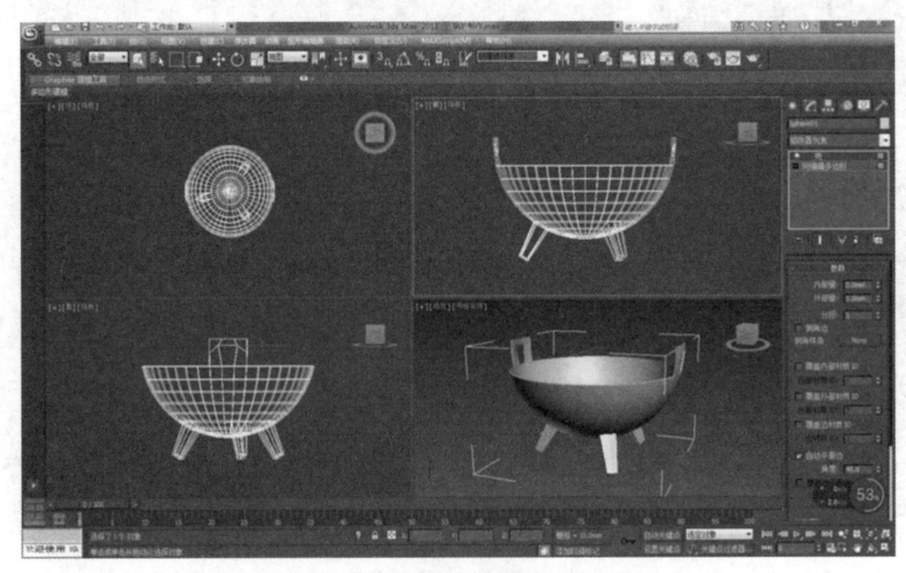

图 4-33　壳命令

（5）　在模型不够平滑时，进入“修改器”列表，选择“网格平滑”，将“细分量”中的“迭代次数”改为 2。渲染模型，得到如图 4-34 所示的模型效果。

图 4-34　最终完成模型效果

知识点

“迭代次数”数值不宜过高，超过“4”时，可能造成计算机的瘫痪。

4.9 晶格

“晶格”将物体的网格变为实体，有点类似编制篮子的效果。例如，篮子、垃圾桶和果盘。

上机实战——半圆水果篮

制作步骤

（1）　在“顶视图”创建一个球体，“半径”为 150mm，“分段”数值为 33。将球体转换为“可编辑多边形”，在“前视图”中，选中点，进行删除，得到一个半圆。

（2）　在“修改器”列表中，选择“晶格”，调整“支柱”中“半径”的数值。将“几何体”中“仅来自边的支柱”勾选，如图 4-35 所示。

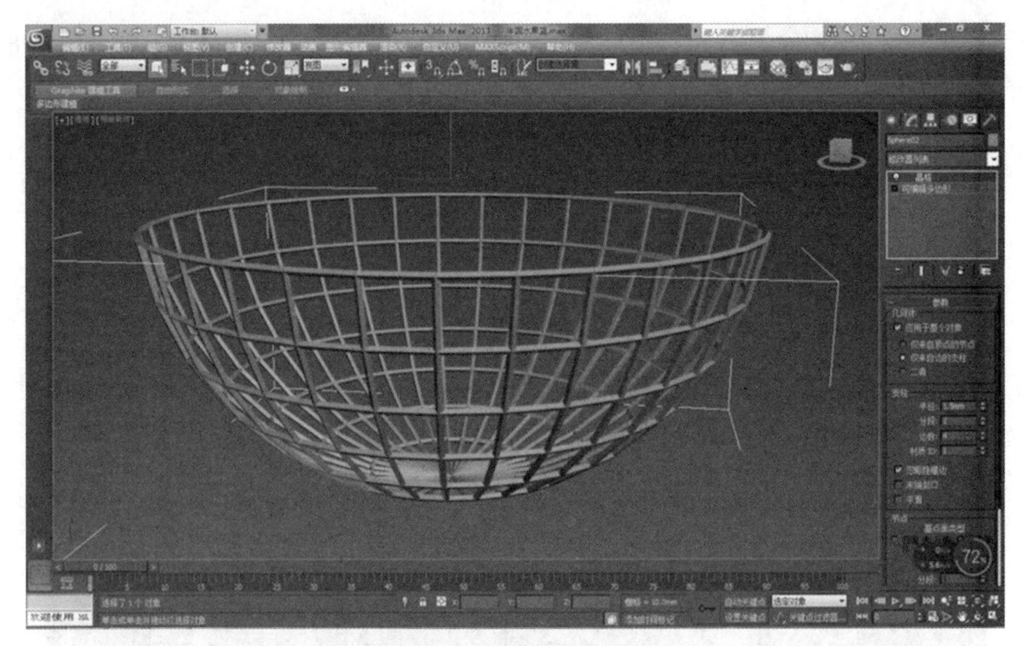

图 4-35　球体晶格化

切换回四视图，多角度观察模型。

（3） 将前面做好的苹果模型导入，调整位置，如图 4-36 所示。

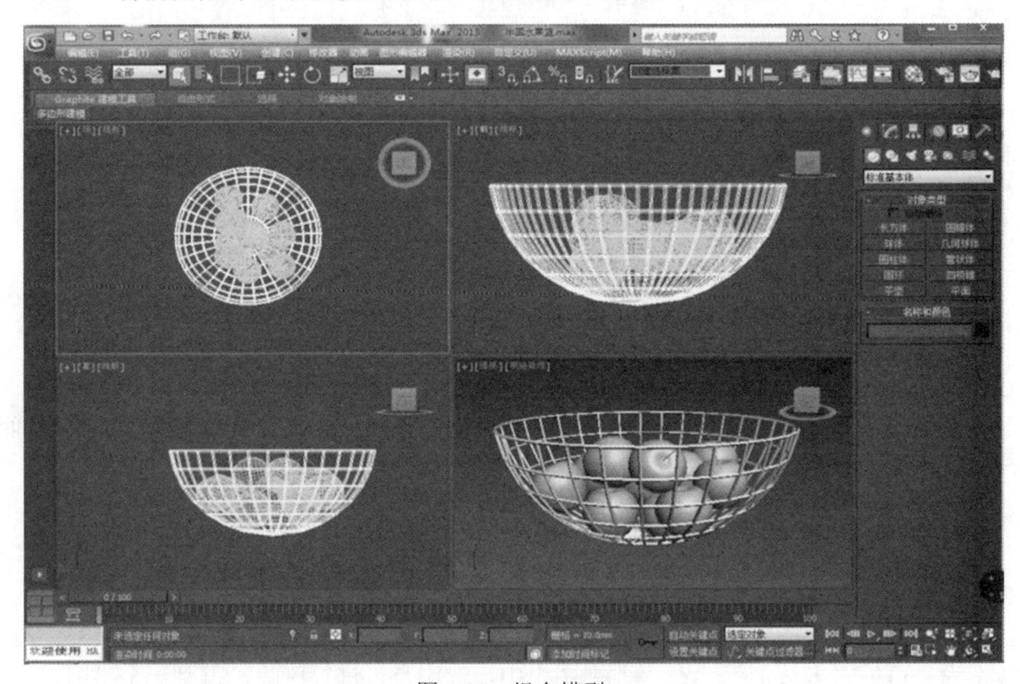

图 4-36　组合模型

渲染模型，得到如图 4-37 所示的模型效果。

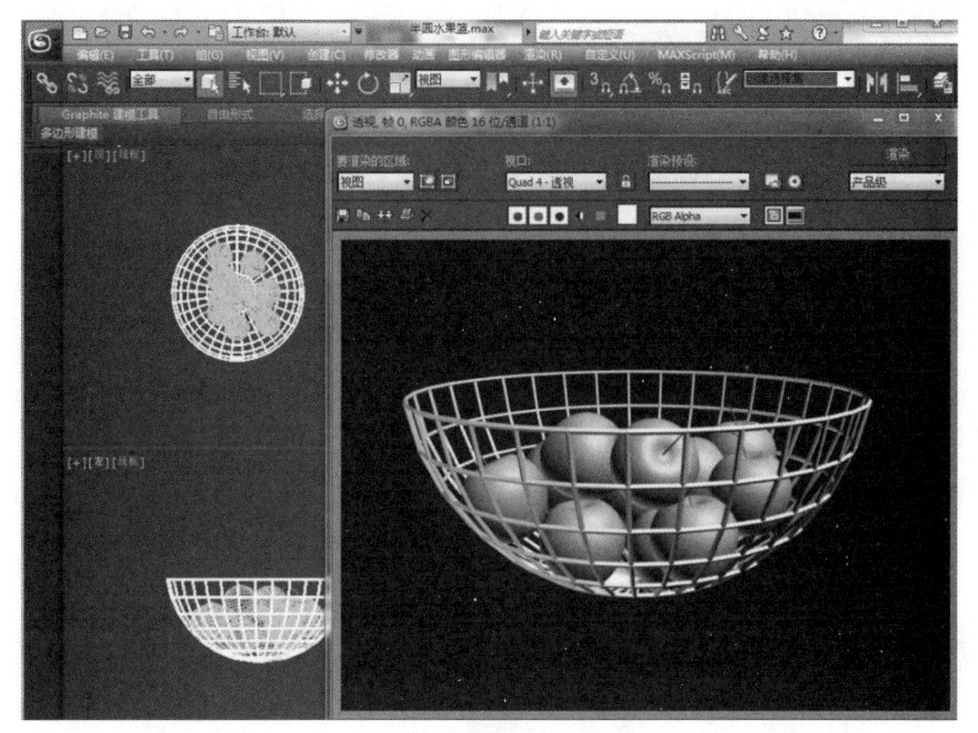

图 4-37　最终完成模型效果

本 章 小 结

本章学习了常用的三维模型修改工具、FFD（自由变形）命令，以及它的几种命令形式（FFD2×2×2、FFD3×3×3、FFD4×4×4、FFDbox 和 FFDcyl）和“锥化”命令、“扭曲”命令、“弯曲”命令、“噪波”命令、“壳”命令等。通过案例对三维模型修改命令进行学习，便于学生理解与运用，为以后制作复杂模型做了铺垫。

本 章 习 题

1. 填空题

（1）FFD（自由变形）命令，有________________、________________、________________、________________和________________五种形式。

（2） 在保持对象基本创建参数的同时，修改器能够修改可编辑网格的子物体，并保持对象原来的________________和________________。

2. 选择题

（1） 对一个物体运用“编辑网格”子命令后，可以对其顶点进行相应的编辑，包括（　　）。

A．创建　　B．删除
C．附加　　D．分离和断开

（2） FFD修改器包括以下（　　）几种不同的网格控制方式。

A．FFD2×2×2　　B．FFD3×3×3
C．FFD4×4×4　　D．FFD5×5×5

3. 问答题

（1） 什么是修改器，它存放在哪里，有什么作用？
（2） 使用“弯曲”修改命令进行物体的弯曲需要什么条件？

第5章

其他造型命令

在 3ds Max 中，很多时候需要做一些重复的模型，比如说，为某间教室做一个模型，那么教室里面的桌椅就需要以完全相同的模样进行有序的排列，我们做好一套桌椅之后，不必浪费时间再重做一套，并且，手动调整位置并不精确。因此就需要学习一些辅助的命令来帮助我们解决这样的问题。

学习目标

1. 了解常用的辅助造型命令。
2. 掌握“阵列”命令的分类、功能作用和使用方法。
3. 掌握现成模型的操作方法及参数调整。

5.1 阵列

“阵列复制”通过场景中对象的移动、旋转、缩放的数值设定可以创建出“一维”“二维”“三维”的阵列对象。例如，一个教室的桌椅，公路上的一排路灯。

1. 上机实战——吊灯的制作

制作步骤

（一）制作灯板

（1） 在“顶视图”中创建一个“长方体”，长、宽、高分别为800mm、800mm、40mm。

（2） 按住“Shift”键对长方体进行复制。在“顶视图”中，打开“2.5维捕捉”，使用“矩形”绘制一个矩形，如图5-1所示。

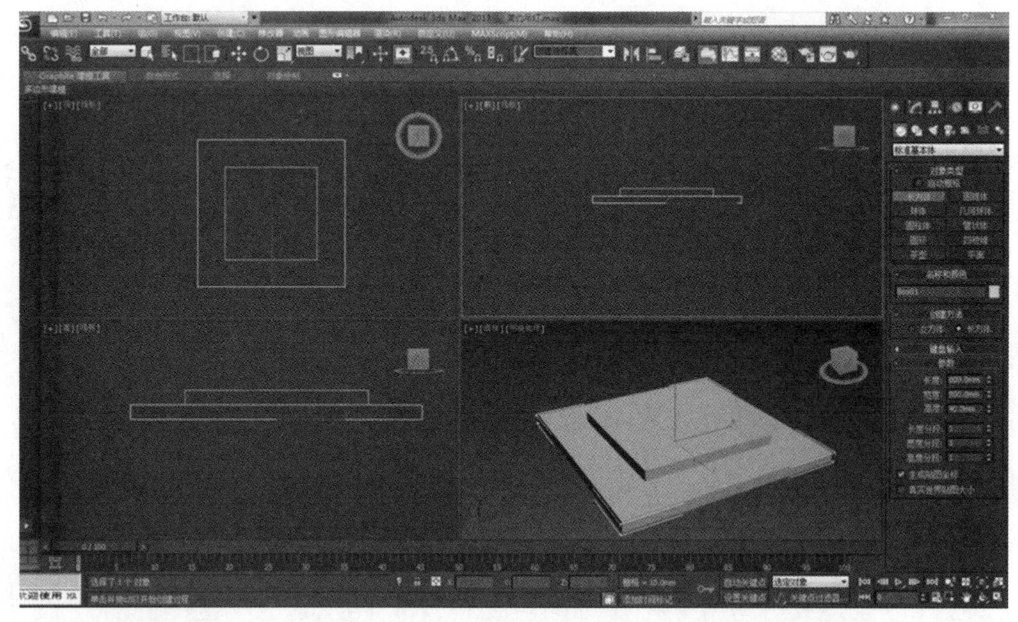

图5-1　绘制灯体矩形

（3） 选中矩形，点击鼠标右键，将矩形转换为“可编辑样条线”，进入“样条线”层级下，选择“轮廓”，向里面进行扩边。

（4） 进入“修改器”列表，选择“挤出”，调整位置。在“顶视图”中，创建一个圆柱体，将其“半径”改为15mm，“高度”改为100mm，“分段数”改为1（在默认情况下，分段数越多，越占用资源，影响计算机速度。因此在不需要时，将物体的分段数默认为1）。调整位置，如图5-2所示。

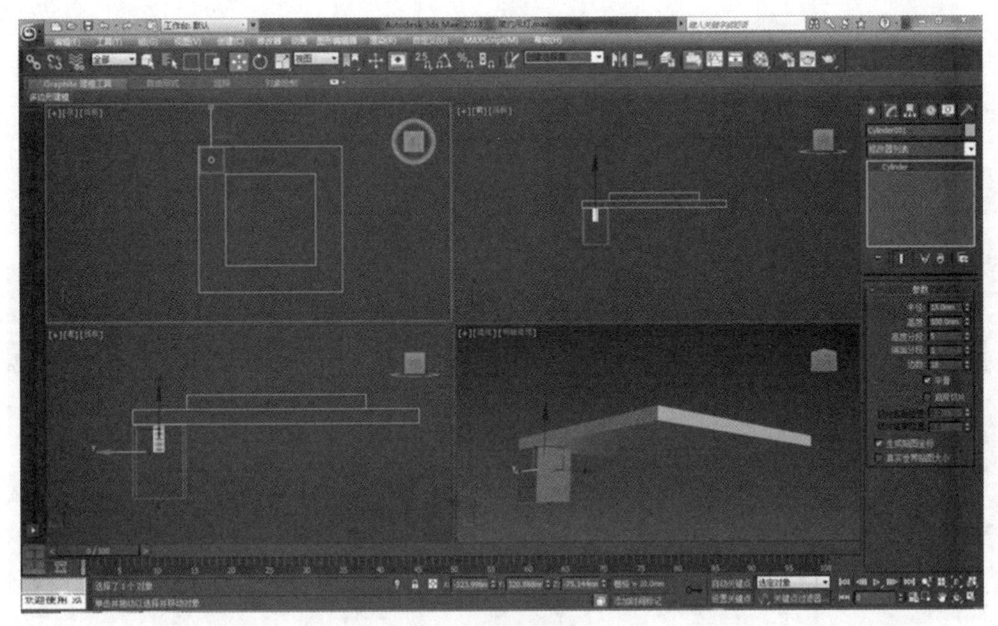

图 5-2　创建圆柱体

（5） 在“顶视图”中，创建一个“球体”。“半径”改为 20mm，调整好位置。使用“缩放”命令对其进行调整。为了方便编辑，将图 5-3 所示的模型进行“群组”，命名为“小灯”。

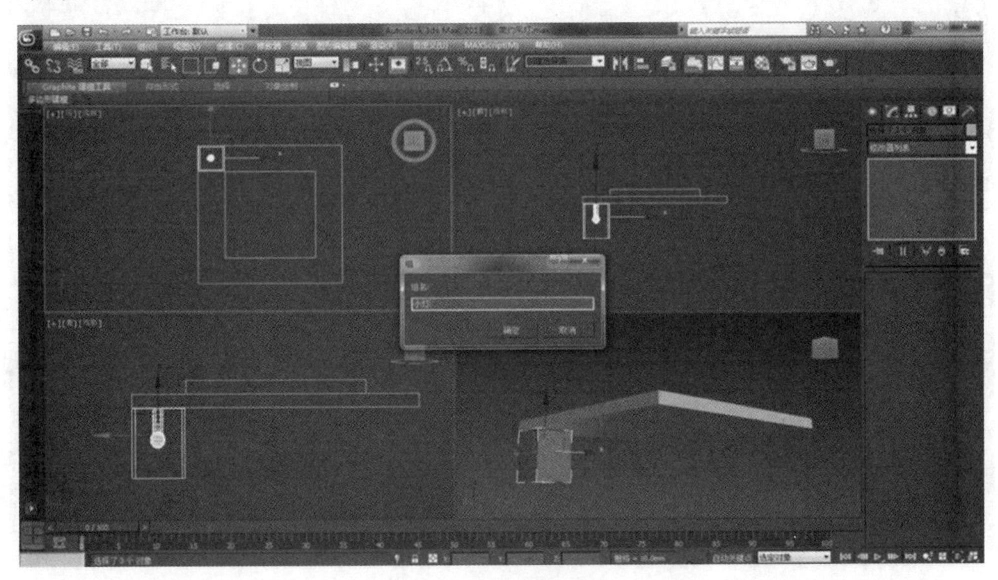

图 5-3　群组模型

打开“菜单栏”中的“工具”，选择“阵列”，对模型进行复制，如图 5-4 所示。

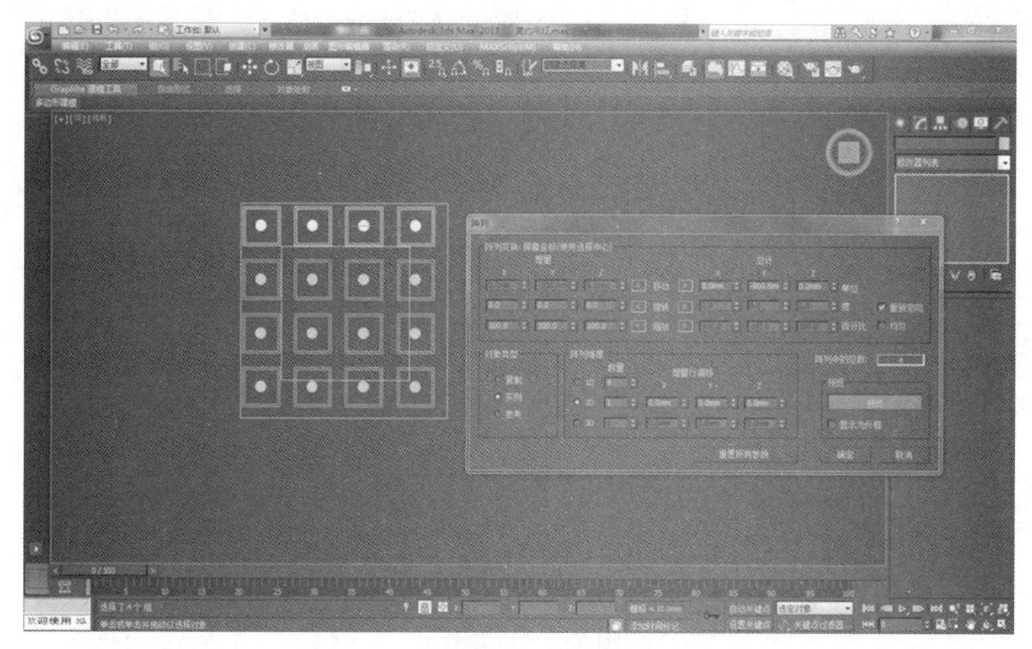

图 5-4　阵列

（6） 完成阵列效果，如图 5-5 所示。

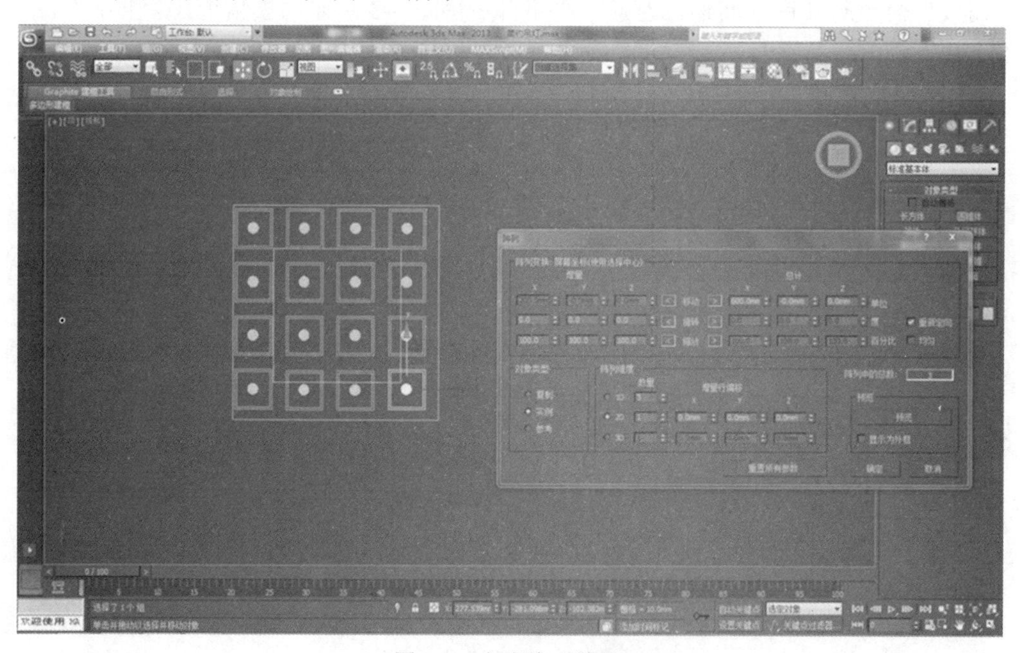

图 5-5　完成阵列效果

（7） 在菜单栏的“按名称选择”（![]）中，将小灯进行全选，成组。选择“对齐”，将小灯与灯座进行对齐，渲染模型。得到如图 5-6 所示的模型效果。

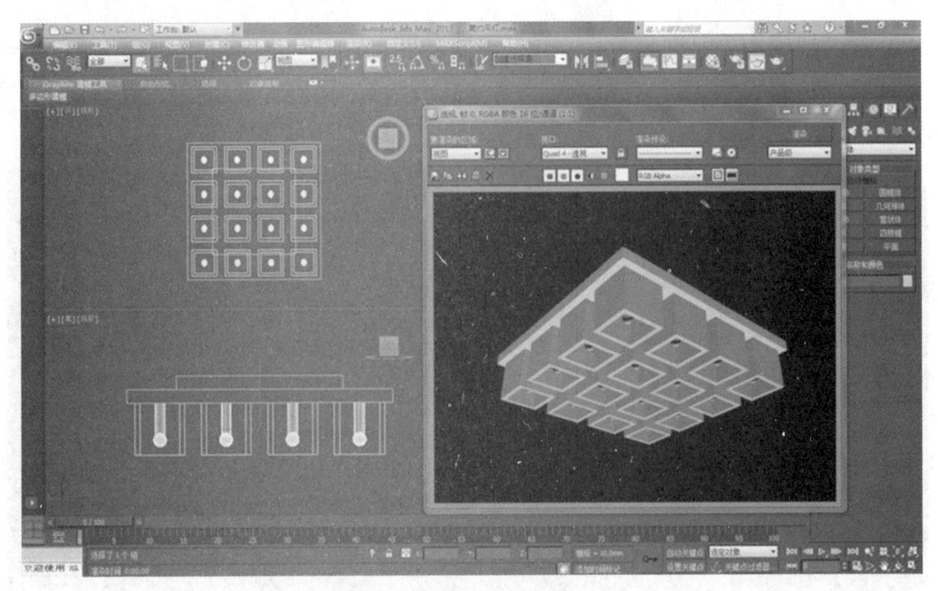

图 5-6　最终完成模型效果

2. 上机实战——时钟的制作

操作步骤

（1） 在“前视图”中绘制一个圆，尺寸自定（参考时钟尺寸）。在其上方绘制一个球形，将其“分段”数值改为 16，并用“对齐”工具与圆进行对齐。

（2） 选中球形，进入“层次”（ ）层级，选择“仅影响轴”，使用“对齐”工具，点击圆形进行对齐，“调整”对“其当前选择”，让轴心点在圆的中心位置。

（3） 打开“工具”中的“阵列”命令，将“旋转”中的“Z 轴”的数值改为 360°。将“阵列维度”中“一维”的数量改为 60，如图 5-7 所示。

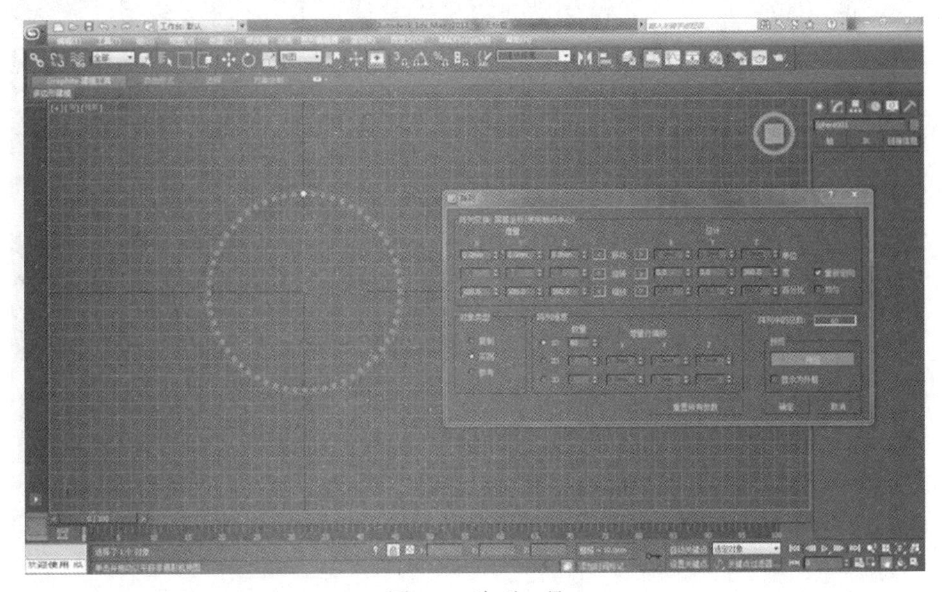

图 5-7　阵列工具

（4） 在“顶视图”创建一个长方体，调整与圆形的位置关系。进入到“层次”（ ）层级，选择“仅影响轴”，使用“对齐”工具，点击圆形进行对齐，调整“对齐当前选择”，让轴心点在圆的中心位置，如图 5-8 所示。

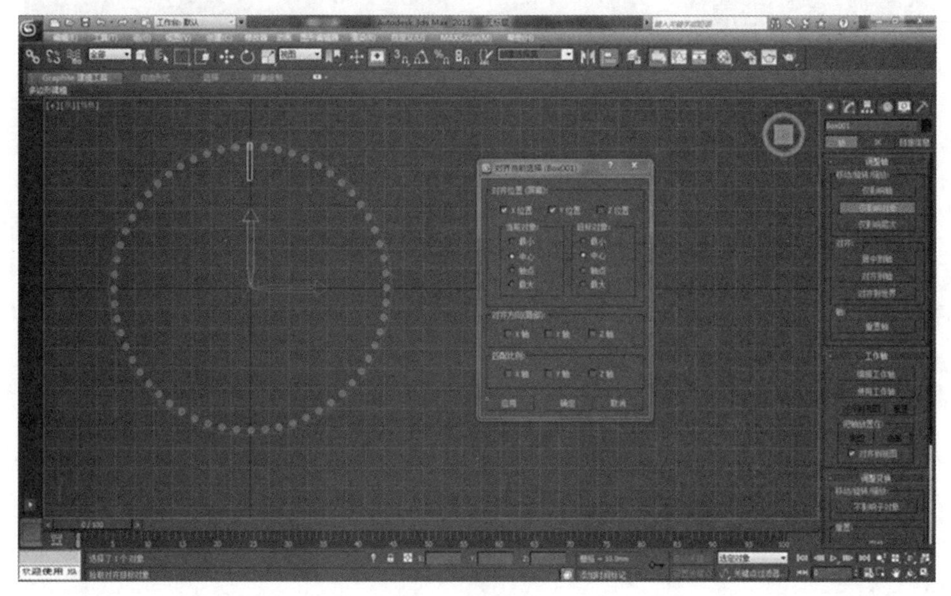

图 5-8 调整轴心点

退出“层次”，打开“工具”中的“阵列”命令，将“旋转”中的“*Z* 轴”的数值改为 360°。将“阵列维度”中“一维”的数量改为 12。

（5） 在“顶视图”中创建一个长方体，设置合适的长度、宽度和高度值，同样也调整其“仅影响轴”到原点位置，制作出时针模型，如图 5-9 所示。

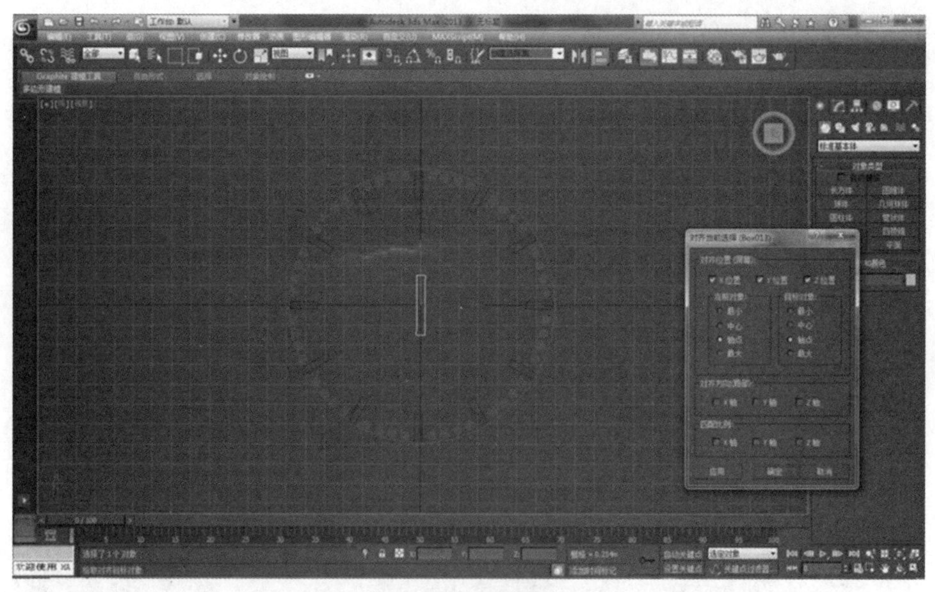

图 5-9 制作指针

（6） 通过按住“Shift”键配合“旋转”工具克隆出分针、秒针的模型。调好相互的位置关系。

（7） 创建一个内容为“12”的“文字曲线”。设置好字体，调整好位置，如图 5-10 所示。

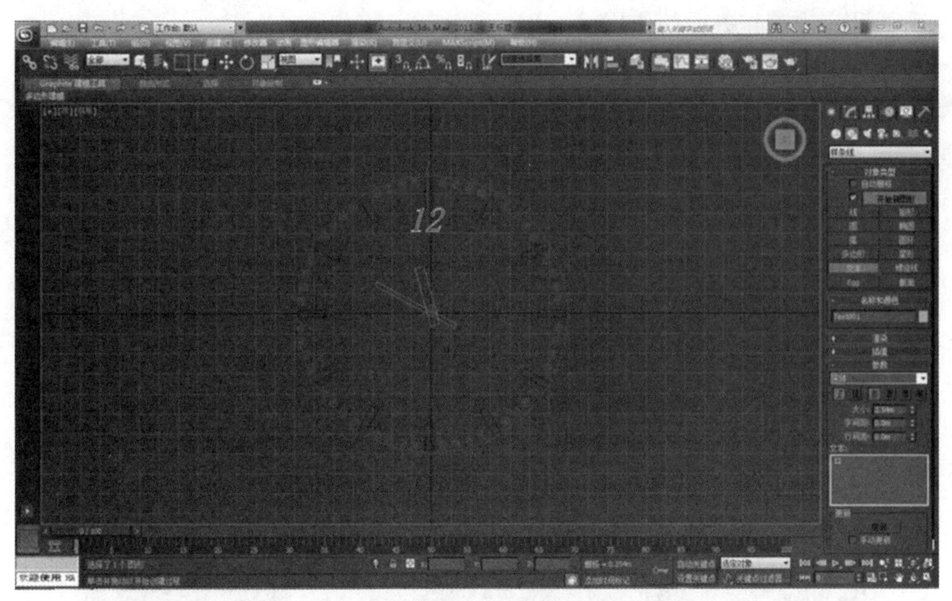

图 5-10　创建数字

（8） 为文字曲线添加“倒角”的修改命令，设置“级别 1”的高度为 2，“级别 2”的高度为 0.2、“轮廓”为-0.2。制作出立体的文字模型。按住“Shift”键，配合移动工具制作出其他的时针刻度数字模型，更改对应的文字内容，完成整个钟表模型的制作。最后做调整，渲染模型，如图 5-11 所示。

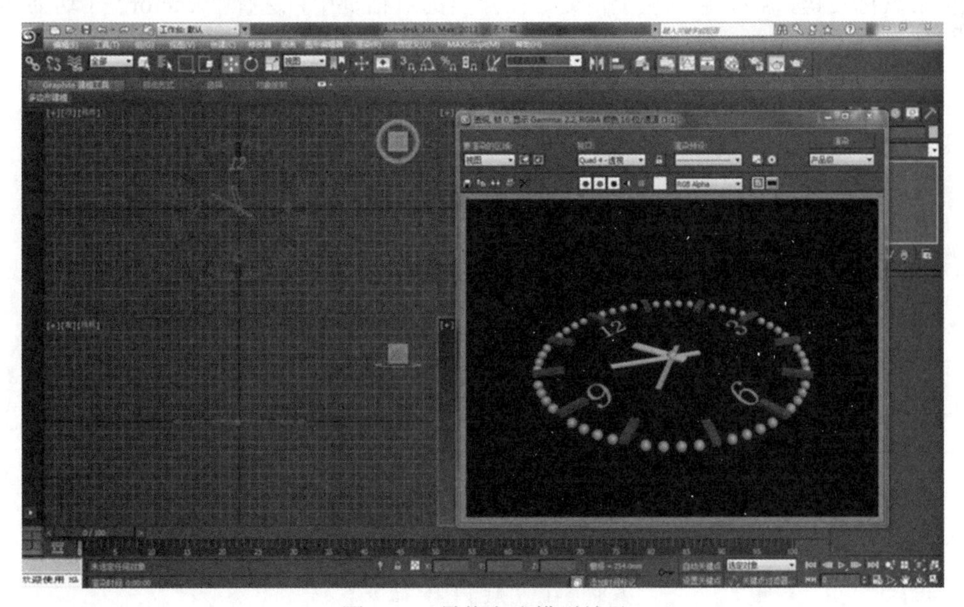

图 5-11　最终完成模型效果

5.2 动力学原理

动力学系统刚体碰撞模拟可以应用到多个领域，如医学、物理学、科学。本书主要讲述它在动画及室内制作方面的作用。

1. 动力学原理——原理讲解

制作步骤

打开本书自带的 3D 文件，如图 5-12 所示。

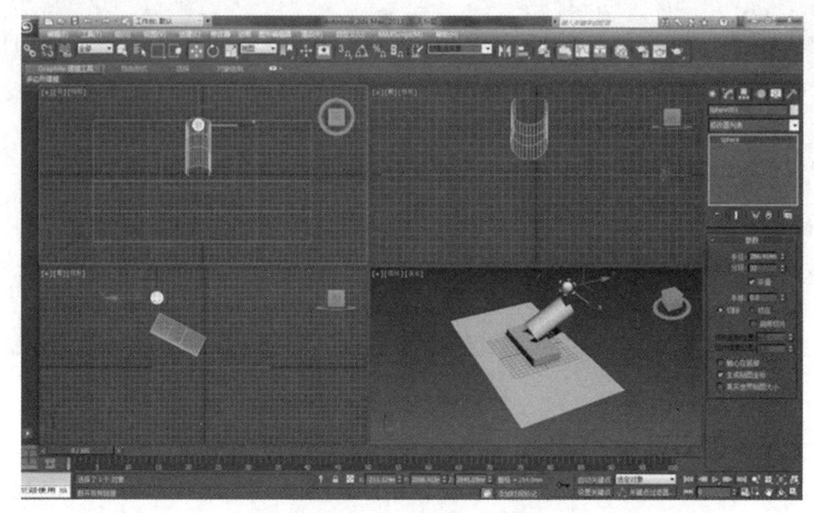

图 5-12 场景模型

使用鼠标右键，点击菜单栏空白处，在弹出的对话框中，选择“reactor”（动力学），选中球体模型及其他几个模型，分别赋予它们“刚体”（ ），如图 5-13 所示。

图 5-13 赋予刚体命令

对球体的属性进行修改，将“物理属性”中的“质量”数值改为 1，“摩擦”及“弹力”数值相应调整。在“模拟几何体”中，选择“凹面网格”，如图 5-14 所示。

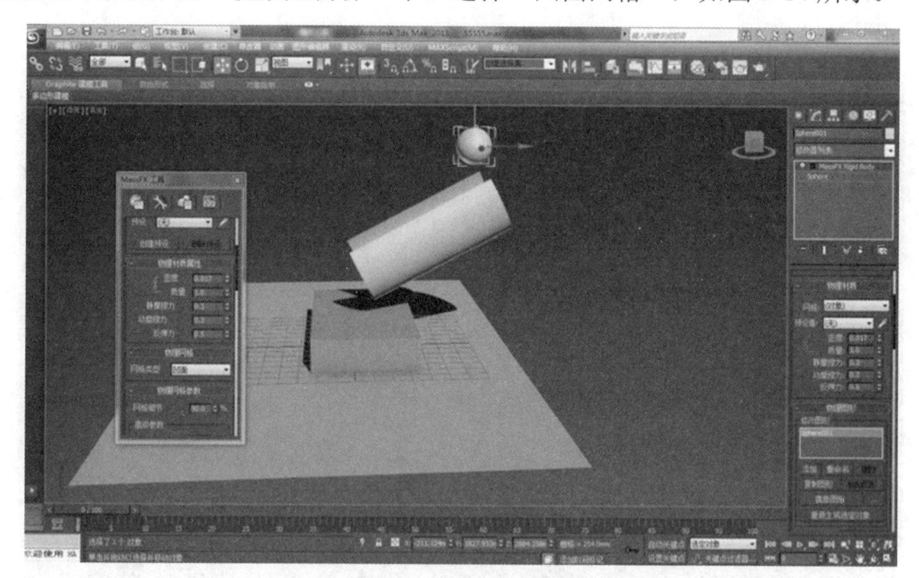

图 5-14　修改参数

知识点 1

用“动力学”中的“分析世界”（　）对模型进行分析，在弹出的对话框中，如果没有红色的字出现，即表示分析正确，可继续进行操作。

将“Reactor”消息关闭，选择“动力学”中的预览动画，在预览动画的对话框中，使用鼠标左键可通过旋转模型来调整观察角度。使用鼠标右键可以影响动画分析时间。按照对话框中的提示，按下“P”键开始。

知识点 2

“凹面网格”表示以物体的实际形状来计算力学。

“边界框”表示将模型边界变成矩形，物体会按照矩形的形状进行力学计算。

“边界球体”表示将模型边界变成球体，物体会按照球体的形状进行力学计算。

“网格凸面外壳”表示物体会沿着模型的最外面轮廓的连线进行力学计算。

2. 使用动力学原理

利用动力学原理，可以模仿物体自然下垂的情景。比如毛巾，被子等。

上机实战——制作垂挂的浴巾

制作步骤

（1） 在“左视图”新建一个圆柱体，作为挂浴巾的杆。在“参数”列表中，将圆柱体“半径”数值改为 5mm，“高度”数值改为 400mm。

（2） 在“创建面板”中，选择“标准基本体”中的“平面”（Plan），作为浴巾。平面的长度及宽度自定。将平面的“长度分段”的数值设置为 30，“宽度分段”的数值设置为 20，如图 5-15 所示。

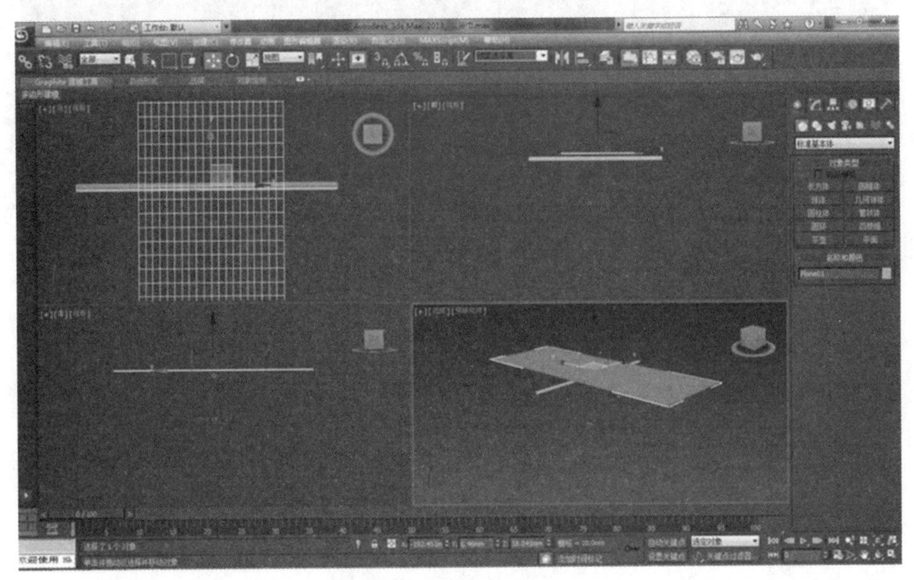

图 5-15 创建平面

（3）选中圆柱体，鼠标右键点击“菜单栏”的空白处，在弹出的对话框中，选择“reactor”（动力学）。赋予圆柱体“刚体”，对圆柱体的属性进行修改。在“模拟几何体”中，选择“凹面网格”。选中平面，进入“修改器”列表，选择“Ractor Cloth”，在“Ractor Cloth”界面中，将“避免自相交”一栏进行勾选（避免在力学计算中，物体穿透对方，相交在一起）。

（4） 将“动力学”中的“软体” 赋予平面，如图 5-16 所示。

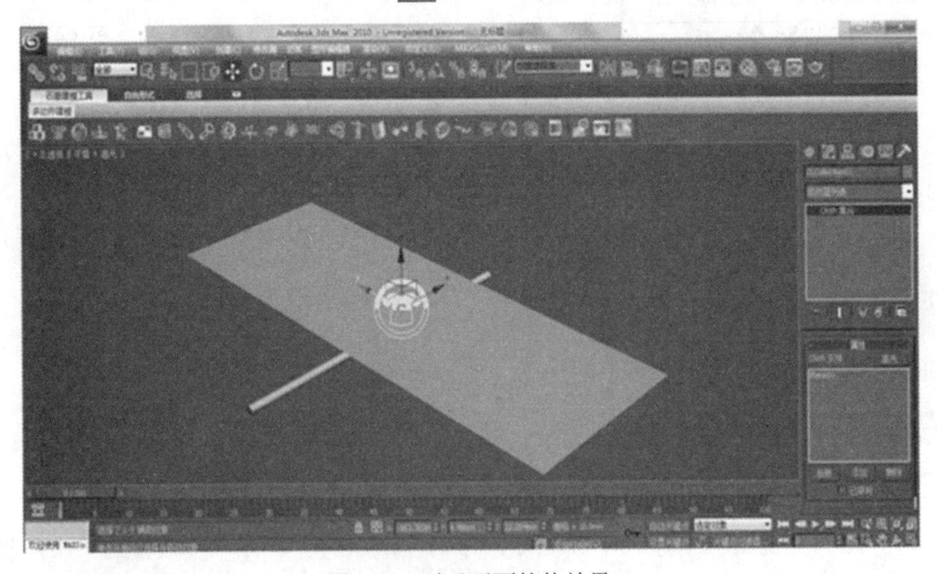

图 5-16 赋予平面软体效果

（5） 对平面的属性进行修改，将“物理属性”中的“质量”数值改为 1，在“模拟几何体”中，选择“凹面网格”。

（6） 用“动力学”中的“分析世界”（）对模型进行分析，在弹出的对话框中，如果没有红色的字出现，即表示分析正确，可继续进行操作；如果有红色的字出现，就表示有模型不符合计算要求，可根据对话框中所述问题，进行调整。将“Reactor”消息关闭，选择“动力学”中的预览动画。继续计算产生的效果，如图 5-17 和图 5-18 所示。

图 5-17　计算效果

图 5-18　计算效果

（7） 在 Reactor 实时预览 (OpenGL) 模拟(S) 显示(D) 性能(P) 鼠标 MAX(M) 中将其中的“MAX(M)”点开，选择更新“MAX（u）”，然后关闭动画预览即可。

（8） 给浴巾增加厚度，选中浴巾，进入“修改器”列表，选择“壳”，将浴巾的厚度设置为 1 即可。

知识点

如果觉得浴巾不够平滑，可进入“修改器”列表，选择“涡轮平滑”，渲染模型，如图 5-19 所示。

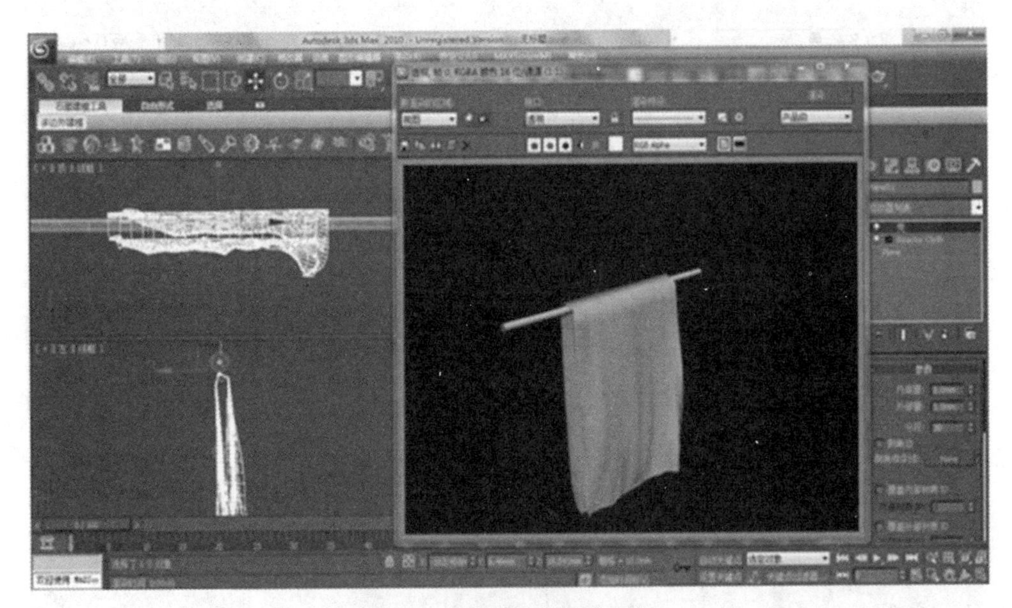

图 5-19 最终完成模型效果

5.3 “现成门”模型的应用

在 3ds Max 中，自带了很多模型，可以在调整数值后，直接使用，比如，门模型、窗模型、楼梯模型等。

上机实战——门模型的制作

制作步骤

（1） 导入卧室 CAD 文件。点击按钮选择“导入”，将命名为“卧室”的“CAD 文件”导入“顶视图”中，如图 5-20 所示。

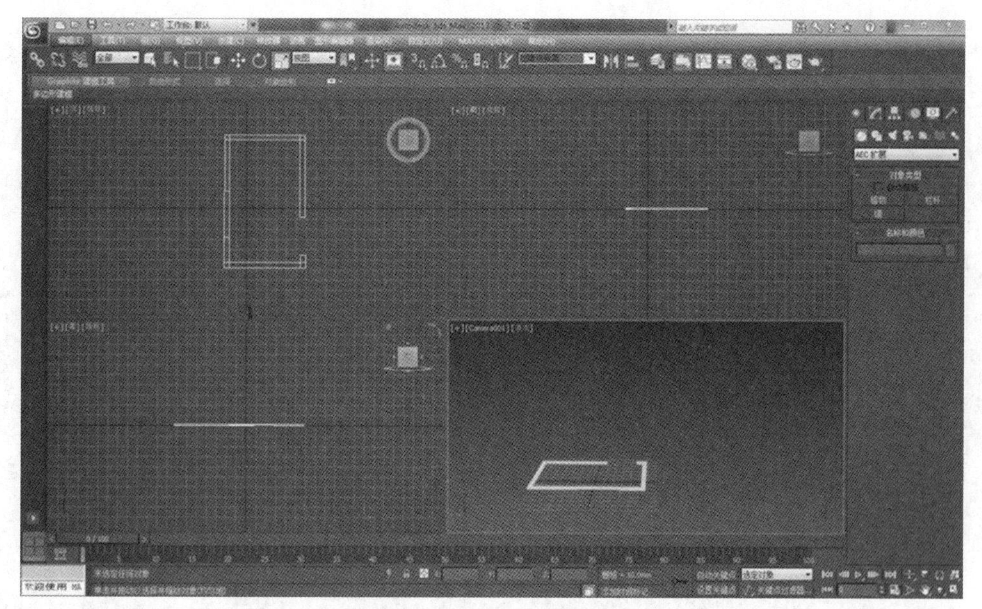

图5-20　导入CAD文件

（2） 使用“二维线”工具，打开“2.5维捕捉”，在“顶视图”中对导入的CAD文件进行描绘，进入“修改器”列表，将“挤出”的数值设置为2700mm。修改模型，将门窗绘制完整。首先，点击“F3”键，将模型转换为现况模式，然后选中模型，点击右键，转换为“可编辑多边形”，点击“边”层级，选择两条墙线，如图5-21所示。

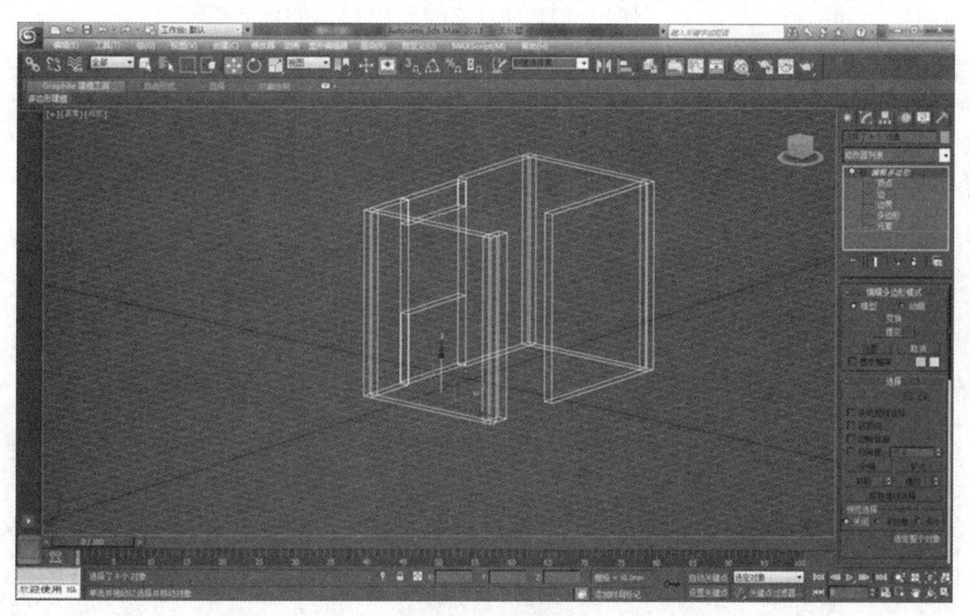

图5-21　转换编辑

（3） 点击鼠标右键，选择“剪切”，在两条选中的线之间，再绘制一条线。选中另两条相对的墙线，用同样的方法绘制一条线。选中新绘制的两条线，切换到“前视图”。选择“平面化”中的“Z轴”，使两条线对齐。得到的线的结果，如图5-22所示。

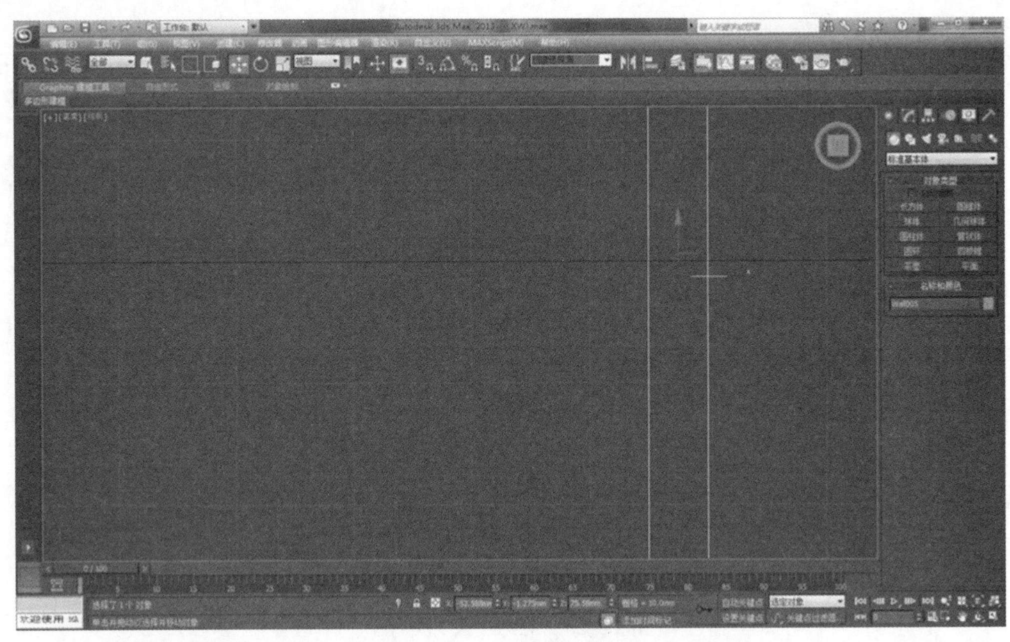

图 5-22　切线对齐效果

（4）使用移动工具，将线移至顶端，再使用“移动变换输入”，使线按距离进行移动。

（5）进入“多边形”层级，选中图中所示的两个面，点击“桥”工具，进行面与面之间的连接。利用“桥”工具，使用同样的方法绘制出窗，如图 5-23 所示。

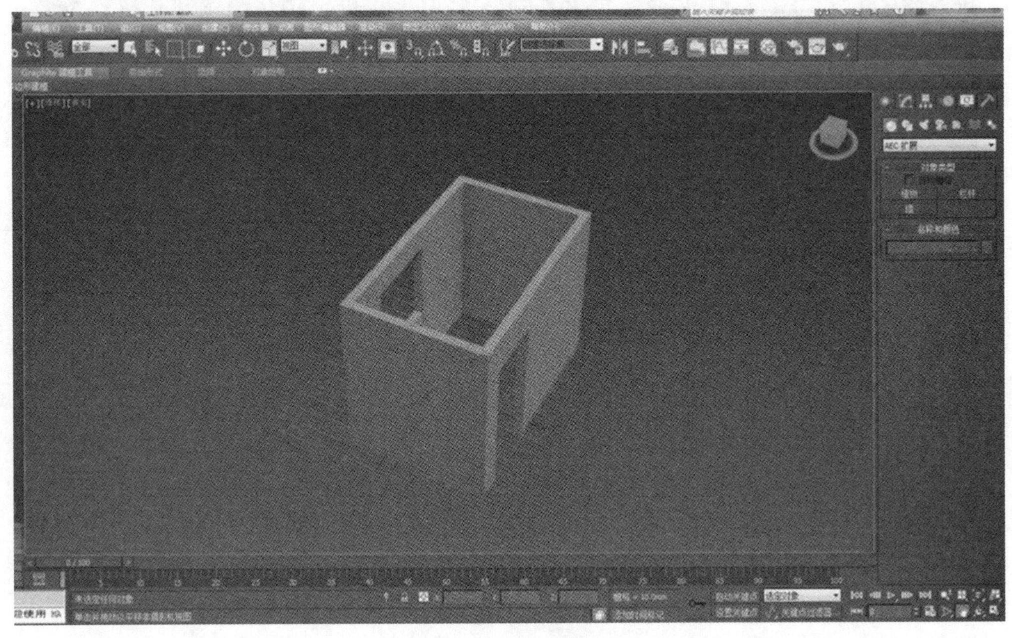

图 5-23　模型效果

（6） 绘制门模型。进入创建面板，选择“标准几何体”下拉列表中的“门”命令，在“顶视图”中，进行绘制。切换到四视图，观察模型，调整大小，如图 5-24 所示。

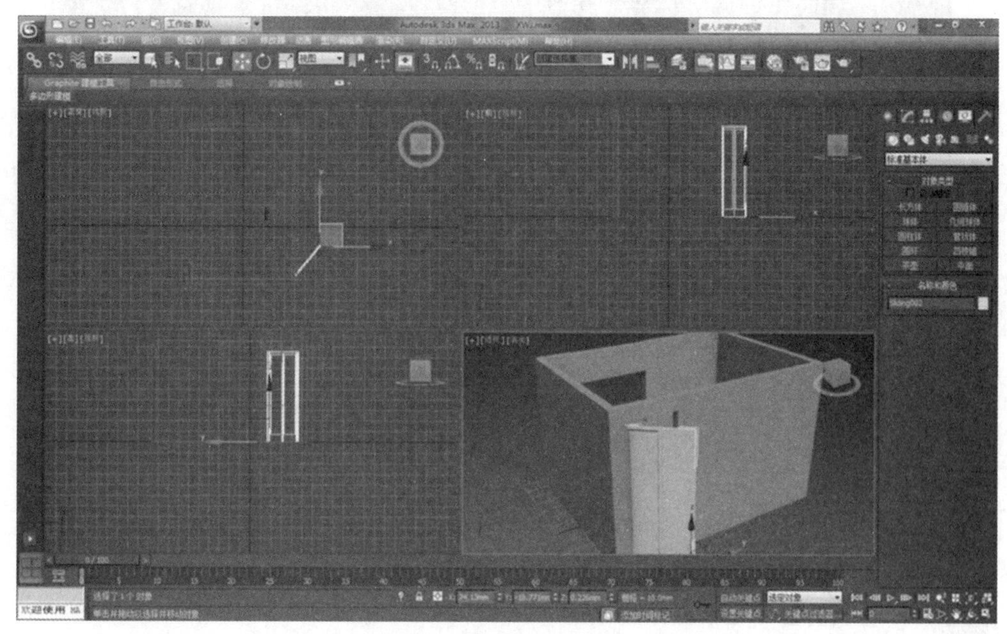

图 5-24　调整大小

调整好的门的模型如图 5-25 所示。

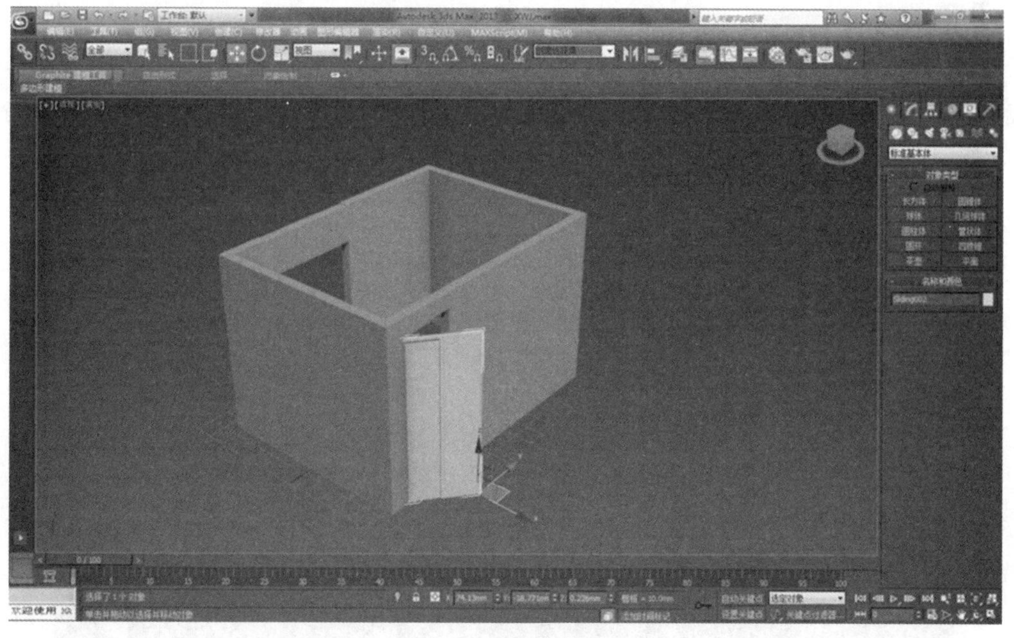

图 5-25　调整位置

渲染模型，得到如图 5-26 所示的模型效果。

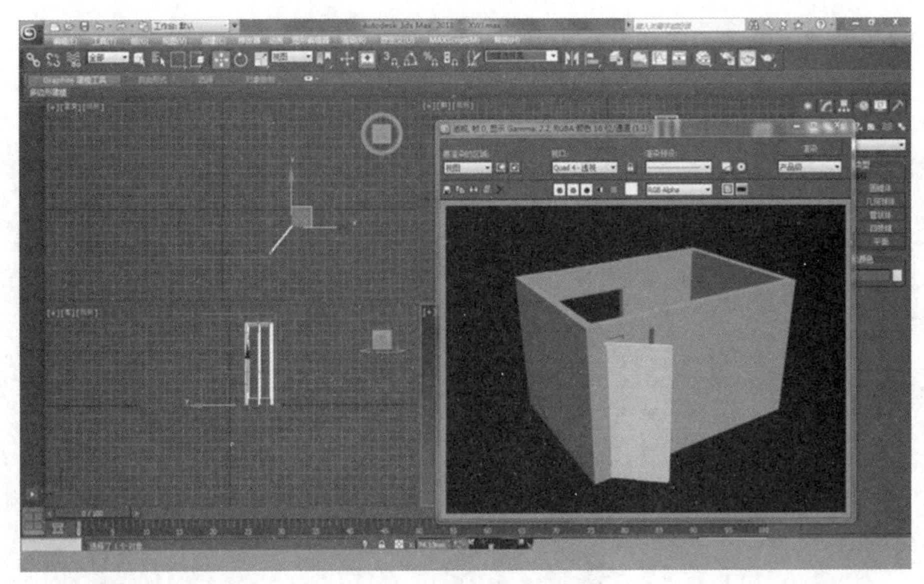

图 5-26　最终完成模型效果

5.4 “现成窗”模型的应用

上机实战——制作现成窗模型

制作步骤

（1）打开（现成“门”模型的应用）max 文件。找到窗的位置，进入创建面板，选择“标准几何体”下拉列表中的“窗”命令，选择“推拉窗”，在“顶视图”中，进行绘制，如图 5-27 所示。

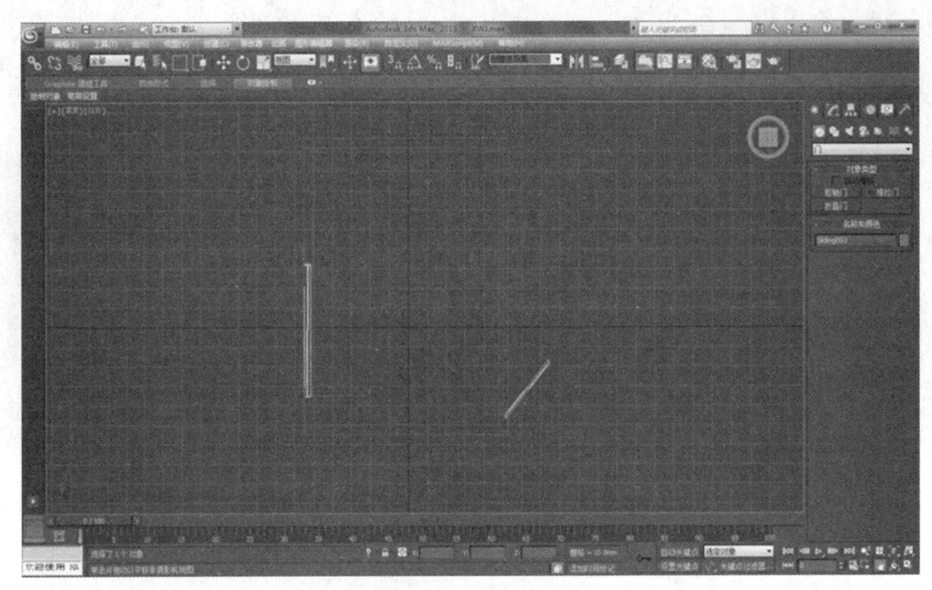

图 5-27　创建窗

（2）　切换到四视图，观察模型，调整大小及位置。

（3）　按住“Alt+Q”组合键将窗单独显示，切换到“透视图”，选中窗模型，单击鼠标右键，将其转换为“可编辑多边形”。选择“多边形层级”，选中如图 5-28 所示的面。

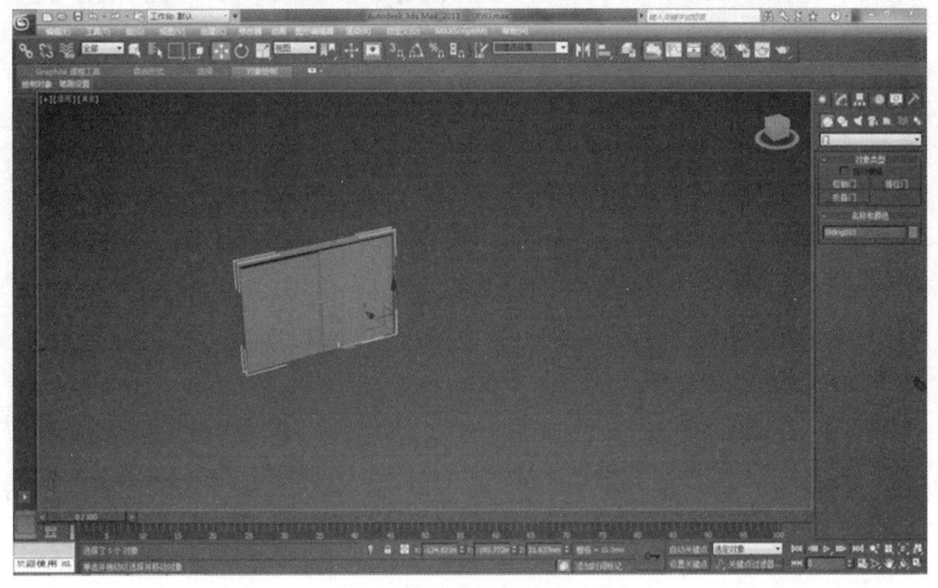

图 5-28　转换编辑

（4）　按住“M”键，打开“材质编辑器”，选中一个空白材质球，调整“漫反射”颜色为蓝绿色，调整“不透明度”为 39。如图 5-29 所示，将材质赋予给模型，得到效果如图 5-29 所示。

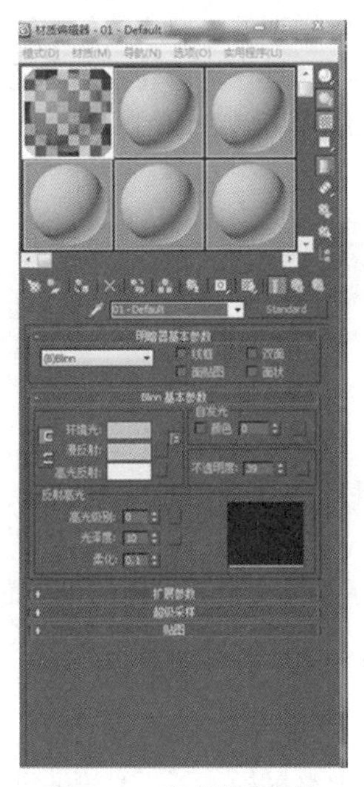

图 5-29　玻璃材质参数

退出孤立显示，渲染模型，得到模型效果，如图 5-30 所示。

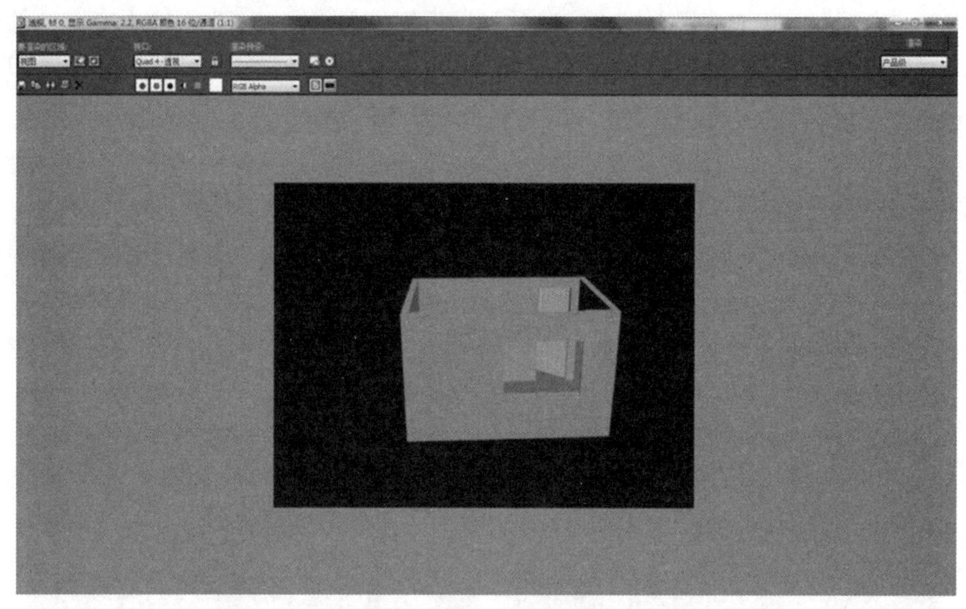

图 5-30　最终完成模型效果

本章小结

本章学习了“阵列”“动力学原理”“现成的门、窗”等的制作，在制作动画效果的时候会经常用到本节讲授的内容，并且在室内建模中，现成门、窗的模型更易帮助快速建模。希望读者能够认真学习，理解并可熟练运用。

本章习题

1. 填空题

（1）动力学系统刚体碰撞模拟可以应用到多个领域，如______________、______________、______________。

（2）“网格凸面外壳”表示物体会沿着模型的最外面轮廓的______________进行力学计算。

2. 选择题

（1）　在预览动画的对话框中，鼠标（　　）可通过旋转模型来调整观察角度。

A．右键　　B．左键

C．滚轴　　D．左键+Ctrl 键

（2） 可以使示例窗单独显示的快捷键是（　　）。

A．Ctrl+W　　B．Ctrl+Q

C．Alt+Q　　D．Alt+W

3. 问答题

（1） “凹面网格”怎样对物体进行力学计算？

（2） “边界球体”怎样对物体进行力学计算？

第6章

多边形建模

在 3ds Max 中，多边形建模形式属于高级建模，以功能强大而著称，常用于建模的使用中。而作为 3ds Max 2010 新添加的功能——“石墨建模”工具也做重点讲解。本章通过对多边形建模基础知识的详细讲解，力求使读者掌握多边形建模的主要功能及创建技巧。

学习目标

1. 了解多边形建模的基础知识。
2. 掌握多边形建模的使用方法。
3. 掌握石墨建模工具的使用方法。

多边形建模

定义：在原始简单的模型上，通过增减点、线、面数或调整点、线、面的位置来产生所需要的模型，这种建模方式称为多边形建模。

编辑多边形（Editoble poly），是当前最流行的建模方法，它创建简单，编辑灵活，对硬件要求不高，几乎没有什么是不能通过多边形建模来创建的，因此，它是当前应用最广泛的一种模型创建方法，如图 6-1 所示。

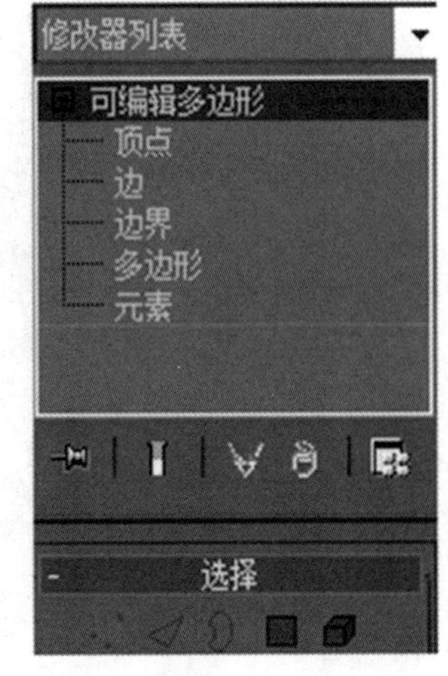

图 6-1　可编辑多边形卷展栏

快捷键：1“点”、2“面”、3“边界”、4“多边形”、5“元素”。

6.1 点层级

在“编辑顶点”选项区域，列举了主要工具的作用，如下所示。

“移除”：删除选中的顶点，并使它们的多边形合起来。

“断开”：将选择的顶点断开。

“挤出”：将模型的某一个面或多个面，按照设置的数值进行高度的挤出（点层级下不可用）。

“焊接”：把两个以上的顶点焊接成一点（如果不能焊接，说明两个需要焊接的点距离过远，可手动调整点的间距，也可以选择使用 焊接 中的 ，调整“焊接阙值”，数值越大，越易焊接）。

“切角”：将选中的点进行切角。

“目标焊接”：与“焊接”作用相同。区别是需要选一个点，并将其拖放、焊接到相仿的顶点上。

“连接”：同移除功能。

“移除孤立顶点”：将不属于任何多边形的所有顶点删除。

1. 上机实战——制作闪闪红星

制作步骤

（1） 在“创建面板”中，选择星形，将其“边数”设置为 5，在“顶视图”中绘制一个五边的星形。

（2） 进入“修改器”列表，选择“挤出”，将“数量”设置为 20mm。选中星形，点击鼠标右键，将其转换为“可编辑多边形”。进入“点”层级，在“左视图”中，选择星形最上面的点。切换到“透视图”，使用“缩放工具”对星形形状进行调整，如图 6-2 所示。

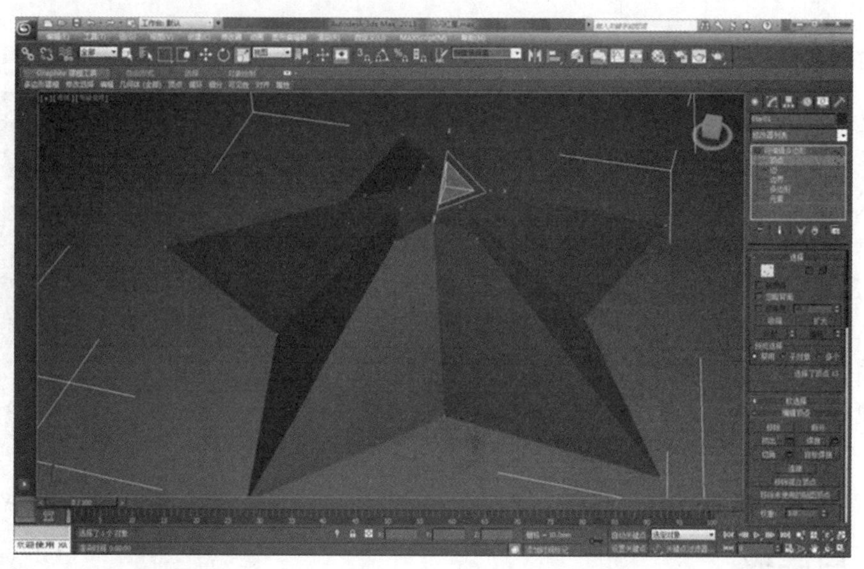

图 6-2　缩放调整

（3）“缩放”工具并不能完全达到我们对模型的要求。进入“点”层级下的“编辑几何体”，选择“塌陷”，即可完成对红星模型的要求渲染模型。得到模型效果如图 6-3 所示。

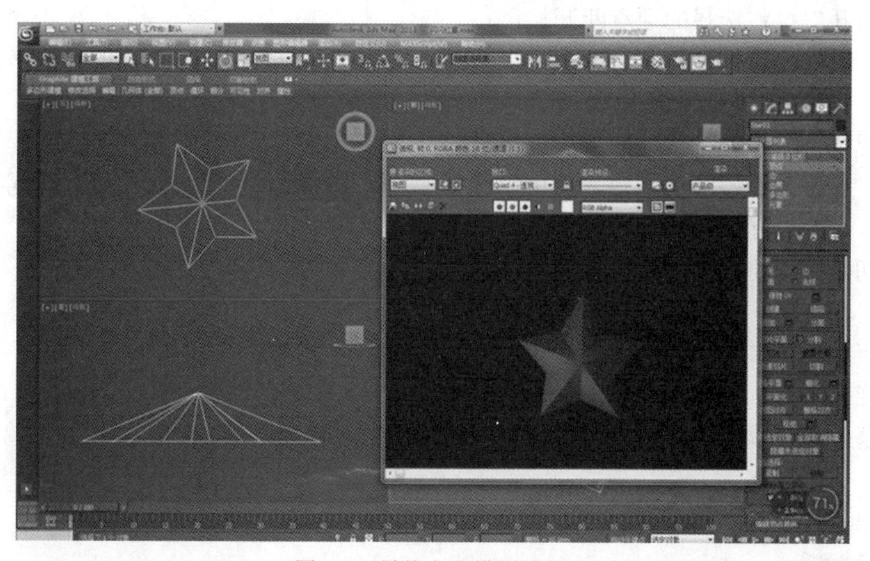

图 6-3　最终完成模型效果

2. 点的加强实例

上机实战——制作床模型

制作步骤

（一）制作床体

（1）在“顶视图”中创建一个平面，将其“长度”数值设置为 2000mm，“宽度”

数值设置为 1600mm。“长度分段”及“宽度分段”数值均设置为 20。

（2） 选中平面，点击鼠标右键，将其转换为“可编辑多边形”。选择“点”级别，将平面中间的点全部选中（除了四个边的点之外）。

（3） 在前视图中，将选中的点向上拉起一定的高度，数值自定，形成床的效果模型，如图 6-4 所示。

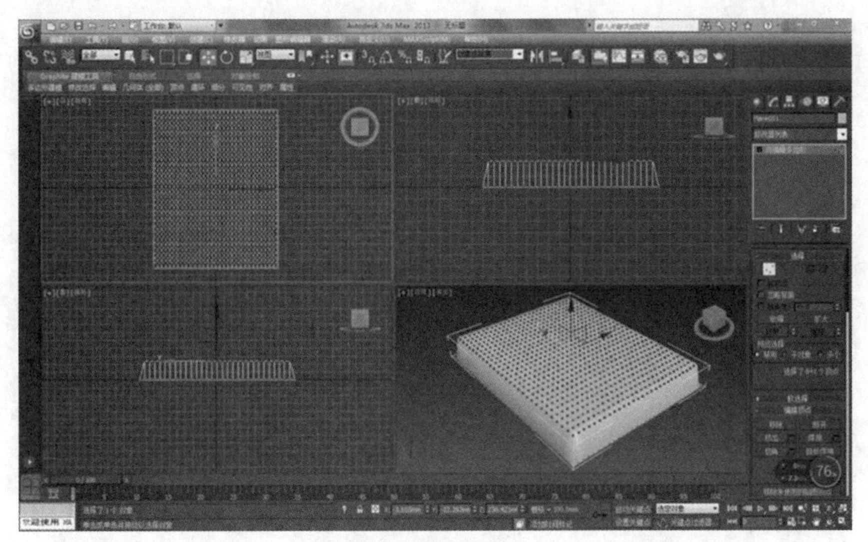

图 6-4　床的效果形状

（4） 切换到“顶视图”，按住“Ctrl”键，对四边的点进行选择（制作床单褶皱的效果，点的距离选择可自定）。

（5） 切换到“透视图”，选择“缩放”工具，按住“缩放”的中心点进行缩放，即可产生床单的褶皱效果。

（6） 进入“修改器”列表，选择“网格平滑”。使床单更加自然平滑，如图 6-5 所示。

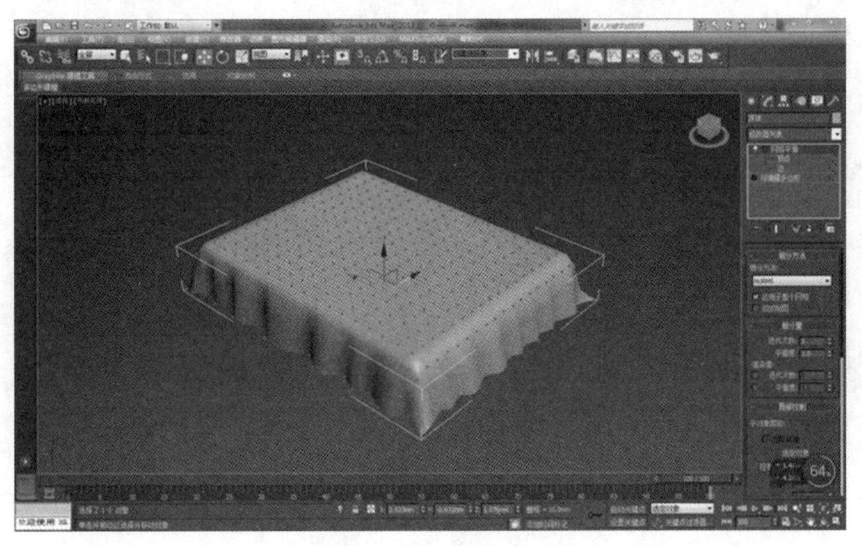

图 6-5　网格平滑效果

二、制作床头背板

（1） 在左视图中绘制一条圆弧，将其转换为“可编辑样条线”，选择“点”，对弧线略作调整，如图 6-6 所示。

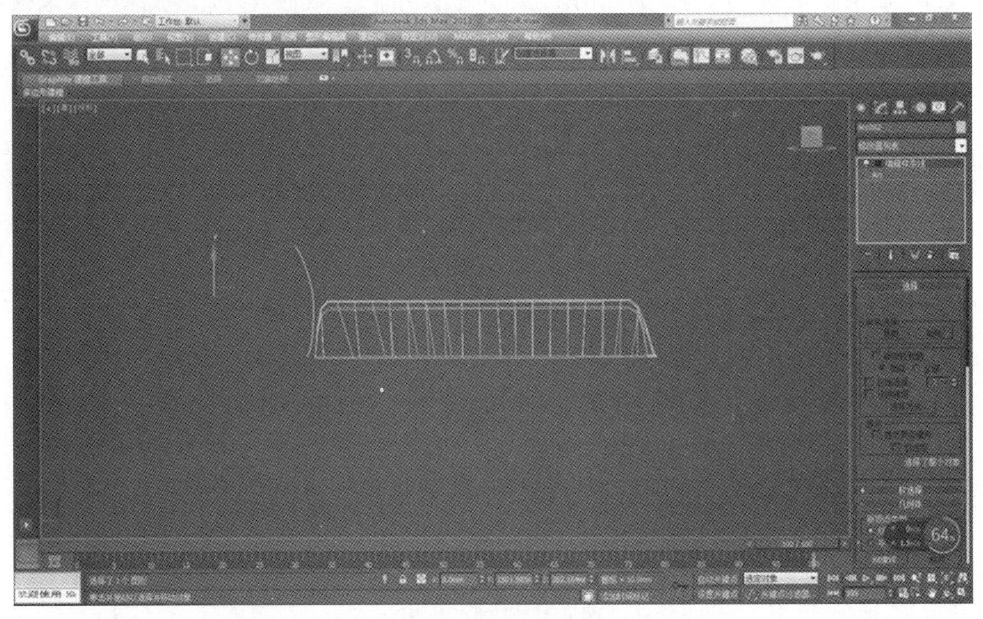

图 6-6 创建弧线

转换到“线”级别，选择“轮廓”，对弧线进行扩边。然后进入“修改器”列表，选择“挤出”，数量设置为 1600mm。渲染模型，得到如图 6-7 所示的模型效果。

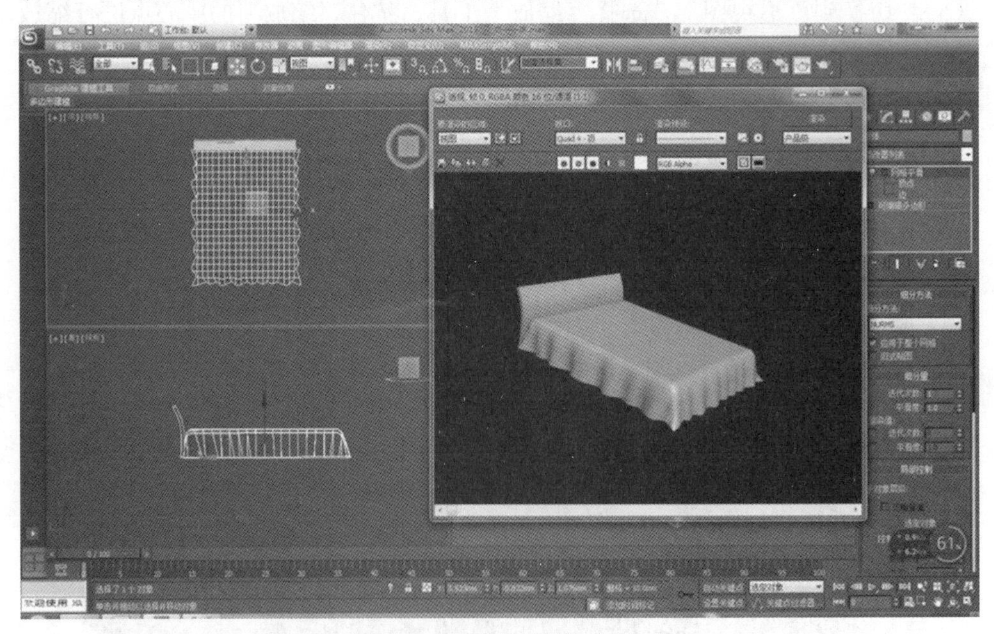

图 6-7 最终完成模型效果

6.2 边层级

如图 6-18 所示，在“边”层级中，有许多编辑工具，各项功能介绍如下。

“插入顶点”：用于在选择的“边”上，手动插入顶点。

“移除”：删除选中的顶点，并使它们的多边形合起来。

“分割”：将选定的“边”，进行分割。

“连接”：在两个边之间添加新的线段。

“切角”：将选中的点进行切角。

“桥”：用于在两个开放的边之间，建立新的连接。

“目标焊接”：同焊接。有目的地对点进行连接。

“利用所选内容创建图形”：从选择的边的子对象来创建图形（即用边来生成对应的线条）。

1. 上机实战——纸箱的制作

制作步骤

（1） 在“顶视图”中，创建一个长方体。将其“长度”的数量设置为 100mm，“宽度”的数量设置为 60mm，“高度”的数量设置为 30mm。分段数值默认为 1。

选中长方体，点击鼠标右键，将其转换为“可编辑多边形”。进入“多边形”层级，选中长方体顶部的面，按“Delete”键删除。

（2） 切换到“透视图”，按下“F4”键，使模型显示线框。进入“边”层级，在列表中选择“挤出”。点击 挤出 □ 中的 □，在弹出的对话框中，将“挤出高度”设置为 30，“挤出基面宽度”设置为 0。

制作其他三个箱盖。步骤同上，如图 6-8 所示。

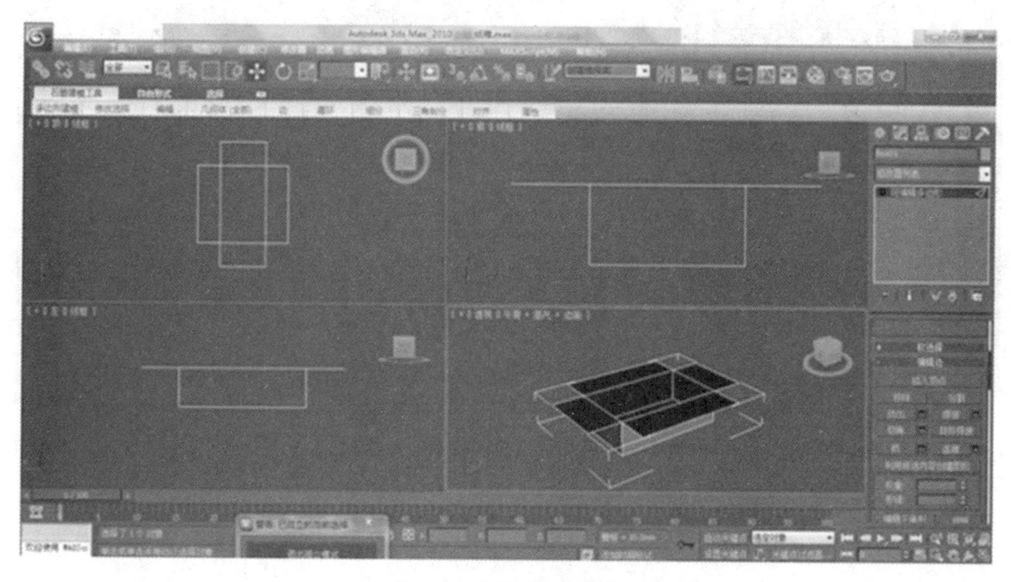

图 6-8　制作其他箱盖

进入“边”层级，选中箱盖的边，使用“移动工具”自行调整箱盖的位置。然后进入“修改器”列表，选择“壳”，“数量”设置为1mm，如图6-9所示，调整箱盖，如图6-10所示。

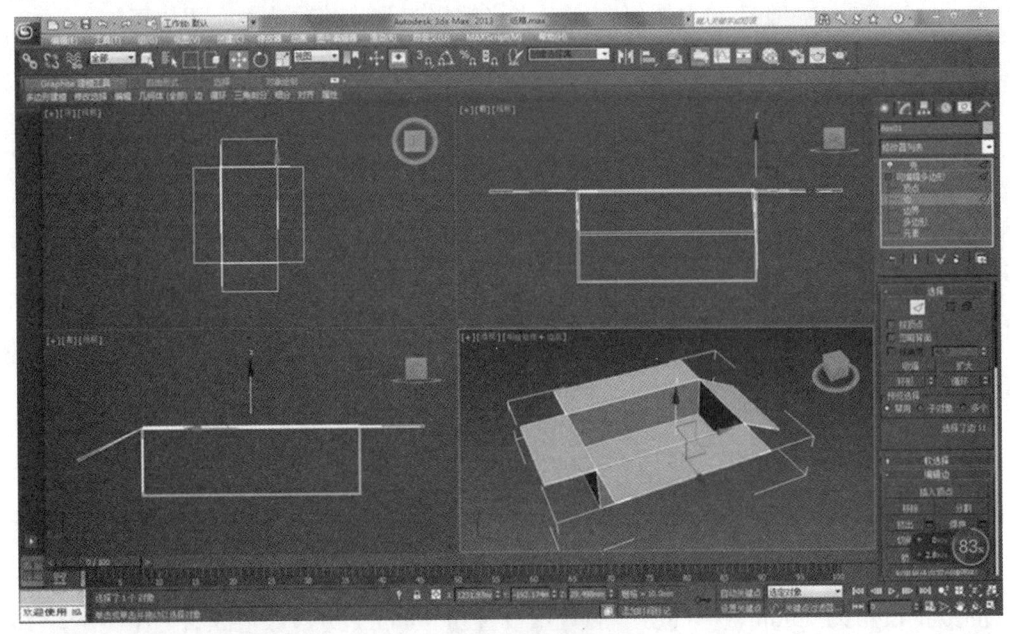

图6-9　壳效果

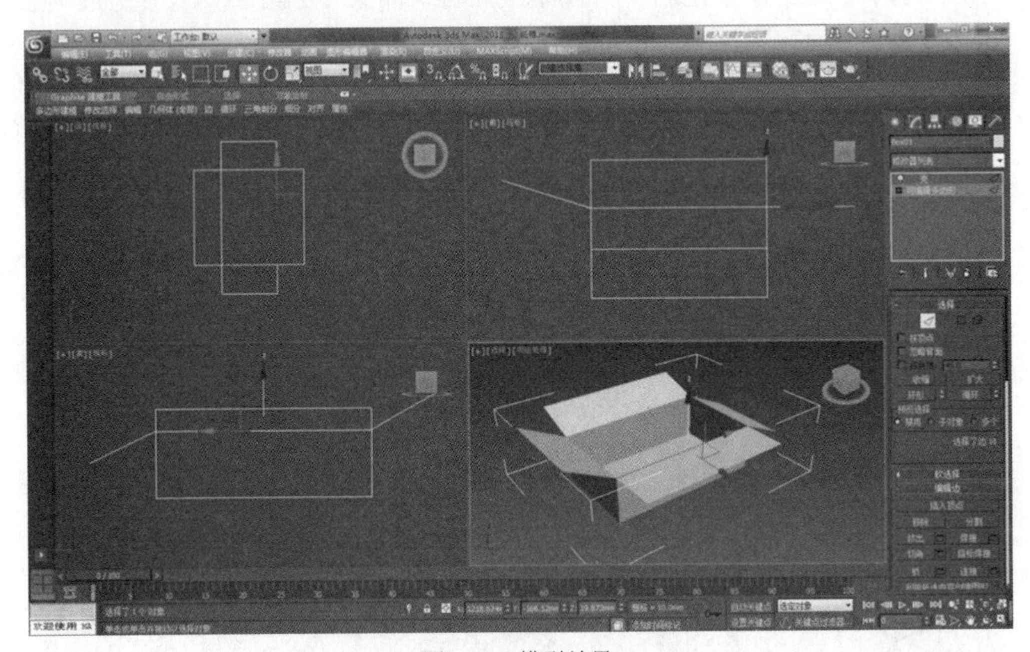

图6-10　模型效果

渲染模型，得到如图6-11所示的模型效果。

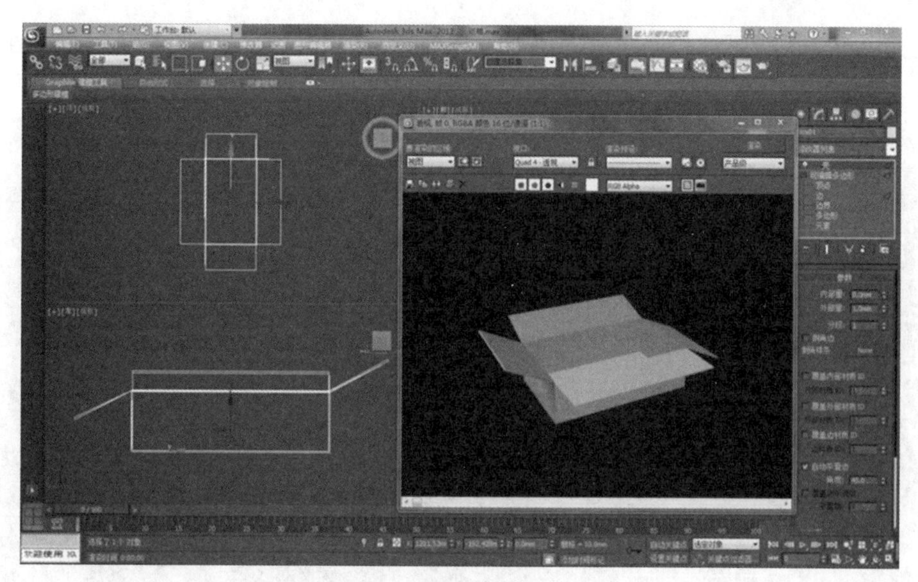
图 6-11　最终完成模型效果

2. 上机实战——魔方的制作

制作步骤

（1）在“顶视图”中创建一个长方体，将其高度、宽度、长度的数值均设置为 100mm。将其“长度分段”的数值设置为 4，“宽度分段”的数值设置为 4，“高度分段”的数值设置为 4。切换到“透视图”，按下“F4”键，可观察模型的分段数。

（2）选中长方体，点击鼠标右键将其转换为“可编辑多边形”。进入“边”层级，将长方体的所有边进行框选。选择“边”层级下的“挤出”，点击按钮进行挤出设置，如图 6-12 所示。

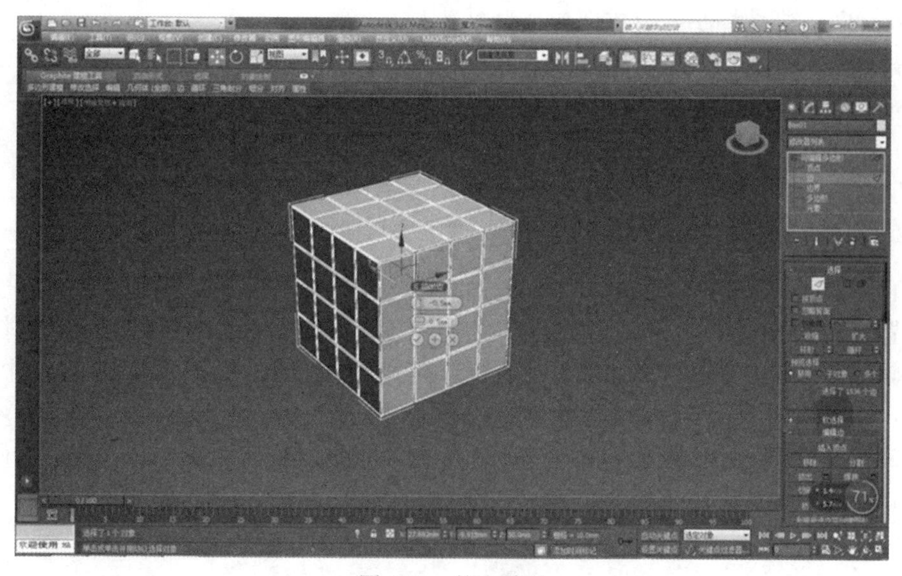
图 6-12　挤出效果

选择“边”层级下的“切角”，点击按钮进行切角设置。按下“F4”键取消线框显示，放大观察。

（3） 渲染模型，得到如图 6-13 所示的模型效果。

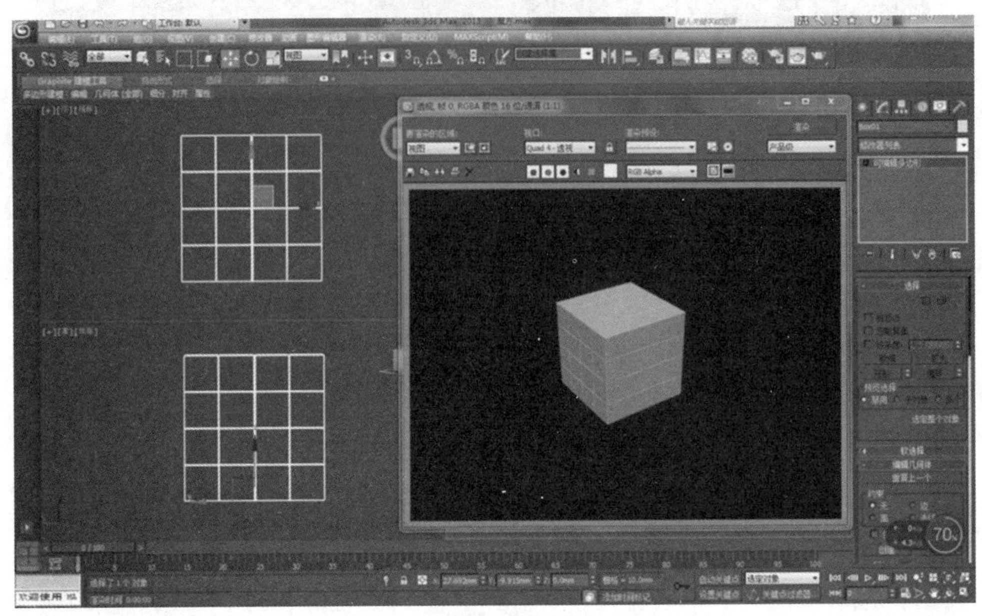

图 6-13 最终完成模型效果

6.3 多边形层级

多边形工具的各项介绍如下。

“轮廓”：用于增大或缩小每组连接选定多边形的外边。

“插入”：把面缩小，再生成一个小面。

“翻转”：把所选多边形的正反面调换。

“沿样条线挤出”：沿线条挤出多边形（有点像放样的效果）。

1. 上机实战——相框的制作

制作步骤

（1） 在“前视图”中绘制一个长方体。将其“长度”数值设置为 380mm，“宽度”数值设置为 250mm，“高度”数值设置为 30mm。选中长方体，点击鼠标右键将其转换为“可编辑多边形”，进入“多边形”层级，选择“插入”，在“透视图”中，选中模型的一个面，拖动鼠标，会形成以下情形，如图 6-14 所示。

（2） 在“多边形”层级下选择“挤出”，点击按钮，设置数值，将“基础高度”的数值设置为-10mm。继续操作，选择“轮廓”用移动工具进行移动，使面产生斜度。

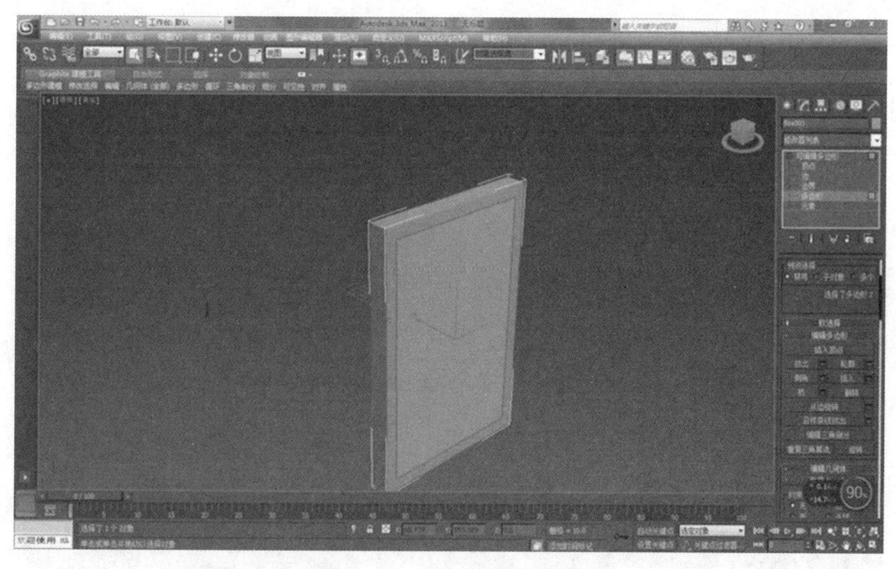

图 6-14　进入多边形层级

（3） 在“编辑几何体”中选择“分离”，使这个面脱离整体，以便对其进行编辑。渲染模型，得到如图 6-15 所示的模型效果。

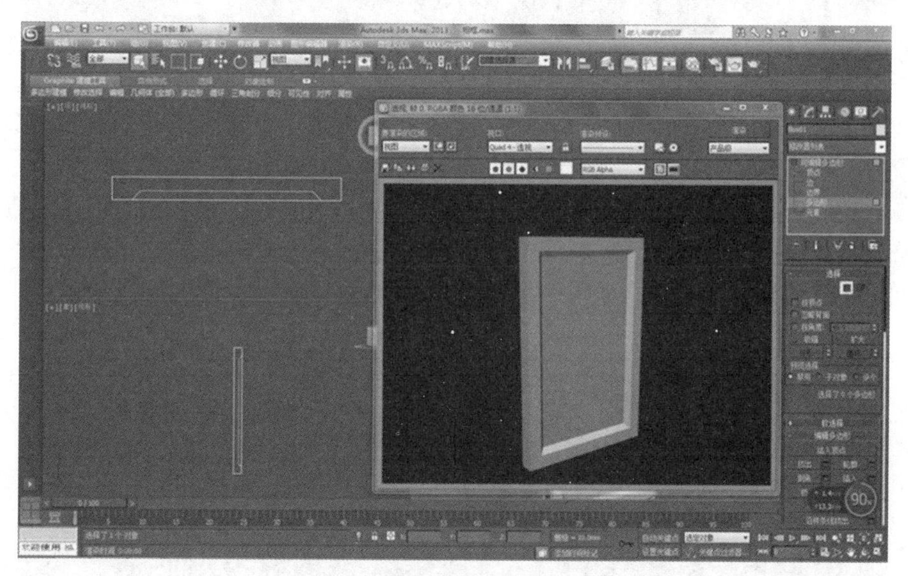

图 6-15　最终完成模型效果

2. 多边形层级扩展案例——油壶的制作

制作步骤

（一）制作壶体

（1） 在“顶视图”中绘制一个长方体，将其“长度”的数值设置为 50mm，“宽度”的数值设置为 100mm，“高度”的数值设置为 50mm，“长度分段”的数值设置为 3，“宽度分段”的数值设置为 6，“高度分段”的数值设置为 3。

（2） 选中长方体，点击鼠标右键将其转化为“可编辑多边形”，进入“多边形”层级，将长方体顶部的三排格子选中。

（3） 在“多边形”层级下，选择“倒角”。使用“移动工具”进行移动，使模型产生变化，如图 6-16 所示。

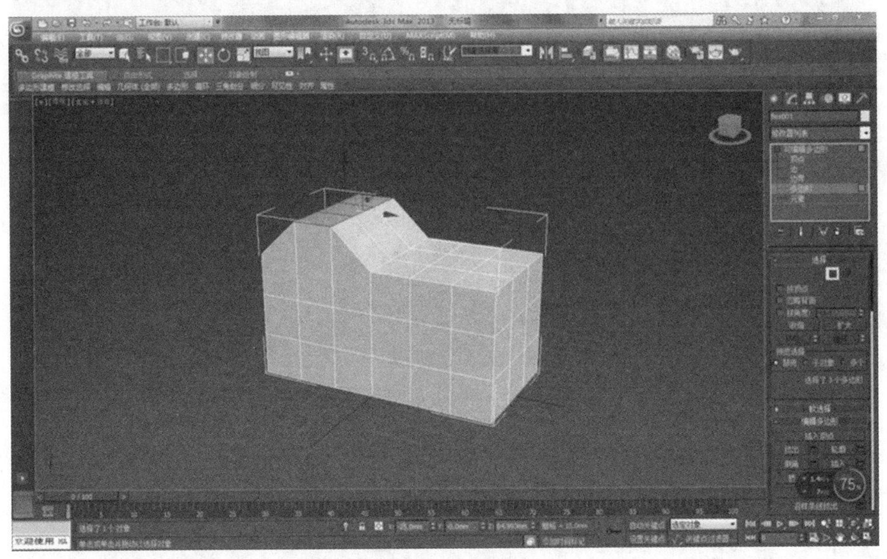

图 6-16 制作壶嘴

（4） 选择“挤出”，可拖动鼠标来设置挤出的高度。继续选择“挤出”，将挤出的数值设置为 14。选择“倒角”，拖动鼠标来确定倒角高度及范围。

（5） 为了方便对壶嘴进行编辑，不让多余的线和点对其产生限制，进入“边”层级选中顶部不需要的边，进行“移除”。进入“点”层级，选择不需要的点进行“移除”。选中顶面，进行“插入”，然后选择“挤出”，拖动鼠标进行设置，如图 6-17 所示。

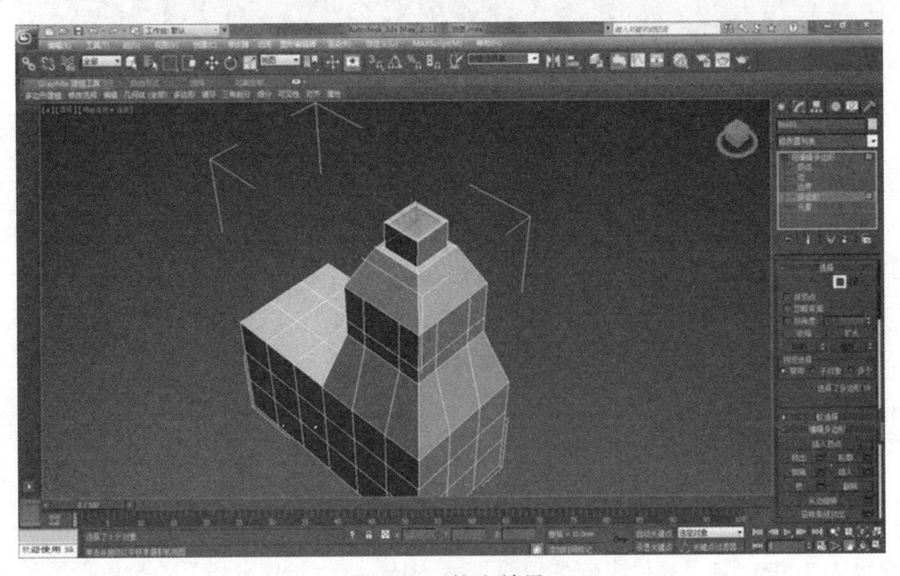

图 6-17 挤出效果

再重复上一个步骤，将“挤出”数值改为负值。

（二）制作壶把手

（1） 选中图 6-18 所示的面，进行“挤出”。

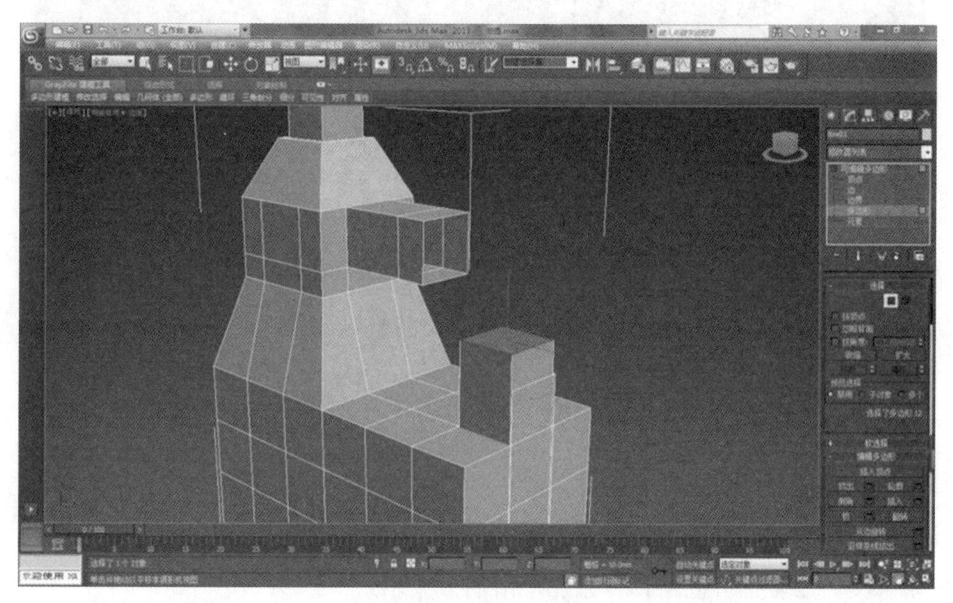

图 6-18　制作壶把

选中图 6-19 所示的面，进行“桥接”。

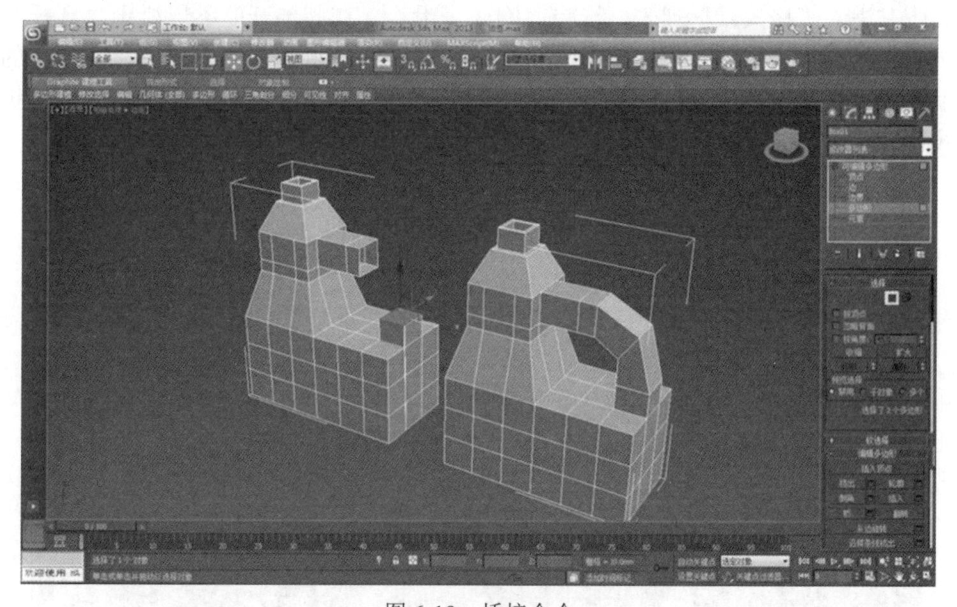

图 6-19　桥接命令

（2） 切换到“前视图”，进入“点”层级，对模型把手部分点进行调整，进入“修改器”列表，选择“网格平滑”。渲染模型，得到效果如图 6-20 所示。

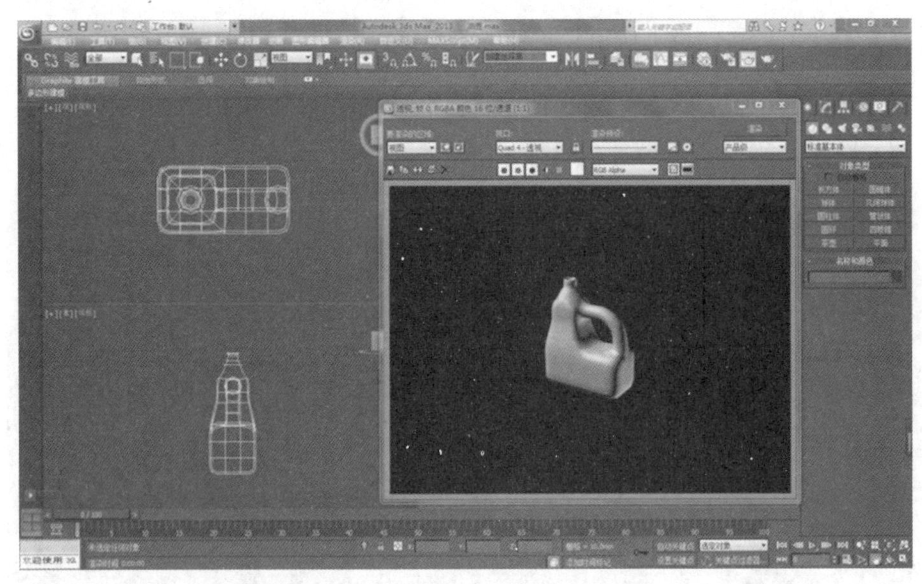

图 6-20　最终完成模型效果

3. 网格平滑与涡轮平滑的区别

顾名思义，二者都可以给物体添加平滑的效果。

以前面的油壶制作为例，看一下网格平滑及涡轮平滑的作用。

操作步骤

（1） 进入“修改器”列表，选择“网格平滑”，在其展开的卷展栏中，选择其中的“边”层级，在“顶视图”中选中中线（图中所示的红色线）。将“局部控制”中的“控制级别”的数值设置为 1，将“折缝”的数值也设置为 1，就会使模型产生塑胶模的折痕接缝的效果，渲染模型，观察效果，如图 6-21 所示。

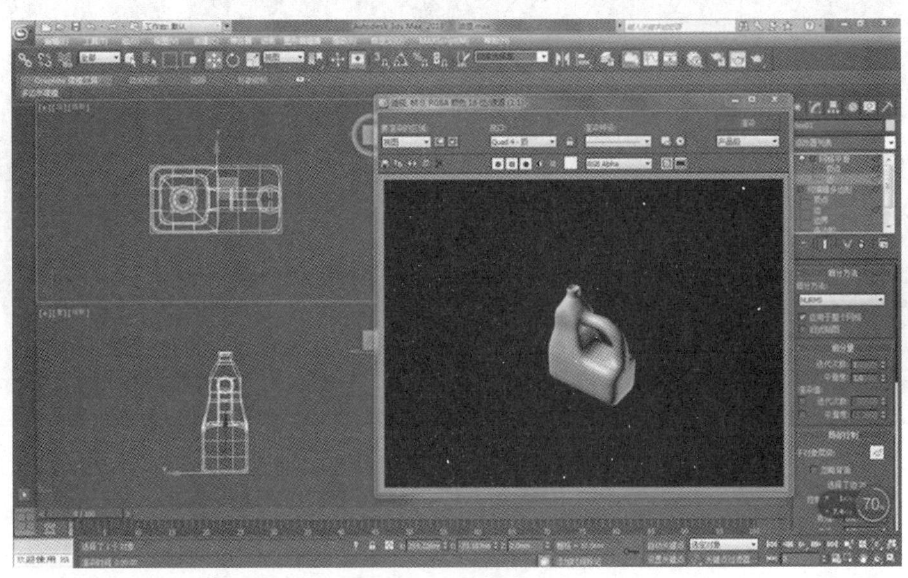

图 6-21　模型效果

油壶边沿可能看起来不够硬朗，我们可以对其继续进行操作。

（2） 按下“F4”键，使模型显示边，在“可编辑多边形”中，选择“边”层级，选中壶嘴边沿的线，在“选择”卷展栏中，选择“环形”，默认选中壶嘴一周的边线。

（3） 如果在“选择”卷展栏中，选择“循环”，则默认选择第一条边延伸的部分，我们这里选择“环形”模式。在列表中的“编辑边”卷展栏中，选择“连接”，点击其后面的方形按钮，弹出“连接边”对话框，将“分段”设置为 2，调整“收缩”数值，使两条新建的分段线位于如图 6-22 所示的位置，单击“确定”按钮即可。

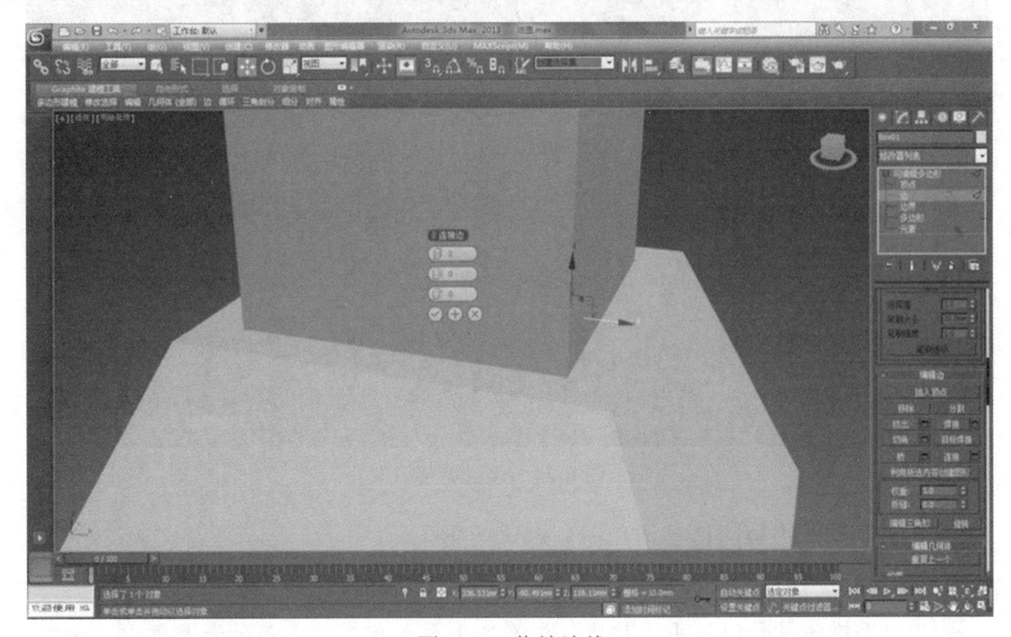

图 6-22　收缩边线

（4） 在“修改器”列表中，给模型添加一个“涡轮平滑”，图 6-23 中左边模型没有添加线段，右边是添加线段后的效果。

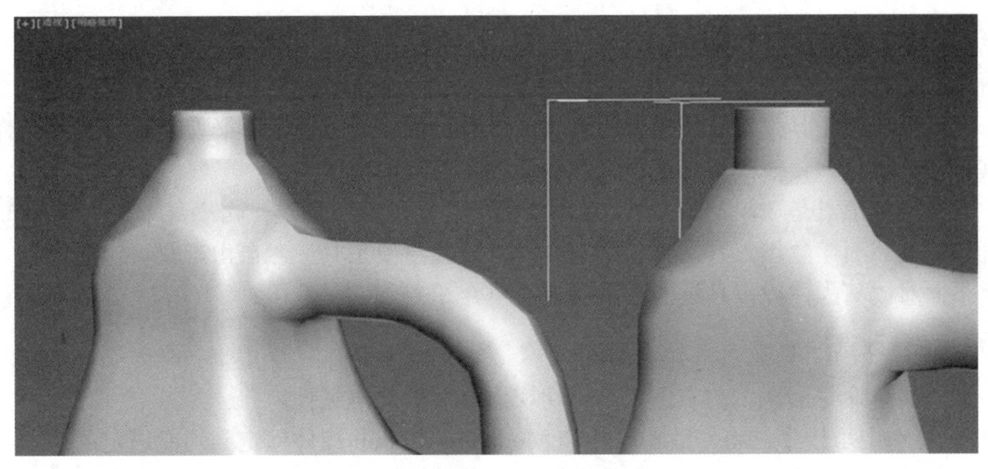

图 6-23　对比观察

同理，也可给壶身添加线段，使其有坚硬感。

（5） 点击“连接”命令，在弹出的“连接边”的对话框中，将“分段”的数值设置为 1，将“收缩”的数值设置为 0，调整“滑块”数值，使新建的一条分段线位于如图 6-24 所示位置，单击“确定”按钮即可。

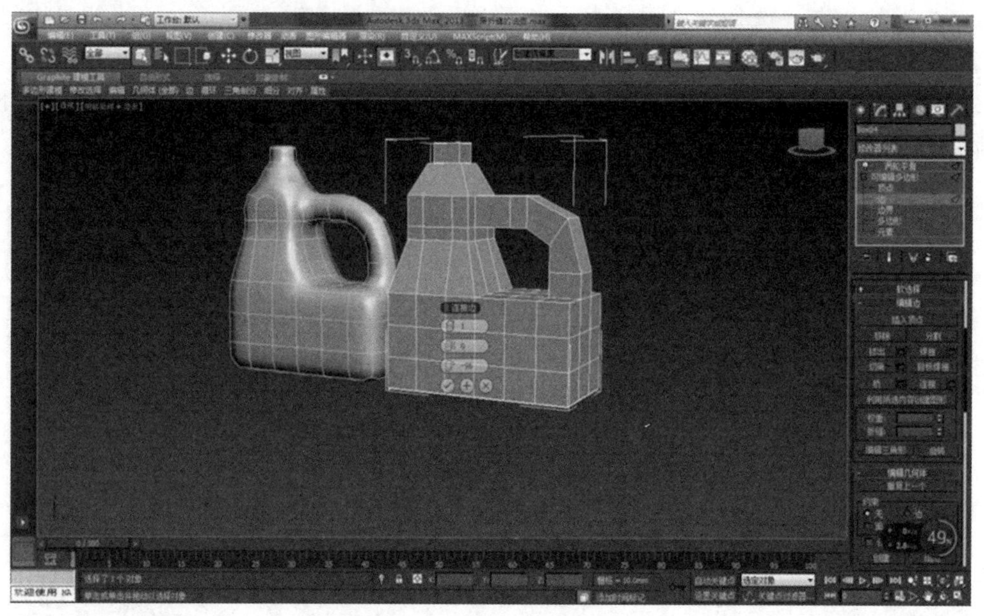

图 6-24　壶身调整

按下“F4”键，去掉网格显示，得到对比效果。

> 知识点
>
> 涡轮平滑和网格平滑相比，在算法上更加优秀，占用的资源更少，一般选用涡轮平滑。

6.4 石墨建模工具

“石墨建模工具”可以使模型的编辑、修改更加快捷方便，不必费力地寻找各个命令卷展栏中的工具。使修改工具更加直观地展现在用户面前。

石墨建模工具是 3ds Max 2010 新添加的一个功能。可通过点击“菜单栏”中的来展开该工具。石墨建模工具共有三个部分：“石墨建模工具”“自由形式”“选择”。

下面对“石墨建模工具”的工具功能简单介绍一下。

1. “修改选择面板”

“显示命令面板”：右侧工具栏切换命令面板的可见性。

“锁定堆栈”：将修改器堆栈和 Modeling Ribbon 控件锁定到当前选定的对象，从而无论后续如何更改选择内容，它们都将一直跟随对象。

“显示最终结果”：关闭/打开。

：“下一个修改器/上一个修改器”。

“预览子对象”：仅在当前子对象层级启用预览对象选择。

用法：将鼠标引动到对象曲面上方以查看光标下子对象选择的预览，然后单击以选择高亮显示的子对象。

“预览多个”：将子对象选择的预览设置为“多个”，可预览所有子对象层级的子对象选择。

用法：将鼠标定位于要预览的子对象类型的上方，然后单击以切换至该子对象层级。要选择同一类型的多个子对象，按住“Ctrl”键并移动鼠标。

“忽略背面”：切换对背面子对象的选择。

用法：启用后，选择子对象将只影响朝向有用方向的对象。禁用（默认值 0）时，无论可见性或面向方向如何，都可以选择鼠标光标下的任何子对象。

“使用软选择”：禁用该选择项后，在现实选择附近选择部分子对象，以颜色渐变来表示。然后，转换会随着现实选定的子对象之间的举例而衰减。

“增长”：扩大选区。朝所有可用方向外侧扩展选择区域。

用法：选择一个边或边界，然后应用“增长”以向其边界处的选择范围添加边。

“收缩”：收缩选区。通过取消选择最外部的边来减小边选择区域。如果无法再减小选择大小，其余边被取消选择。

用法：选择边，然后应用“收缩”以取消选择边界成员。

“循环”：基于当前选定的边，选择一个或多个循环。

用法：选择一个或多个边，然后应用以选择循环。

圆柱体末端循环：沿圆柱体的顶边和底边选择顶点和边的循环。

“增长循环”：基于当前的边选择扩大循环。

用法：选择一个或多个循环的一部分（两个或者多个相邻边），然后单击“增长循环”以选择循环末端的边。如需要扩大圆柱体顶端和底端的边循环，按住“Shift”键，然后再进行应用。

“收缩循环”：通过从末端移除边，减小选定边循环的范围。不适用于圆形循环。

用法：选择一个或多个非圆形边循环，然后单击“缩循环”以取消选择循环末端的边。

“循环模式”：开启后直接可选择一个截面。

用法：选择一个或多个边以选择相关边循环。若要在循环模式下取消边循环，按住“Alt”键的同时选择一个或多个边。

“点循环”：选择有间距的循环。

“环形”：基于当前选定的边，选择一个或多个环形。

用法：横向两点则竖向选择，竖向两点则横向选择。

“增长环”：分部扩大一个或多个边环。

用法：选择一个或多个边，然后应用，以便选择位于当前环任一端的任何可用环。

“缩环”：通过从末端移除边，减小选定边循环的范围。不适用于圆形环。

用法：选择一个或多个非圆形环，然后单击“收缩环形”以取消选择环形末端的边。

“环模模式”：选择边已自动选择其边环。

用法：选择一个或多个边以选择其所在的环。若要在“环模式”处于活动状态时取消选择边环，按住“Alt”键的同时选择选定环中的边。

“点环”：基于当前选择，选择有间距的边环。

“相似”：边层级选择长度相似的边。

“填充点层级和边层级”：选择两个选定子对象之间的所有子对象。

“填充孔洞”：选择围合的点，中间选择一个孤立点则围合区域的点全部选择。

“步循环”：在同一循环上的两个选定子对象之间选择循环。

“步模式”：开启模式，按住“Ctrl+Shift”组合键不放，选择两个中间有间隔的点。

2. “Edit 编辑面板”

“保持 UV”：启用此选项后，可以编辑子对象，而不影响对象的 UV 贴图，如图 6-25 所示。

用法：左：在禁用“保持 UV”的情况下移动顶点；右：在启用“保持 UV”的情况下移动顶点。

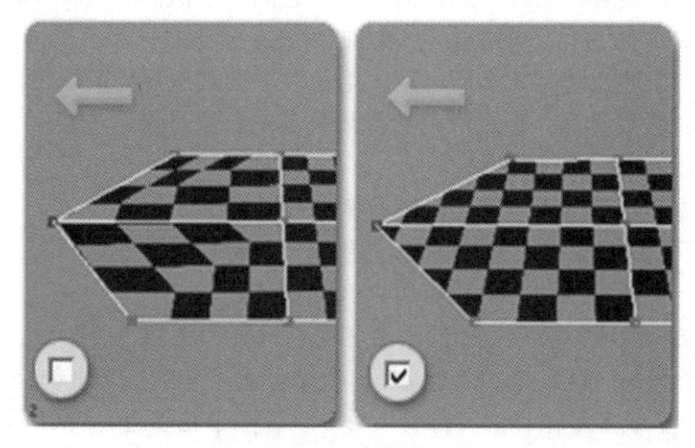

图 6-25 保持 UV

“扭曲 UV”：通过拖动模型的顶点可直接在视口中调整模型上的 UVW 贴图。

用法：将纹理贴图应用到模型，并确保其在视口中可见，然后激活“调整 UV”并在视口中拖动顶点，如图 6-26 所示。

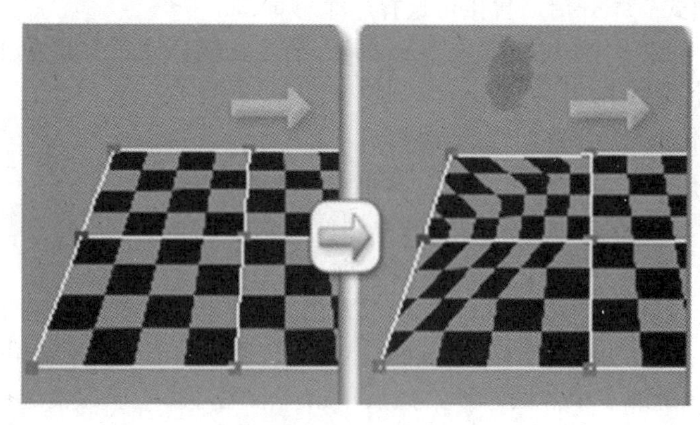

图 6-26 扭曲 UV

左：调整 UV 之前；右：调整 UV 之后。

“重复上一个命令”：重复最近使用的命令。

用法：将子对象选择执行操作。然后选择其他子对象并应用“重复上一个命令”，以便对新选择对象执行相同操作。

“快速切片”：迅速对对象执行切片操作，而无需操作 Gizmo。

用法：进行选择，单击“快速切片”，然后在切片的起始点单击一次，再在其结束点单击一次。激活命令时，可以继续对选定的内容执行切片操作。要停止切片操作，在视口中右键单击，或者重新单击“快速切片”将其关闭。

“快速循环”：通过单击放置边循环。自动垂直于离单击位置最近的边建立一条边。

按“Shift”键单击可插入边循环并调整新循环以匹配周围曲面流。

按“Ctrl”键单击可选择边循环并自动激活边子对象层级

按“Alt”键拖动选定边循环，以在其边界循环之间滑动边循环。

按“Ctrl+ Alt”组合键与“Alt”键相同，但不同之处在于开始拖动时拉直循环。

按“Ctrl+ Shift”组合键单击以移除边循环。

“使用 NURMS”面板：对采用 NURMS 细分的对象应用平滑，“网格平滑”和“涡轮平滑”修改器也采用同样的方法，如图 6-27 所示。

用法：通过调整 NURMS 面板上的设置块控制平滑。

左侧：初始低分辨率模型；右侧：应用 NURMS 之后。

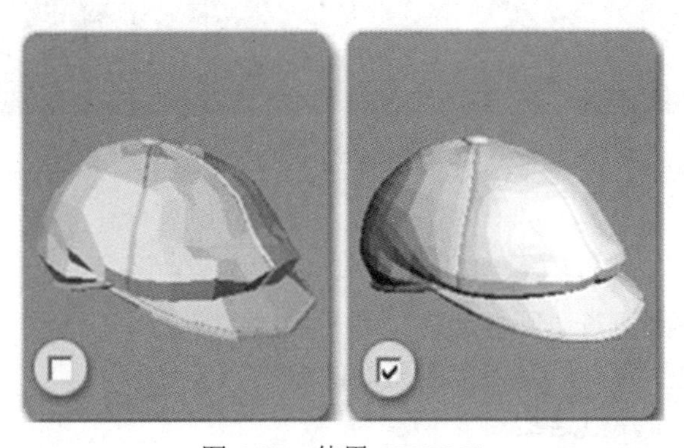

图 6-27 使用 NURMS

“显示黄色框架”：使模型显示外框线。

“等值线显示”：网格线的显示。

“框架的颜色”：退出 poly 模式再进入边层级后才能正常显示。

“更新”：更新视口中的对象。仅在选择“渲染”或“手动”时才起作用平滑结果，对所有的多边形应用相同的平滑组。

分隔方式：

1. 平滑组=防止在面间的边处创建新的多边形。其中，这些面至少共享一个平滑组。

2. 材质 ID =防止为不共享“材质 ID”的面间的边创建新多边形。

“迭代次数”:

用于另外选择一个要在渲染时应用于对象的平滑迭代次数。启用“迭代次数”，然后使用其右侧的微调器设置迭代次数。

“平滑度”：用于另外选择一个要在渲染时应用于对象的平滑度值。启用“平滑度”，然后使用其右侧的微调器设置平滑度的值。

“Cut 剪切”：创建一个多边形到另一个多边形的边，或在多边形内创建边。

用法：单击起始点，移动鼠标光标，然后再单击，再移动和单击，以便创建新的连接边。右键单击一次推出当前切割操作，然后可以开始新的切割。或者再次右键单击推出“切割”工具，如图 6-28 所示。

左侧：使用“切割”工具；右侧：生成的新边。

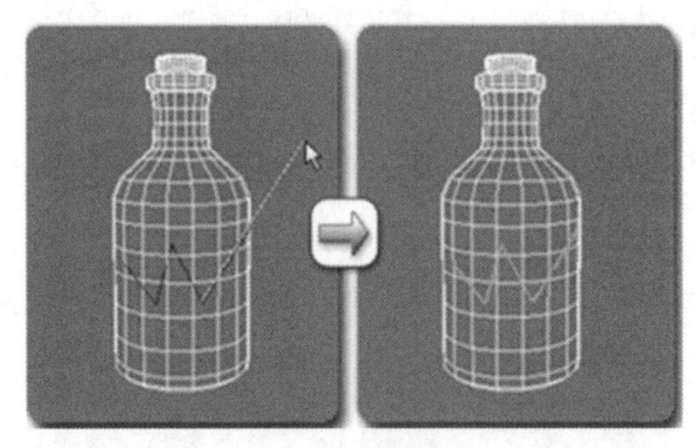

图 6-28 剪切

“绘制连接”

1. 点层级鼠标碰到两条边则自动连接为一条线。
2. 按“Shift”键不放，只能连接两条线的中点。
3. 点层级只能两个端点连线。
4. 按“Alt”键不放，移除顶点=Remove。
5. 按“Ctrl+Shift”组合键不放，单击以移除整条边。
6. 按“Ctrl+Alt”组合键不放，单击移除最近的两点之间组成的线段。
7. 按“Shift+Alt”组合键不放，碰到两条不同边，自动生成居中的双线。

无 边 面 正常 **“约束”**

“约束到无”：没有约束。这是默认选项。

“约束到边”：约束点到边。

“约束到面”：约束点到面。

“约束到法线”：沿法线垂直运动。

Geometry All 几何体全部面板：

“松弛”：通过朝着相邻区域的平均位置移动每个顶点，规格化当前选择的网格间距。

用法：选择要规格化的网格区域，然后单击“松弛”。要调整“松弛”设置，请通过单击“松弛设置”，打开“松弛”对话框。

“创建几何体”Backspace：向对象添加几何体。

用法：顶点，想选定多边形对象添加到顶点。选中对象，单击“创建”之后，可以在任意空白处单击鼠标，将自由浮动的（孤立的）顶点添加到对象上。

“边/边界”：可以在同一多边形上不相邻的两个顶点之间创建一条边。单击“创建”，并单击某个顶点，然后移动鼠标光标。此时，将会显示一条橡皮筋线，它从一个顶点延伸到鼠标光标，单击同一个多边形中的第二个非相邻顶点，以便通过边将其相连。要重复执行操作或退出，可在视口中右键单击或再次单击“创建”。

Attach“附加”：（Shift+Click 以从列表中附加），将场景中的其他对象附加到选定的可编辑多边形中。

用法：单击“附加”，然后单击要附加的其他对象。

“塌陷”Collapse：塌陷邻近的选定顶点或边的组，将所选内容合并成一个顶点并置于每个组的选择中心，如图 6-29 所示。

用法：选择两个或更多个子对象并应用。

左：初始顶点选择；右：应用“塌陷”之后。

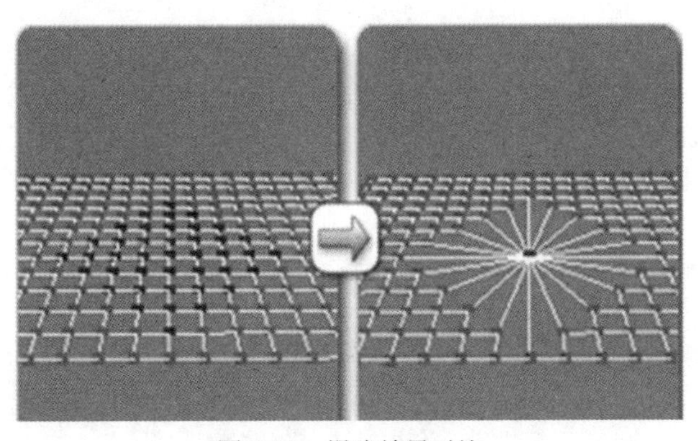

图 6-29　塌陷效果对比

“Detach 分离”：仅限于子对象层级。

“封口多边形”：选中其中一个点，默认将周围的点都连接起来。

子对象面板：Vertices 点层级面板。

“挤出”：按住“Shift”键不放，点击 Extrude 可以设置高度，将模型的某一个面或多个面，按照设置的数值进行高度的挤出（点层级下不可用）。

“切角”：将选中的点进行切角。

“焊接”：把两个以上的顶点焊接成一点（如果不能焊接，说明两个需要焊接的点距离过远，可手动调整点的间距，也可以选择使用 焊接 中的 ，调整“焊接阈值”。

数值越大，越易焊接）。

“移除”：（快捷键 Backspace），将不属于任何多边形的所有顶点删除。

“开”：将选择的顶点断开。

“目标焊接”：与“焊接”作用相同。区别是需要选一个点，并将其拖放、焊接到相仿的顶点上。

Edges 边层级

“挤出”：按住 Shift 键不放，点击 Extrude 可以设置高度，将模型的某一个面或多个面，按照设置的数值进行高度的挤出（点层级下不可用）。

“切角”：使物体产生倾斜的面。

“焊接边”：选择两条边界，按住“Shift”键不放，点击 Weld 可以设置间距。

“桥接”：用于在两个开放的边之间，建立新的连接（按住“Shift”键不放，点击 Bridge 可以设置桥接线段数）。

“移除”：按住“Ctrl”键不放，点击 Remove 可以带点一起移除，“Backspace”键只能移除线。

“分割”：将选定的“边”，进行分割。

“目标焊接”：焊接破损的边或者点。

“自旋”：更改边的连接方向。

“插入顶点”：在边上平均添加点。

Loops 循环面板：效果如图 6-30 所示。

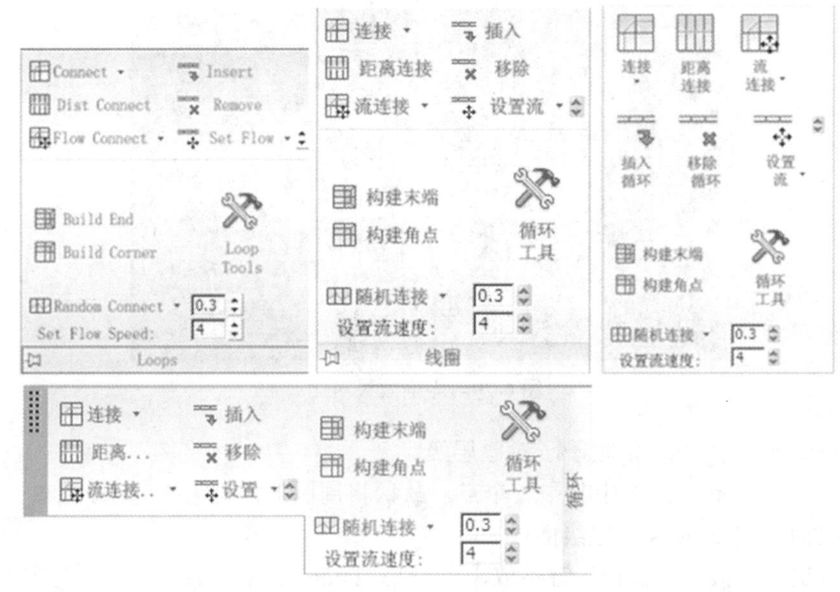

图 6-30　循环面板

“连接”：“顶点”层级。在选中的顶点对之间创建新的边。连接不会让新的边交叉。因此，例如，如果选择了四边形的所有四个顶点，然后单击“连接”，那么只有两个顶点会连接起来，如图 6-31 所示。

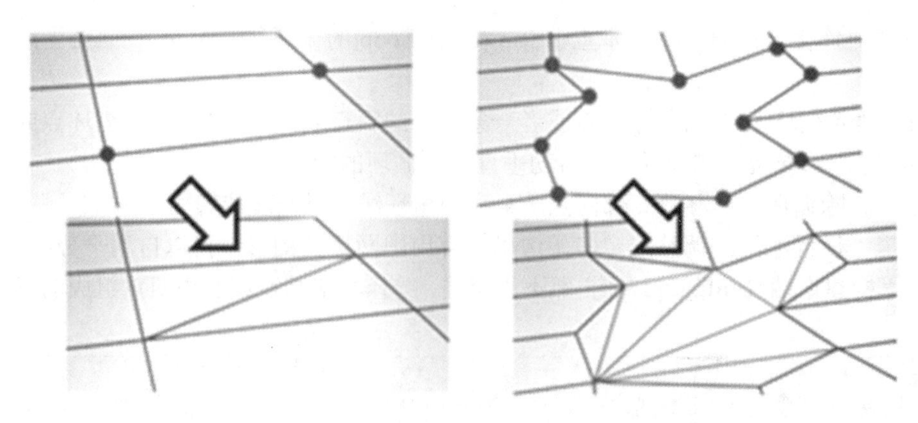

图 6-31　连接效果

“连接”：“边”层级（按“Shift”键不放+=设置），如图 6-32 所示。

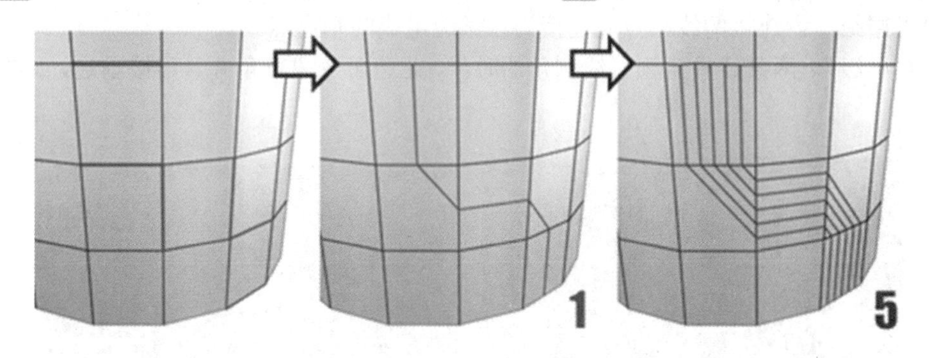

图 6-32　连接边

“距离连接”：效果如图 6-33 所示。

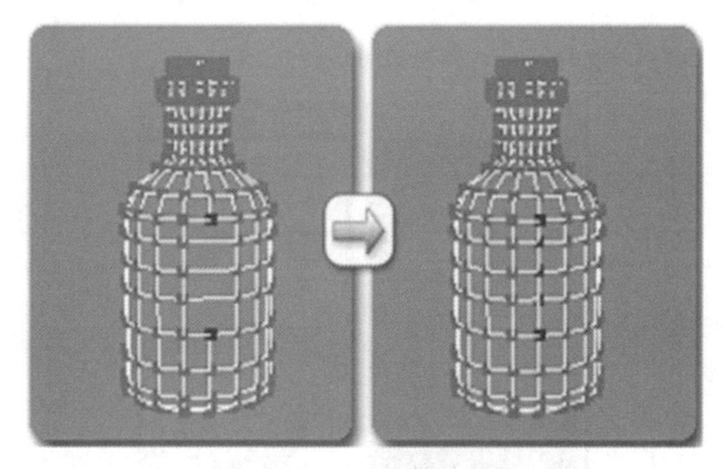

图 6-33　距离连接

“点层级”：选择两个位于中心的顶点，垂直于两点连线的边互相平行，无连接，点击后互联。

“边层级”：选择两个平行边并应用，以便跨越中间网格连接它们。

“流连接”：自动创建垂直于 Ring 或者 Loop 的循环线，Auto Ring 会无限自动添加。

“插入循环”：在两条相邻点或者一条直线的垂直处，自动插入一个循环点或者线。当面层级时，选择两个相邻面，会自动垂直生成循环的面。

“移除循环”：移除相邻两点所组成的循环线，以及线或者面。

“设置流”：调整选定多条边以适合周围网格的图形，可以自动平分线段间距。

“构建末端=Build End”：相邻不相交线，选择其末端点或者由两点组成的线即可。

两点位于“凸”字型中心。

“构建角点”：对角点进行编辑。

“点层级”：连接的线，点此连接为三条边组成的垂足点。

“线层级”：两条线垂足为直线倒角的时候，此边可变成直角并且连接垂足，如图 6-34 所示。

图 6-34　点层级

“循环工具=Loop Tools”：效果如图 6-35 所示。

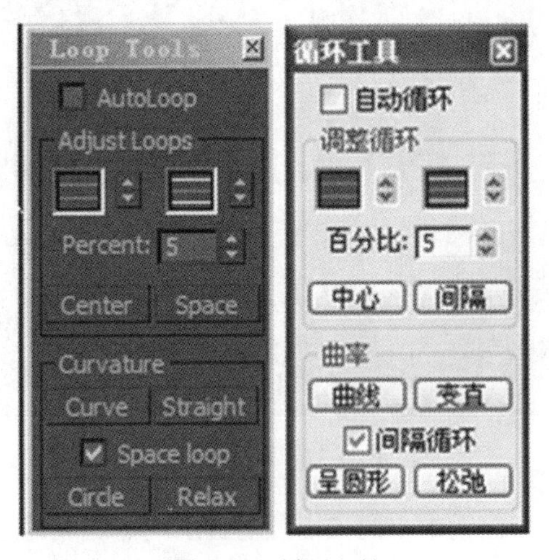

图 6-35　循环工具

“双循环”：选择两条相邻平行边，上下调整参数可以收缩。

“三循环”：选择一条边，左右两条边围绕中心边收缩。

“Center 中心”：选择一条边，它会自动选择周围的两边。在顶视图居中，顶点在中间，开启 Auto，自动选择整条线。

“间距”：选择等距离的竖线或者横线，点击此按钮则与它们垂直的线自动变成等距，也可按“Shift”键不放。

1. 上机实战——制作铅笔模型

制作步骤

（1） 制作笔杆部分。

在“顶视图”中创建一个圆柱体，将其“半径”的数值修改为 100mm，“高度”的数值为 1800mm，如图 6-96 所示。选中圆柱体，单击鼠标右键，将其转换为“可编辑多边形”，然后进入“多边形”层级，选中圆柱体底面，点击石墨建模工具栏中的“倒角”命令，在弹出的“倒角多边形”对话框中，将“倒角”类型默认为“组”，将“高度”的数值设置为 350mm，“轮廓量”的数值设置为-70mm，如图 6-36 所示。

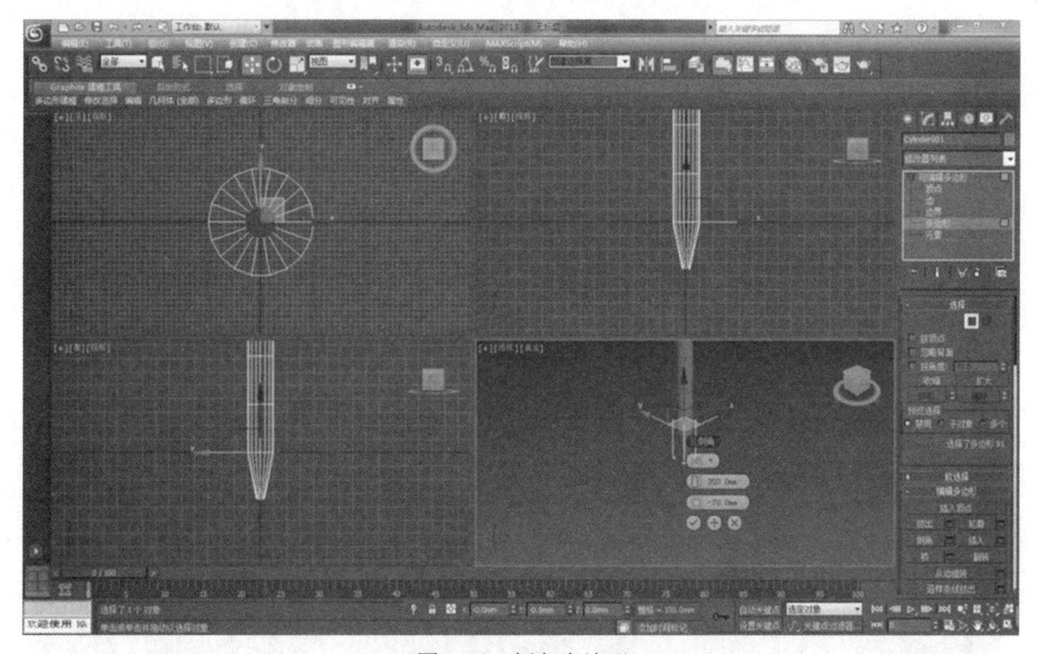

图 6-36　倒角多边形

（2） 制作笔尖部分。

切换到“透视图”，将笔尖部分放大。选择石墨建模工具栏中的“插入”，选定笔尖部分（选中的面会变成红色），拖动鼠标，按住鼠标左键，向里面拖动，给定一定的厚度。然后选择“挤出”命令，拖动鼠标，按住鼠标左键，向里挤出，数值自定义即可，如图 6-37 所示。

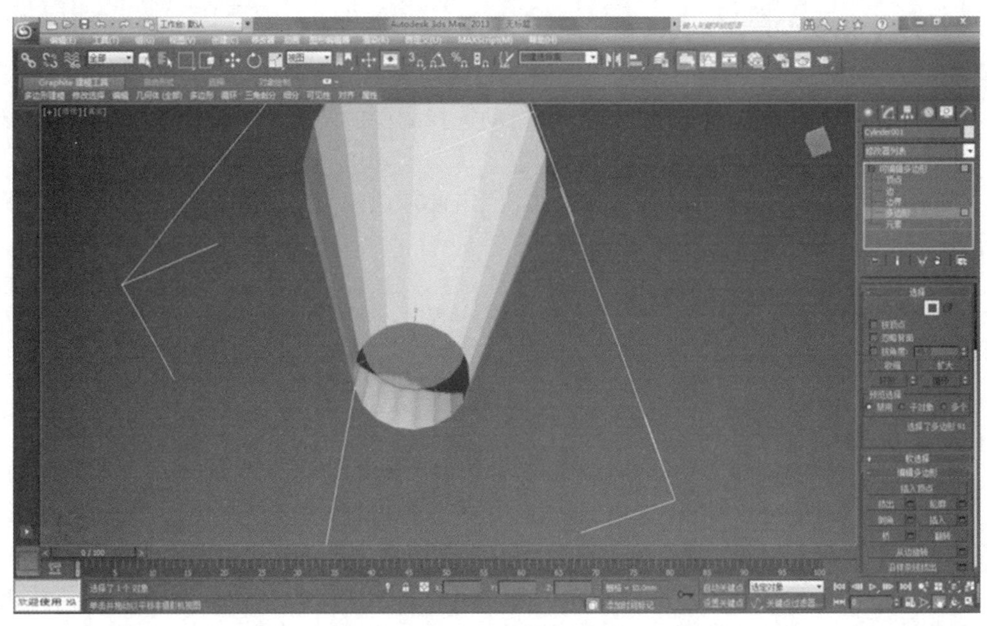
图 6-37　制作笔尖

再次选择“插入”命令，给定一定的厚度。然后选择“挤出”命令，向外挤出。做出笔尖的本分。给笔尖一个“倒角”命令，在弹出的“倒角设置”对话框中，将“倒角”类型，默认为“组”，将“高度”的数值设置为 41mm，“轮廓量”的数值设置为-15mm，如图 6-38 所示。

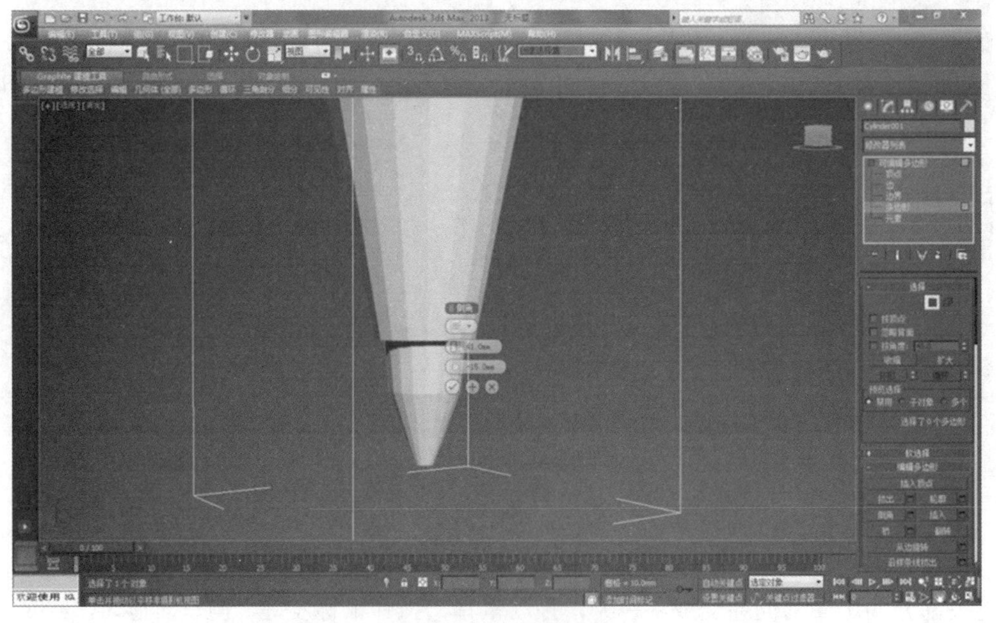
图 6-38　倒角设置参数

（3） 制作装饰部分。

切换到“前视图”，进入“边”层级，选中如图 6-39 所示的边，拖动鼠标，向上移动，与另一条边一起选中，并向上移动一定的距离，如图 6-40 所示。

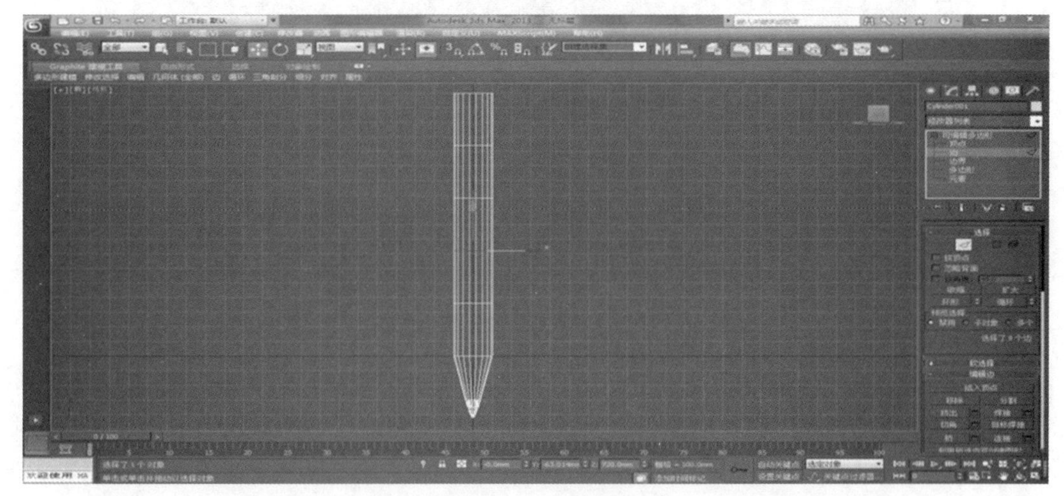

图 6-39 创建装饰环

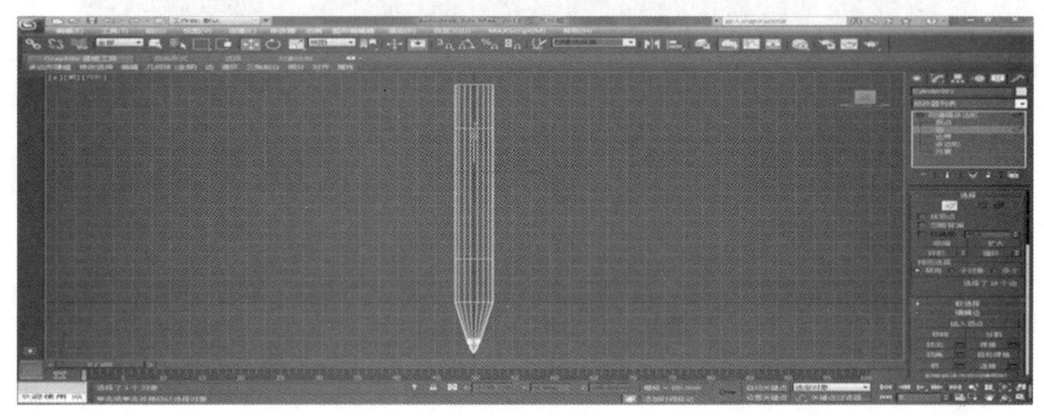

图 6-40 调整位置

滚动鼠标滚轮，将所选区域放大，选中其中一根线，选择菜单栏中的“环” 命令。按住“Ctrl”键，选择“多边形”层级按钮，即将框选的面都选择上了。在菜单栏中选择“几何体”中的“分离” 命令。选择“以克隆对象分离”，单击“确定”按钮即可。这样做，既分离出了我们需要的面，又使原来的面得以保留下来，不影响模型的形状。进入“修改器”列表，选择“壳”命令，给刚做好的圆环一定的厚度，“内部量”数值可设置为 8mm。

（4） 笔端本分的制作。

放大笔端部分，选择“多边形”层级，选中端面。在“菜单栏”中，选择“插入”命令，插入数值自定。选择“挤出”命令，拖动鼠标向里挤出（也可以设置挤出数值，设置为-150mm）。然后再选择“插入”命令，给定一定数值，选择“挤出”命令，向外挤出，可将“挤出”的数量数值设置为 250mm，根据实际情况而定，如图 6-41 所示。

选择“倒角”命令，对选中的面进行倒角，可以多倒角几次，就会形成圆滑的面。

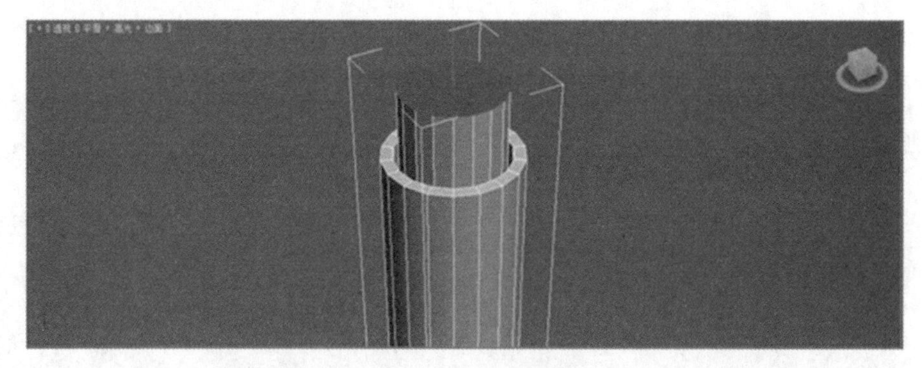

图 6-41　制作笔端

进入“点层级”，选中顶端最上面的顶点，选择“切片平面”命令，使用移动工具，将其移动到顶端，选择“旋转”工具，将其倾斜选择“切片”，然后退出“快速切片”命令，将顶端的顶点删除，效果如图 6-42 所示。

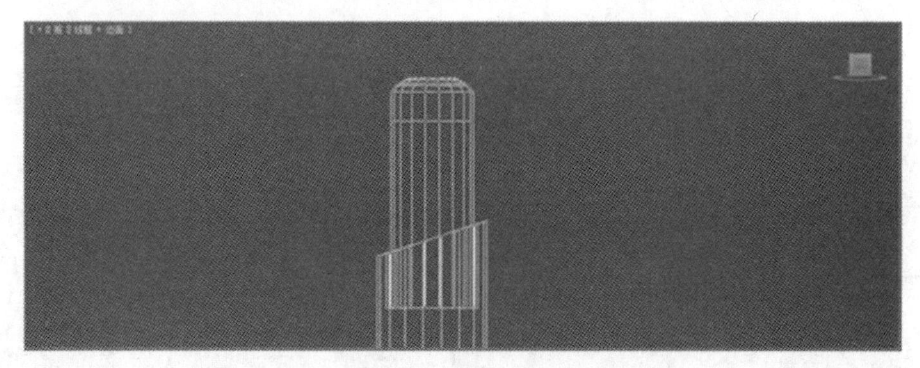

图 6-42　笔端效果

会出现一个空洞的面，进入“边界”层级，选中两个边线，再选择“桥”命令，就会使断开的面连接在一起，形成新的面，如图 6-43 所示。

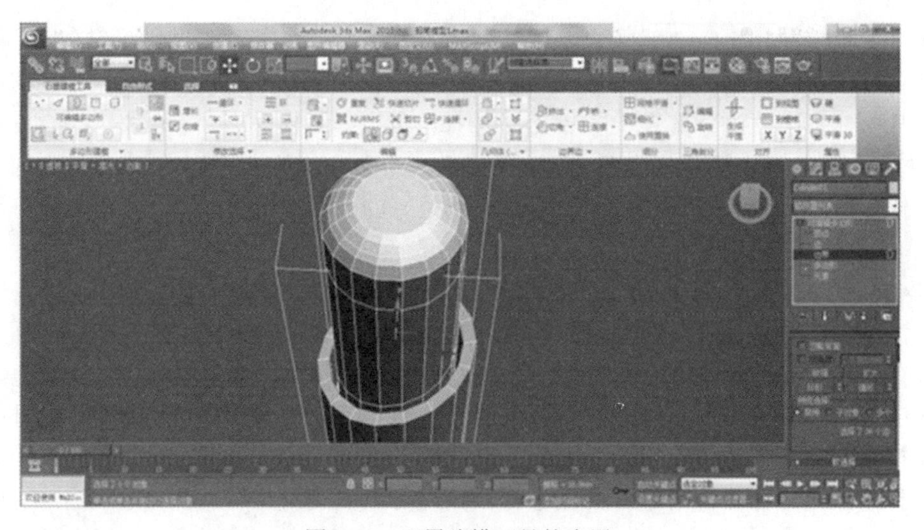

图 6-43　石墨建模工具的应用

选中端部的顶点，选择“切片平面”，移动鼠标，形成与端部顶点平行的线，选择“切片”命令。选择“切片平面”，移动鼠标，选择“切片”命令，形成第三条线。

选择图 6-44 所示的线，选中一条之后，选择“圆形”。按住“Ctrl”键，选择“多边形”，选择“分离”命令。

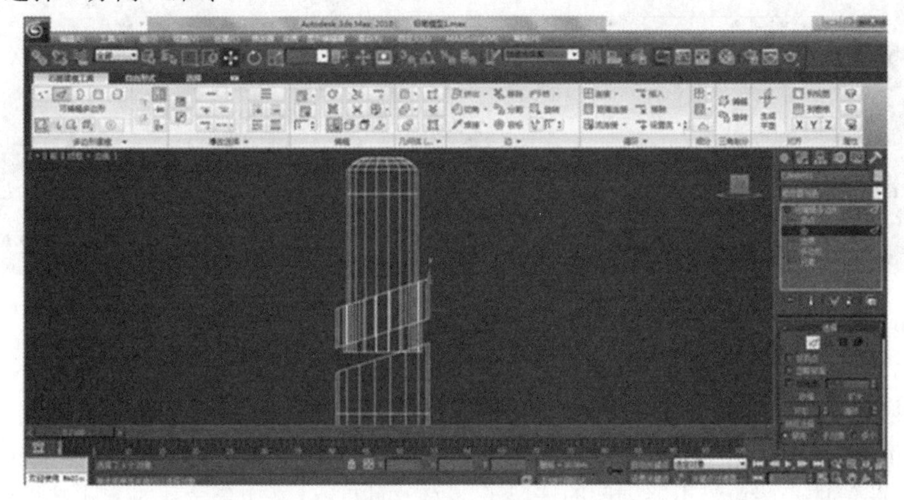

图 6-44　分离命令

切换到“透视图”，选中图 6-45 所示的两条线。

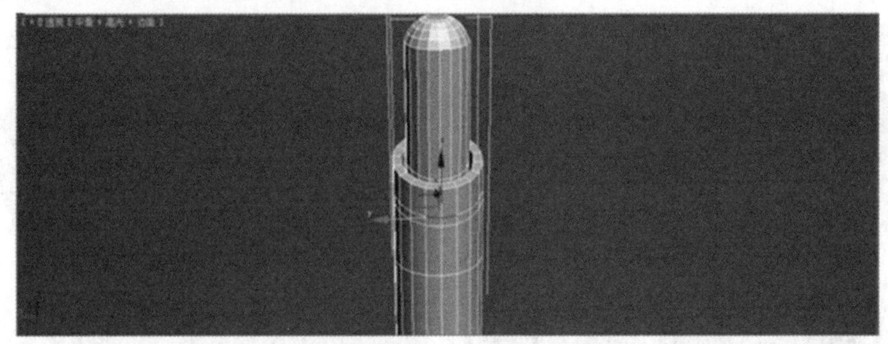

图 6-45　选中线

按住“Shift”键，拖动鼠标向上移动，复制出面来，重复复制即可。得到的效果，如图 6-46 所示。

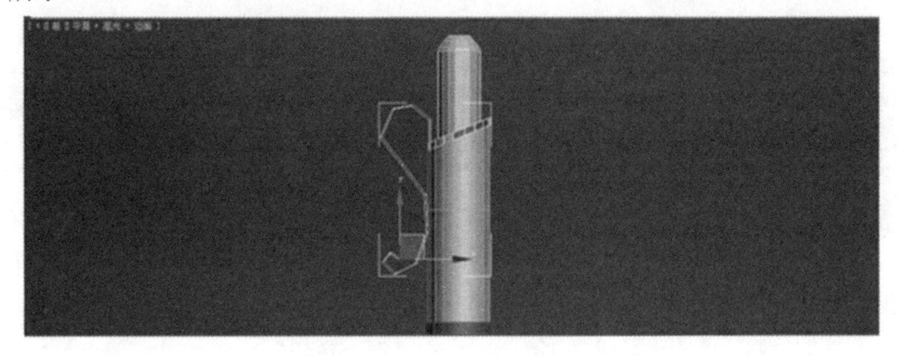

图 6-46　模型效果

选中如图 6-47 所示的三个顶点，利用“缩放”工具，使端部变得略微尖锐。

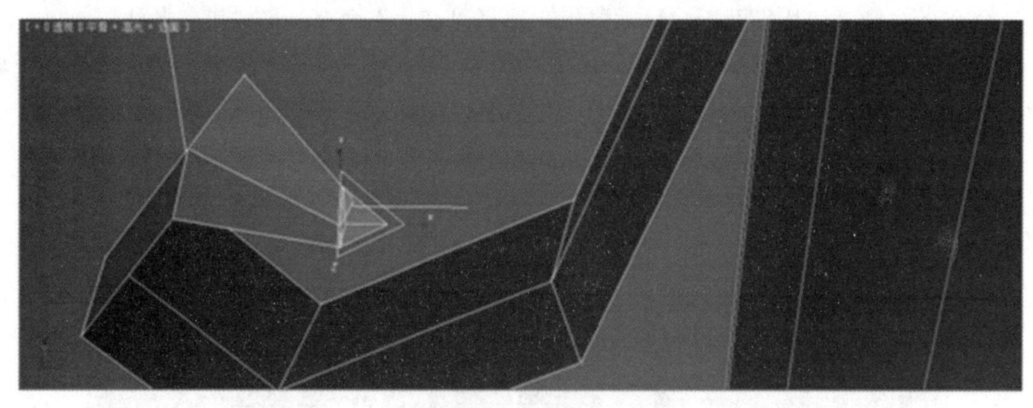

图 6-47　端部效果

（5） 为了使笔尖部分更加饱满，我们将继续操作。

切换到“前视图”，选中一根线，然后选择“环形”，点击“连接”命令，将其“分段数”设置为 3。使用“缩放”工具，逐一调整。调整后，给模型添加一个“涡轮平滑”命令。在铅笔的一些边沿不够硬朗的情况下，我们可以通过添加分段数的方式进行编辑（做法参考带折缝的油壶的制作方法）。由于前面讲过，这里就不再赘述了。得到最终的模型效果，如图 6-48 和图 6-49 所示。

图 6-48　涡轮平滑

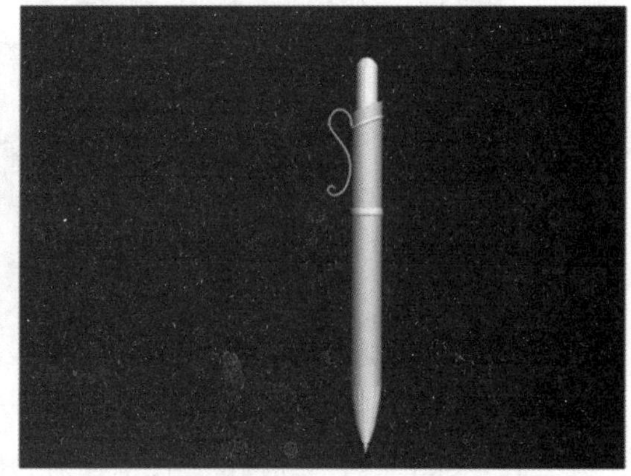

图 6-49　最终完成模型效果

本 章 小 结

本章学习了多边形建模及石墨建模工具，并且通过上机实战，对多边形建模有了详细的讲解，作为本书重点掌握内容，需要通过大量的练习来巩固所学知识。石墨建模工具可以帮助我们在建模的过程中，更加迅速地节省建模时间，较之其他版本更加方便快捷。

本章习题

1. 填空题

（1） 在原始简单的模型上，通过增减________、__________、__________数或调整点、线、面的位置来产生所需要的模型，这种建模方式称为多边形建模。

（2） 石墨建模工具共有三个部分：____________________、___________________、______________________。

2. 选择题

（1） 在原始简单的模型上，通过增减点、线、面数或调整点、线、面的位置来产生所需要的模型，这种建模方式称为________________。

A．面片建模　　　　B．多边形建模

C．网格建模　　　　D．平面建模

（2） 在“增长循环”中，如需要扩大圆柱体顶端和底端的边循环，按住__________键，然后再进行应用。

A．Shift　　　　B．Ctrl

C．Alt　　　　D．鼠标中键

3. 问答题

（1） 石墨建模工具的作用是什么？

（2） 多边形建模工具有几个子层级？它们的作用分别是什么？

第7章 材质和贴图

材质的编辑是表现效果图的一个非常重要的环节，用户可以通过材质的编辑使物体表面的质感达到理想的状态。本任务主要介绍材质编辑器的基本知识。

材质用于描述对象如何反射或透射灯光。在材质中，贴图可以用作模拟纹理、应用设计、反射、折射和其他效果（贴图也可以用作环境和投射灯光）。高超的贴图技术是制作仿真材质的关键，也是决定最终渲染效果的关键。

学习目标

1. 了解材质相关基础知识。
2. 了解贴图基础知识。
3. 掌握获取材质的方法。
4. 掌握材质的使用方法。

7.1 什么是材质，什么是贴图

1. 材质：材质就是制定给对象的曲面或面，以在渲染时按某种方式出现的数据，其会影响对象的颜色、光泽度和不透明度等属性。这是行业通用的对材质的专业解释，用通俗的语言来讲，材质就是电脑模拟的对象表现出来的物理质感。比如：光滑的瓷砖、粗糙的石头、柔软的布、晶莹剔透的玻璃等。

2. 贴图：贴图就像给物体穿上衣服一样，让人产生可触摸的质感。

3. 渲染：渲染就是能够通过数据运算，结合 3ds Max 的材质、灯光、环境贴图等参数来模拟真实的环境，进而把窗口的对象输出二维图像绘制影片的过程。默认情况下，在渲染时，软件使用默认扫描线渲染器生成特定分辨率的静态图像，并显示在屏幕上一个单独的窗口中。

在 3ds Max 2010 中材质与贴图的建立和编辑都是通过“材质编辑器”来完成的，并且通过最后的渲染把它们表现出来，使物体的表面显现出不同的质地、色彩和纹理。

打开“材质编辑器”有以下 3 种方法。

（1） 在主工具栏上用鼠标单击图标。

（2） 在“渲染”菜单下选择“材质编辑器”。

（3） 在键盘上按快捷键“M”。

“材质编辑器”的对话框是浮动的，可以将其拖动到屏幕的任意位置。这样便于观看场景中材质赋予对象的结果。

“材质编辑器”对话框可以分为以下两大部分：

（1） 上部分为固定不变区，包括示例显示、材质效果和垂直的工具列与水平的工具行一系列功能按钮。名称栏中显示当前材质名称。

（2） 下部分为可变区，从“明暗期基本参数”卷展栏开始包括各种参数卷展栏。

示例窗

在材质编辑器上方区域为示例窗。在示例窗中可以预览材质和贴图。

在默认状态下示例显示为球体，每个窗口显示一个材质。可以用“材质编辑器”的控制器改变材质，并将它赋予场景中的物体。最简单的赋予物体材质的方法就是用鼠标将材质直接拖动到视窗中的物体上。

单击一个示例窗可以激活它，被激活的示例窗被一个白框包围着，在选定的示例窗内单击鼠标右键，弹出显示属性菜单。在菜单中可以选择 3×2、5×3、6×4 排放方式。在示例窗内则会显示 6 个、15 个或 24 个示例框；在右键弹出菜单中选择“放大”选项或双击示例窗，可以将选定的示例窗放置在一个独立浮动的窗口中。

1. 工具栏

“采样类型”：可选择样品为球体、圆柱或立方体。

“背部光源”：按下此按钮可在样品的背后设置一个光源，启用“背光”将背光添加到活动示例窗中。默认情况下，此按钮处于启用状态。通过示例球体更容易看到效果，其中背光高亮显示球的右下方边沿，无论何时创建金属和 Strauss 材质，背光都特别有用。使用背光可以查看和调整由掠射光创建的反射高光，此高光在金属上更亮。

“背景”：在样品的背后显示方格底纹，用背景将多颜色的方格背景添加到活动示例窗中。如果要查看不透明度和透明度的效果，该图案的背景可以提供帮助。

“UV 向平铺数量”：可选择 2×2、3×3、4×4。这些按钮指定在示例对象的曲面图案上重复的次数。由于贴图是围绕示例球以球形的方式设置贴图的，因此平铺重复将覆盖球体的整个曲面。示例圆柱体是按照圆柱体方式设置贴图的。示例立方体使用长方体贴图，平铺出现在立方体的每一面。除非对象应用 UVW 贴图修改器（在这种情况下，修改器控制贴图），否则自定义示例对象对这种对象使用默认贴图坐标。当示例窗单独显示独立（顶级）贴图时，此弹下按钮不可用。

“视频颜色检查”：用于检查示例对象上的材质颜色是否超过安全 NTSC 或 PAL 阙值。这些颜色用于计算机传送到视频时在进行模糊处理过程中在示例对象上标记包含这些“非法”颜色或“热”颜色的像素。可以在渲染时使用 3ds Max 自动更改非法颜色，这取决于“自定义/首选项”对话框的“渲染”选项卡中的设置。

“创建材质预览”：点击此按钮可显示，分别为“生成预览”“播放预览”“保存预览”按钮，可用于在示例窗中预览动画题图在对象上的效果。可以使用 AVI 文件或者 IFL 文件作为动画源。完成的预览会另存为新的 AVI 或 IFL 文件，并且会自动播放。还可以通过拖动时间滑块，在示例窗中查看预览。单击该按钮弹出如图 7-1 所示的对话框。

“材质编辑器选项”：用来设置材质编辑器的各个选项，可以帮助控制如何在示例窗中显示材质和贴图，单击该按钮可以弹出如图 7-2 所示的对话框。

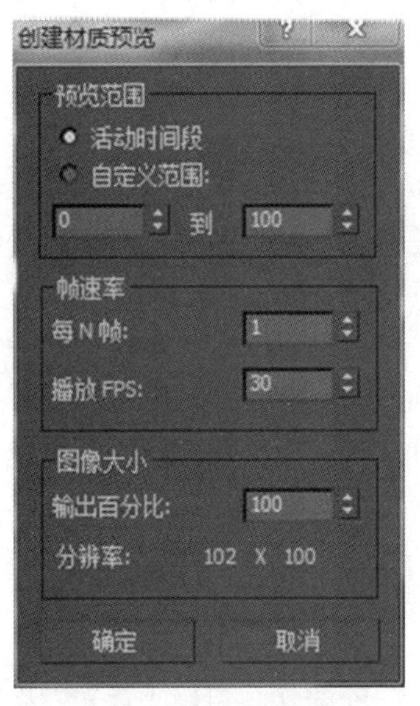

图 7-1　“创建材质预览”对话框

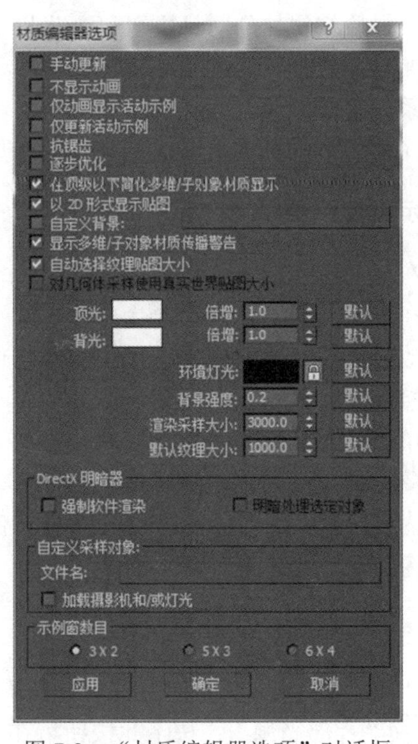

图 7-2　“材质编辑器选项”对话框

“按材质选择”：使用“按材质选择”可以基于“材质编辑器”中的活动材质选择场景中的对象。除非活动示例窗包含场景中使用的材质，否则该按钮不可用。单击此按钮会显示“选择对象”对话框，如图 7-3 所示。所有应用选定材质的对象在列表中高亮显示。

“材质/贴图导航器”：是一个无模式对话框，可以通过材质中贴图的层次或复合材质中子材质的层次快速导航。该导航器显示当前活动示例窗中的材质和贴图。通过单击列在导航器中的材质或贴图，可以导航当前材质的层次。反之，当导航“材质编辑器”中的材质时，当前层级将在导航器中高亮显示。选定的材质或贴图将在示例窗中处于活动状态，同时下面显示选定材质或贴图的卷展栏。单击该按钮后后弹出如图 7-4 所示的对话框。对话框中显示的是当前材质的贴图层次，在对话框顶部选取不同按钮可以用不同的方式显示。

图 7-3　“选择对象”对话框

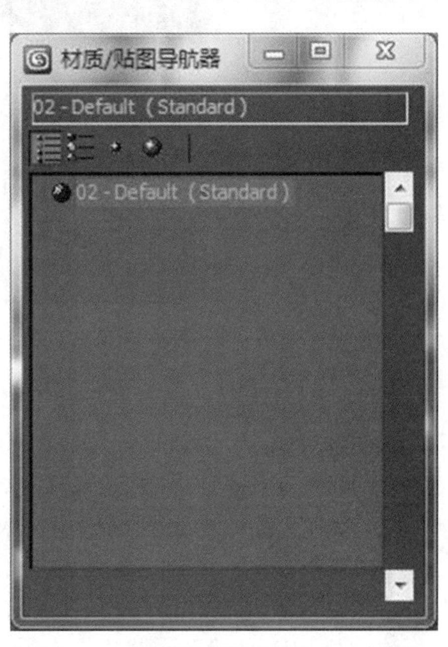

图 7-4　“材质/贴图导航器”对话框

“获取材质”：单击此工具会弹出“材质/贴图浏览器”，也可以通过“渲染”菜单下的“材质/贴图浏览器”打开。该对话框有两种形式，当单击工具栏右下角的 Type 按钮时，显示材质类型的对话框。在以上对话框中指定一种材质的最基本类型，共有十几种不同类型材质可供选择。另外，当在材质编辑器中选择贴图时“材质/贴图浏览器”会显示如图 7-5 所示的内容。

“将材质放入场景”：在编辑材质之后更新场景中的材质。

“将材质指定给选定对象”：可将活动示例窗中的材质应用于场景中当前选定的对象。同时，示例窗将成为热材质。如果将贴图材质应用于禁用“生成贴图坐标”选项的参数对象，则该软件将在渲染时自动启用贴图坐标。此外，如果在视图中显示贴图处于活动状态时，将贴图材质应用于参数对象，则在必要时启用对象的“生成贴图坐标”选项。

“重置贴图/材质为默认设置”：重置活动示例窗中的贴图或材质的值。移除材质颜色并设置灰色阴影。将光泽度、不透明度等重置为其默认值，移除指定给材质的贴图。

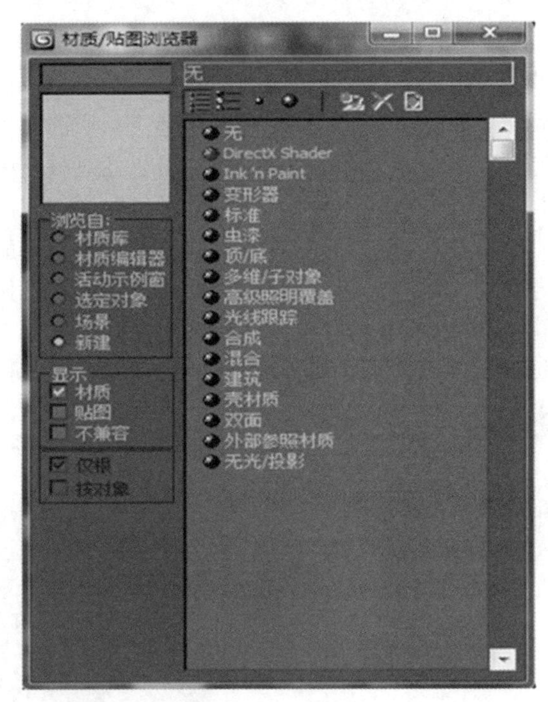

图 7-5　获取材质

“复制材质”：通过复制自身的材质，但材质仍然保持其属性和名称。可以调整材质而不影响场景中的该材质。如果要获得想要的内容，单击它将材质放入场景，可以更新场景中的材质。同时，示例窗将成为热材质。

“使唯一”：可以使贴图实例成为唯一的副本。

“放入库”：可以将选定的材质添加到当前库中，将显示“入库”对话框。使用该对话框可以输入材质的名称，该材质有别于“材质编辑器”中使用的材质。

“材质 ID 通道”：默认值为零（0），表示未指定材质 ID 通道。1～15 之间的值表示将使用此通道 ID 的 Video Post，或渲染效果应用于该材质。

“在视图中显示贴图”：使用交互式渲染器来显示视图对象表面的贴图材质。如果“在视图中显示贴图”处于激活状态，当应用贴图材质时，就可以从“浏览器”的“材质库”中拖动贴图材质到场景中的对象上，并使贴图材质出现在视图中。

“显示最终结果”：可以查看所处级别的材质，而不能查看所有其他贴图和设置的最终结果。当此按钮处于禁用状态时，示例窗只显示材质的当前级别。使用复合材质时，此工具非常有用。如果不能禁用其他级别的显示，将很难精确地看到特定级别上创建的效果。

“转到父级”：可以在当前材质中向上移动一个层级。仅当不再符合材质的顶级时，该按钮才可用。可以告知该按钮不可用时处于顶级，并且在编辑字段中的名称与在“材质编辑器”标题栏中的名称相匹配。

“转到下一个同级项”：将当前贴图编辑层转移到当前材质中相同层级的下一个贴图或材质。当不在复合材质的顶级并且有多个贴图或材质时，该按钮才可用。

7.2 材质类型

1. “Standard（标准）”

材质和颜料一样，利用它，可以使香蕉显示黄色，苹果显示红色。可以给金属添加光泽，也可以给玻璃增加抛光效果。通过应用贴图，可以将图像、图案，甚至表面纹理添加至对象。材质可以使场景看起来更加真实。

每种材质都属于一种类型。默认类型为标准材质，这是最常用的材质类型。通常，其他材质类型都有特殊用途。在“材质编辑器”中点击“Standard”或在“渲染”菜单下点击“材质/贴图浏览器”可以打开如图 7-6 所示的对话框。

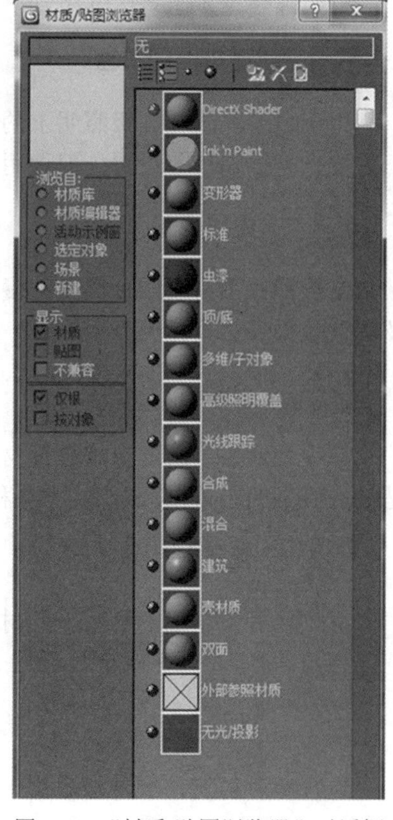

图 7-6　“材质/贴图浏览器”对话框

2. “DirectX 9 明暗器材质”

能够使用 DirectX 9 明暗器为视图中的对象着色，如果使用该材质，必须有能支持 DirectX 9 的显示驱动，同时必须使用 Direct3D 显示驱动。

3. “Ink'n Paint”

提供的是一种带“沟边”的均匀填色效果，主要用于制作卡通渲染效果。

4. “Lightscape 材质”

支持导入数据及从 Lightscape 产品导出数据。

5. “变形器”

变形类型材质多用来制作材质的变化效果，它与变形编辑修改器一起工作。

6. “标准”

标准材质类型为表面建模提供了非常直观的方式。用于设置组件颜色、光泽度和不透明度等属性。在 3ds Max 中，标准材质模拟表面的反射属性。如果不使用贴图，标准材质会为对象提供单一、统一的颜色。

7. “虫漆”

通过将虫漆材质应用到另一种材质，将两种材质混合起来。

8. “顶/底”

包含两种材质，一种用于向上的面，另一种用于向下的面。

9. “多维/子对象”

可用于将多个子材质应用到单个对象的子对象。

10. “高级照明覆盖”

用于微调材质在高级照明上的效果，光跟踪和光能传递解决方案。计算机高级照明时不需要光能传递覆盖设置，但使用它可以增强效果。

11. “光线跟踪”

支持和标准材质同种类型的漫反射贴图，同时，还提供完全光线跟踪反射和折射，以及其他效果（如荧光）。

12. “合成”

原理是通过层级的方式进行材质叠加，以实现更加丰富的材质效果。材质的叠加顺序是从上而下的，可以混合多达 10 种材质。

13. “建筑”

提供物理上精确的材质。此材质能与默认的扫描线渲染器一起使用，也能和光能传递一起使用。

14. “双面”

包含两种材质，一种材质用于对象的前面，另一种材质用于对象的背面。

15. “无光/投影”

显示环境，但接收阴影。这是一种特殊用途材质，效果类似于在电影摄制中使用隐藏。

16. “壳”

包含的材质已渲染到纹理，以及纹理所基于的原始材质。

17. “卡通”

使用平面着色和“绘制的”边框产生卡通效果。

7.3 获取材质

通过单击材质编辑器工具栏中的“获取材质”，弹出“材质/浏览器贴图”对话框。

可以从其他来源获取一个新的已存在的材质，双击列表中的材质类型（不是贴图类型），或者将材质拖到示例窗中，可以通过以下几种方式来获取材质。

（1）获取新材质。

在“浏览自”区域中选择“新建”，可选择一种新的材质贴图类型。

（2）从选定的对象上获取材质。

在“浏览自”区域中选择“选定对象”，然后从清单中选取当前选定对象使用的材质。

（3）从场景中获取材质。

在“浏览自”区域中选择“场景”即可显示所有场景中使用的材质，从中选取一种需要的材质。

（4）从材质库中获取材质。

在“浏览自”区域中选择“材质库”，然后从显示的材质清单中选取一种材质。

（5）从对象上拾取材质。

可以通过“材质编辑器”按钮来实现从场景中的对象获取材质，获取的材质将会放到材质编辑器活动示例窗中。这种从物体上获取材质的方法多用于导入的其他文件格式的场景文件，如*.3ds、*PRJ、*.DXF 等格式。因为要对这些格式的场景文件中的对象材质进行修改，就必须将它们原有的材质放入 3ds Max 的材质编辑器中进行修改。

7.4 删除和保存材质

可以在材质编辑器中将材质保存到“材质/贴图浏览器”中的一个库文件中。

在“材质编辑器”的工具栏中，激活一个已经编辑好的材质球示例窗，单击可将编辑好的材质放入材质库中。

直接用鼠标从示例窗中将材质拖到“材质/贴图浏览器”中。

此外，也可以将存入的材质从库中删除，一次可删除一个或全部删除，从而控制“材质/贴图浏览器”中材质清单上的材质球。

1. 参数栏

一个标准的材质，在“材质编辑器”中有多种属性供用户调节材质属性的参数。3ds Max 的参数栏包括“明暗器基本参数”“Blinn 基本参数”“扩展参数”“超级采样”“贴图”“动力学属性”“DirectX 管理器”“Mental ray 连接”8 个卷展栏。

“明暗器基本参数”：可调整标准材质不同着色的采样，包括“各向异性”“Blinn”“金属”“多层”“Oren-Nayar-Blinn”“Phong”“Strauss”“半透明”8 种材质类型，可以通过点击三角按钮展开选择。这 8 种材质类型可以很好地模拟不同的物体材质。

其中，“Blinn”：模式适合表现质地柔软的物体。

“金属”：最适合表现金属材质。

“多层”：通过层级两个各向异性高光，创建比各向异性更复杂的高光，不可用于光线跟踪材质。

“Oren-Nayar- Blinn”：创建平滑的无光曲面，它可为对象提供多孔而非塑料的外观，适用于像皮肤一样的表面。

“Phong”：创建带有一些发光度的平滑曲面。

“Strauss”：适用于金属。可用于控制材质呈现金属特性的程度，不可用于光线跟踪材质。

“半透明”：半透明明暗类似于 Blinn 明暗，但是其还可以用于指定半透明度，在此光线将在穿过材质时散射。可以使用半透明材质来模拟被霜覆盖的或被侵蚀的玻璃，不可用于光线跟踪材质。

其中“Blinn”使用较为广泛。其中还提供了 4 种特殊效果供用户选择，分别是“线框”“双面”“面贴面”“面状”。

“线框”：勾选该复选框，可以使物体以网格线框的方式显示，只表现出物体的线架结构。

“面贴图”：勾选该复选框，可以将材质指定给物体表面的每个面。

“面状”：以拼图方式来处理物体的每一个面，面与面之间没有渐变效果，也没有均匀的过度色，形成晶格一样的效果。

“Blinn 基本参数”：主要对材质进行颜色及高光的参数调整。

“扩展参数”：主要对材质的高级透明、线框、反射暗淡参数进行调整，如图 7-18 所示。

“超级采样”：是属于 3ds Max 中几种抗锯齿技术之一，一般建议在最终渲染时存在较大锯齿时使用。

“贴图”：材质表面都是贴图产生的，使用时不仅可以像贴图案一样进行简单的纹理涂绘，还可以按照各种不同的材质属性进行贴图。

2. 基本参数展卷栏

基本参数展卷栏是针对在明暗器基本参数展卷栏中选择了某种阴影模式后，进行对应属性设置的选项内容。

基本参数展卷栏该参数展卷栏中的各选项的含义如下。

“环境光”：用于修改材质的颜色，单击在它左边的关联按钮，可以将它与“漫反射”选项相连接，即改变环境色时也会将漫射区的色彩改变。

“漫反射”：用于修改材质上扩散的颜色。

“高光反射”：用于修改材质上高光部分的颜色。

“自发光”：用于定义材质本身的亮度，适用于制作霓虹灯材质。

“不透明度”：此选项可控制材质的透明程度。

“反射高光”：用于调整材质高光的反射程度。

3. 扩展参数展卷栏

扩展参数展卷栏中的选项，是对基本参数展卷栏中不能完成的一些特殊材质属性进行的编辑补充，包括“高级透明”和“线框”两个选项栏。

“高级透明”选项栏中的衰减区参数，用于定义材质透明度的衰减。点选“内”选项后，材质的透明度将由内向外加大。点选“外”选项后，材质的透明度将由外向内加大。

“数量”选项则用于设置材质透明度衰减的强弱程度。

“线框”选项用于设置材质以线框显示时的有关参数。“大小”数值框中的数值是线框的尺寸，“按”选项设置网线显示的单位，包括两种像素和单位方式。

4. 贴图展卷栏

为了逼真地表现模型表面的质感效果，需要使用 3ds Max 2010 提供的或者用户自己绘制的图案，在模型上添加贴图并对其进行参数控制，这个编辑过程就需要在贴图展卷栏中完成。

贴图展卷栏包含 12 个贴图编辑通道。通过这些通道，可以对物体的各个不同属性设置对应的材质和贴图，并对贴图的属性（如高光、反射、透明度等）进行各种编辑调整，以达到模仿真实世界中各种材质的表现效果。

在贴图展卷栏中，需要在勾选贴图通道左边的复选框后，这个通道才能使用。单击各通道名称后面的长条按钮，打开“材质/贴图浏览器”对话框，即可在“材质/贴图浏览器”对话框中选择需要的材质或贴图并赋给这个通道。在贴图展卷栏中，“数量”选项决定这个通道的应用程度。数值越大，贴图显示越明显，反之效果越淡。

“环境光颜色”：默认情况下，此通道不能单独使用，它与“漫反射颜色”联合使用，为物体的阴影区贴图，通常它与漫反射颜色锁定在一起。如果需要单独对它进行贴图，可以单击漫反射颜色贴图右侧的锁定按钮，解除它们之间的锁定关系，然后才能对它进行贴图设置。

“漫反射颜色”：用于物体表面的整体材质的纹理效果。例如对一个立方体的表面贴上地砖材质，只需用一张地砖贴图完全覆盖立方体物体表面就可以了。

“高光颜色”：高光颜色是只显示在物体高光位置的贴图纹理效果。

“高光级别”：在物体反光位置进行贴图，贴图的强度受反光强度的影响，当反光强度大时，贴图就比较清晰，反之模糊。这种贴图通常用于表现反光处的色彩。

“光泽度”：将贴图表现在物体的高光处，贴图的颜色会影响反光的强度，这种贴图通常用于制作反光处的纹理效果。

“自发光”：一种将贴图图案以自发光的形式贴在物体表面的方式，图像中纯黑色的区域不会对材质产生任何发光效果，纯黑到纯白之间的区域会根据自身的色相亮度产生发光效果，发光的地方不受灯光及投影的影响。

“不透明度”：这种贴图方式通常适用于制作静态材质，利用图像的明暗度在物体表面产生透明效果；纯黑色的区域将完全透空，纯白色的区域则完全不透空，这样可以滤掉多余的边沿。这种方法常用于制作一些遮挡物体。

“过滤色”：该贴图一般用于过滤各种专有颜色。可以将该效果应用于光影跟踪效果上，将它的过滤色指定为光影过滤，可以制作出体积光透过空隙的效果。

“凹凸”：通过图像的明暗强度来影响材质表面的光滑程度，从而产生凹凸的表面效果。参数值为正数时，白色图像产生凸起，黑色图像产生凹陷，中间色产生过渡；参数值为负数时，产生相反的凹凸效果。它的优点是能够根据图形的表面特性快速地渲染出逼真的凹凸效果。使用凹凸贴图能让材质表现的更真实。

“反射”：反射贴图是一种高级的贴图方式，它可以产生逼真、精彩的场景效果。它运用先进的光学反射信号原理模拟场景渲染，但是渲染速度很慢。

“折射”：折射贴图能在渲染物体表面时产生对周围景物色彩的折射映像，例如可以模拟空气和水等物质的光线折射效果。

“置换”：可以使曲面的几何体产生位移。

7.5 认识材质贴图

在 3ds Max 2010 中，材质和贴图的编辑都是在材质编辑器中进行的，但是二者也有很大的区别。本节主要介绍材质贴图的基本知识。

在材质编辑器的贴图展卷栏中选中某个贴图通道后，单击后面的长条按钮（None），打开“材质/贴图浏览器”对话框，可以选择各种需要的贴图类型，如图 7-7 所示。

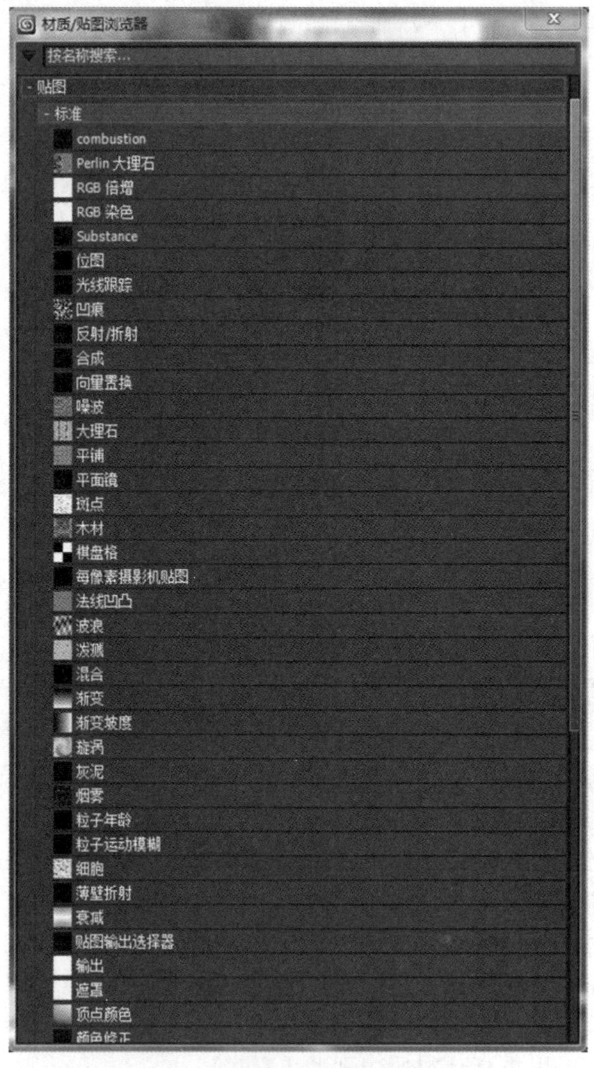

图 7-7 “材质/贴图浏览器”对话框

材质有很多参数，通过调整材质编辑器中的参数，可以调整出很多材质效果，并且可以将材质直接赋予物体。贴图实质上就是将一幅图像指定在物体表面上。贴图必须依附于材质，它只有作为材质的一部分，才能在物体的表面显现出来。

1. 位图贴图

位图是通过像素点组合而成的图像文件。位图贴图类型可以用最快的速度完成对物体的贴图编辑，是很常用的贴图方法。

位图的贴图编辑栏主要包括 5 项内容：坐标、噪波、位图参数、时间和输出。当双击位图贴图类型后，材质编辑器对话框将进入对应的子层级，显示出这种贴图类型的有关参数。

（1）“坐标展卷栏”。

坐标展卷栏中的参数，主要用于定义贴图的位置。

“纹理/环境”：用于定义物体模型的贴图对象。

“贴图”：将贴图的对象定义为环境，可在右边的下拉列表中选择不同的环境贴图坐标。

“在背面显示贴图”：默认为勾选状态，表示三维物体的外表面和内表面都会呈现贴图。

“贴图通道”：列表框中的数值表示目前的贴图通道，可在这里选择进入别的贴图通道。

“偏移”：该数值框用于控制物体的三维表面和贴图之间相对位置的关系（在贴图中通常用 U、V、W 来表示 X、Y、Z）。

“平铺”：该数值框中的数值，表示贴图重复排列的次数。

“镜像”：勾选此项，系统会以选定的轴向对贴图进行镜像处理。

“角度”：该数值框中的数值，用于设置贴图的角度值，可以从 U、V、W 3 个轴向调整贴图的角度值。

“模糊”：该数值框中的数值，用于设置贴图的清晰程度，值越大，图像越模糊。

“模糊偏移”：该数值框中的数值，用于设置图像模糊位移的程度。

“旋转”：单击此按钮，可打开“旋转贴图坐标”对话框，在此可以对材质进行任意旋转。

（2）“噪波展卷栏”。

噪波展卷栏的参数，用于设置物体表面的杂乱性质。

“启用”：勾选此项，可以在材质表面产生噪波效果。

“数量”：该数值框中的数值，用于控制噪波的程度。

“级别”：该数值框中的数值，用于设置进行噪波处理运算的次数，次数越多，噪波效果越明显。

“大小”：该数值框中的数值，用于设置产生的随机杂乱图案的大小。

（3）“位图参数展卷栏”。

位图参数展卷栏用于定义相关的贴图文件，也可以控制贴图应用的密度大小，如图 7-8 所示。

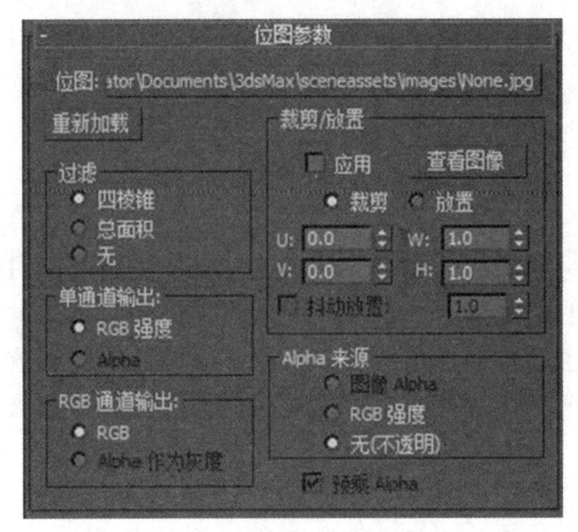

图 7-8　位图参数展卷栏

单击“位图”旁边的长条按钮，可以打开“选择位图图像文件”对话框，选择需要的位图。单击“重新加载”按钮，可以重新调入位图文件。

“过滤”选项主要用于确定系统采用的渲染的模式，以避免出现锯齿化的边沿，提供的方式包括四棱锥、总面积和无 3 种。

“单通道输出”选项，用于设置在多材质的工作模式下，以何种色彩模式进行编辑操作，其提供了 RGB 强度和 Alpha 两种工作模式。

“裁剪”和“放置”单选按钮：可以对图像进行裁剪或放置处理。

2. 2D 贴图

2D 贴图是二维图像，他们通常贴图到几何对象的表面，或用作环境贴图来为场景创建背景。最简单的 2D 贴图是位图；其他种类的 2D 贴图按程序生成。

“位图”：图像可以保存为像素阵列，如 tga、bmp 等；动画文件如*.avi、mov 或*.ifl（动画的本质上是静止图像的序列）。3ds Max 支持的任何一种位图（或动画）文件类型都可以用作材质的位图。

“方格”：方格贴图将两色的棋盘图案应用与材质。默认方格贴图是黑白方块图案。组件方格既可以是颜色，也可以是贴图。

“combustion”：与 Autodesk combustion 产品配合使用。可以在位图或对象上直接绘制并且在“材质编辑器”和视图中可以看到效果更新。该贴图可以包括其他 combustion 效果。绘制并且可以将其他效果设置为动画。

“渐变”：是从一种颜色到另一种颜色进行着色。为渐变指定两种或三种颜色，3ds Max 将自动插补中间值。

“渐变坡度”：是与“渐变”贴图相似的 2D 贴图，它从一种颜色到另一种进行着色。在这个贴图中，可以为渐变指定任何数量的颜色或者贴图。它有许多用于高度自定义渐变的控件，几乎任何“渐变坡度”参数都可以设置动画。

“旋窝”：创建两种颜色或贴图的旋窝（螺旋）图案，它生成的图案类似于两种口味冰淇淋的外观。如同其他双色贴图一样，任何一种颜色都可以用其他贴图替换。

“平铺”：使用颜色或材质贴图创建砖或其他平铺材质。通常包括已定义的建筑砖图案，也可以自定义图案。

3. 3D 贴图

3D 贴图是根据程序以三维方式生成的图案。例如，“大理石”拥有通过指定几何体生成的纹理。如果将指定纹理的大理石对象切除一部分，那么切除部分的纹理与对象其他部分的纹理相一致。

“细胞”：声称用于各种视觉效果的喜报图案，包括马赛克平铺、鹅卵石表面和海洋表面。

“凹痕”：在曲面上生成三维凹凸。

“衰减”：基于几何体曲面上法线的角度生成从白色到黑色的值。在创建不透明的衰减效果时，衰减贴图提供了更强的灵活性。其他效果包括“阴影/灯光”“距离混合”“Fresnel”。

“大理石”：使用两个显示颜色和第三个中间色模拟大理石的纹理。

“噪波”：是三维形式的湍流图案。与 2D 形式的棋盘格一样，其基于两种颜色，每一种颜色都可以设置贴图。

“粒子年龄”：基于粒子的移动速率更改其前端和尾部的不透明度（MBlur 是运动模糊的简写形式）。

“Perlin”大理石：带有湍流图案的备用程序大理石贴图。

“行星”：模拟空间角度的星形轮廓。

“烟雾”：生成基于分形的湍流图案，以模拟一束光的烟雾效果或其他云雾状流动贴图效果。

“斑点”：生成带斑点的曲面，用于创建可以模拟花岗石和类似材质的带有图案的曲面。

“泼溅”：生成类似于泼墨画的分形图案。

“灰泥”：生成类似于灰泥的分形图案。

“波浪”：是一种生成水花或波纹效果的 3D 贴图。它生成一定数量的球形波浪中心并将它们随机分布在球体上。可以控制波浪组数量、振幅和波浪速度。此贴图相当于同时居右漫反射和凹凸效果的贴图。在与不透明贴图结合使用时，它也非常有用。

“木材”：是 3D 程序贴图。此贴图将整个队形体积渲染成波浪纹图案，可以控制纹理的方向、粗细和复杂度。主要把木材用作漫反射颜色贴图，将指定给“木材”的两种颜色进行混合使其形成纹理图案。可以用其他贴图来代替其中任意一种颜色，也可以将“木材”用到其他贴图类型中。当使用凹凸贴图时，“木材”将纹理图案当作三维雕刻版面来进行渲染。

4. 贴图坐标修改编辑器

贴图坐标修改编辑器是用来对物体表面贴图模式进行设置的，也称为“UVW 贴图坐标编辑器”（即坐标系统中的 XYZ 坐标轴向）。虽然基本几何体和放样对象能产生各自的贴图坐标，但是在为物体使用“编辑网格”或“编辑面片”修改器后，还是需要使用此修改器对该物体表面进行贴图设置。

进入修改命令面板，在修改器列表中选择“UVW 贴图”命令，命令面板上将出现该编辑器的参数选项。

“贴图”选项组，用于设置三维模型表面贴图的参数。其下有 7 个代表贴图模式的选项，这 7 种模式对应着 7 种三维模型。分别是：平面、柱形、球形、收缩包裹、长方体、面、XYZ 到 UVW。

“XYZ 到 UVW”的意思是将物体上的 *XYZ* 坐标转换为贴图的 *UVW* 坐标。

“长度”“宽度”“高度”3 个数值选项中的数值，代表了贴图对应的尺寸。*U* 向平铺、*V* 向平铺和 *W* 向平铺的数值选项分别用于指定贴图材质的 *U* 向、*V* 向和 *W* 向的平铺值。勾选“翻转”复选框后，可以对贴图进行翻转，就像镜像复制一样。

“通道”选项组中的参数，用来设置 *UVW* 坐标的贴图通道。点选“贴图通道”后，贴图将在设置材质通道中显现。点选“顶点颜色通道”后，可设置顶点的色彩属性，同时可以指定顶点的颜色与相关的颜色通道相对应。

“对齐”选项组中的参数，用来设置贴图范围框的位置，其中 *X*、*Y*、*Z* 选项用来调整贴图的方向。

“平面”：将贴图沿平面映射到对象，适用于平面的贴图，可以保证贴图的大小、比例不变，如图 7-9 所示。

图 7-9　平面示例图

“柱形”：将贴图沿圆柱侧面映射到对象表面，适用于圆柱体的贴图，右侧“封口”选项用于控制主体两端面的贴图方式，如果不选，两端会出现扭曲撕裂的效果；如果选择，即可两端单独指定一个平面贴图。

“球形”：将贴图沿着内球体表面映射到对象表面，适用于球体或类似球体的贴图，如图 7-10 所示。

“收缩包裹”：将整个图像从上往下包裹整个对象表面，它适用于球体或不规则的贴图，优点是不产生接缝和中央裂缝。在模拟环境反射的情况下使用比较多。

“长方体”：在 6 个垂直空间平面将贴图分别映射到对象表面，适用于立方体或类似物体，常用于建筑的快速贴图。

“面”：直接为对象的每个表面进行平面贴图。

“XYZ 到 UVW”：适配 3D 程序贴图坐标到 *UVW* 贴图坐标。这个选项有助于将 3D 程序贴图锁定到对象表面。如果拉伸表面，3D 程序贴图也会被拉伸，不会造成贴图在表面的错误动画效果。

图 7-10　球形示例图

7.6 材质贴图实例

陶瓷制品是我们日常生活中所常见的一种材质，比如，陶瓷杯子、汤勺、碗、茶壶等。陶瓷的质感主要表现在光感细腻，光泽柔和。

1. 标准材质

上机实战——陶瓷材质

陶瓷碗的材质

（1） 选中模型，在“材质编辑器”里选取一个空白的材质球，点击“将材质指定给选定对象”。模型颜色就会受材质球颜色的影响。我们的示例图中给定的是白色，点击“漫反射”的颜色显示，会弹出如图 7-11 所示的窗口。

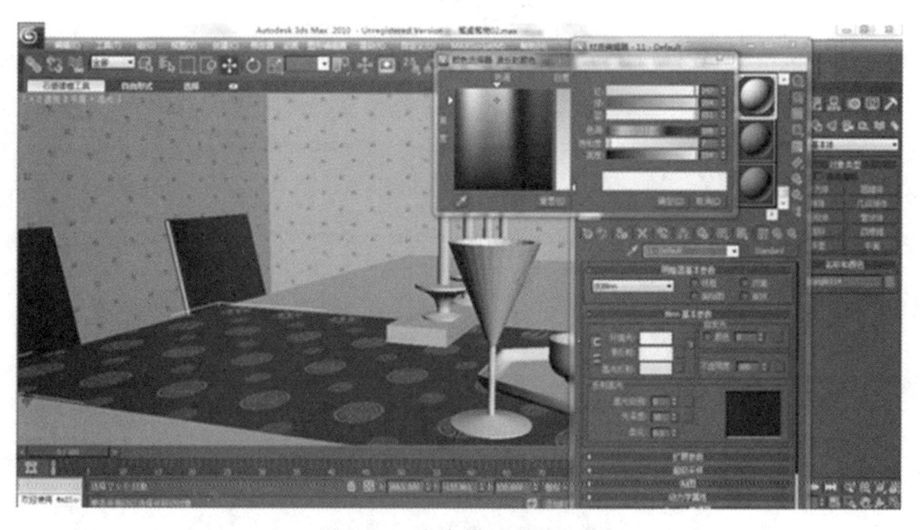

图 7-11　陶瓷材质参数调整

将白色赋予模型后的效果，如图 7-12 所示。

图 7-12　白色效果

（2） 将“明暗器基本参数”中的选项改为“（A）各向异性”。将“反射高光”中的“高光级别”设置为 120，“光泽度”设置为 70，“各异方向”设置为 50，“方向”设置为 0。我们会发现模型表面光泽度加强了，有了陶瓷的质感，如图 7-13 所示。

图 7-13　陶瓷质感

（3） 模型的光泽度还可以再加强一些，使它更有质感。双击材质球，就会弹出一个单独放大的悬浮窗口，便于观察材质的变化。渲染模型，得到模型效果如图 7-14 所示。

图 7-14　最终完成模型效果

2. 上机实战——玻璃材质

玻璃制品在我们日常生活中较为常见，种类繁多，比如透明玻璃、有色玻璃等。

（1） 选中杯子模型，打开“材质编辑器”（或者按键盘上的快捷键“M”），选取一个空白材质球，并将材质指定给选定对象。杯子的颜色就会跟随材质球的颜色变化，如图 7-15 所示。

图 7-15 将材质指定给选定对象

（2） 点击“漫反射”颜色，将其设置为接近玻璃的蓝绿颜色，将颜色纯度调到理想的位置，点开“显示背景”▩，将“Blin 基本参数”中的“不透明度”数值设置为 38（数值越小，透明度越高）。杯子就会变成带有蓝绿色的透明玻璃杯，如图 7-16 所示。

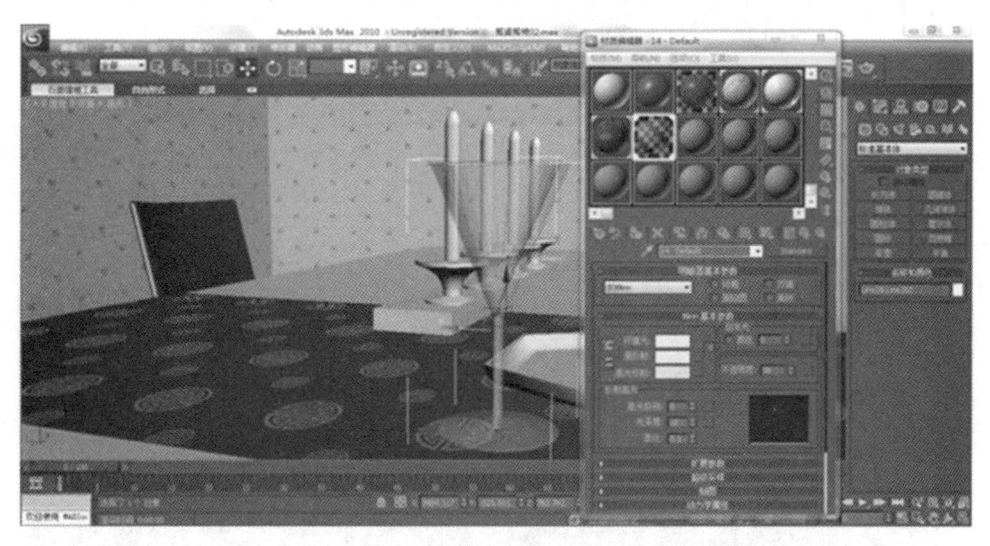

图 7-16 玻璃材质参数设置

渲染模型，得到模型效果如图 7-17 所示。

图 7-17　最终完成模型效果

3. 上机实战——木纹材质

木纹材质种类丰富多样，常用的一般有榆木木纹、红木木纹、胡桃木木纹、鸡翅木木纹、波罗哥木纹、紫檀、铁力木木纹、斑马木木纹、赤杨杉、水曲柳、黑胡桃、榉木、杉木、红影和玫瑰木等。

（1） 选中桌子模型，打开“材质编辑器”，选取一个空白材质球，并将材质指定给选定对象。打开材质库，将选好的木纹材质添加到材质球（可使用鼠标左键，将材质文件拖动到材质球上）进入“修改器列表”，选择 UVW 贴图，给桌子纹理添加一个贴图坐标（UVW 贴图），调整后使纹理看起来更加的自然，如图 7-18 所示。

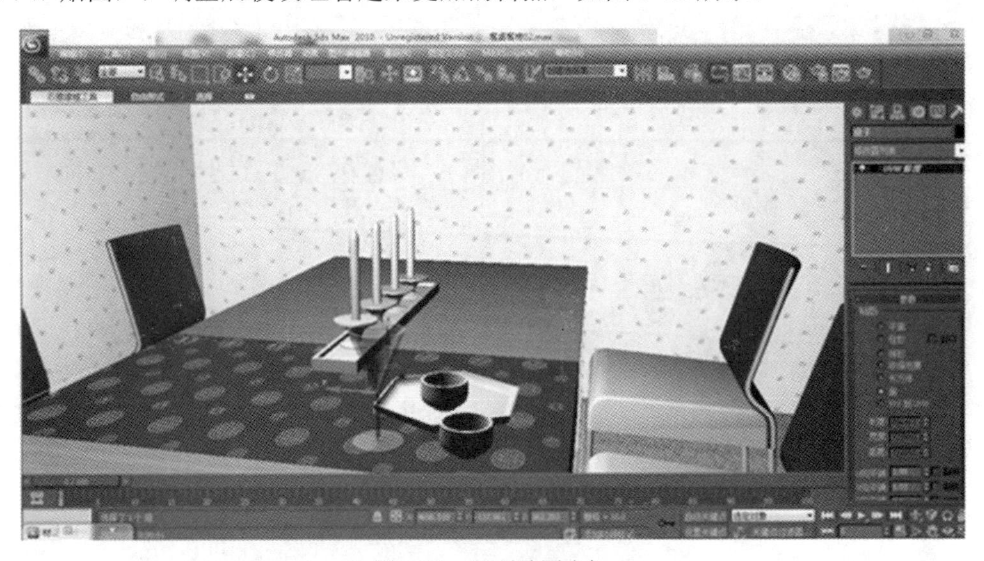

图 7-18　平面贴图坐标

（2） 调整“Blin 基本参数”中的“高光反射”给定一定的高光值，将“反射高光”中的“高光级别”，以及“光泽度”分别做调整。木纹材质的光泽较柔和，不宜调制过高的数值。渲染模型效果，如图 7-19 所示。

图 7-19　最终完成模型效果

4. 上机实战——金属材质

制作步骤

（1） 选中蜡烛台及托盘模型，进入“材质编辑器”（M），选取一个空白材质球，并将材质指定给选定对象。将“漫反射”的颜色调成金属的灰色。将“明暗器基本参数”中的选项改为“（M）金属”，将“反射高光”中的“高光级别”设置为 80，“光泽度”设置为 70（数值不固定，可根据需要进行调整）。

（2） 渲染模型。可以得到如图 7-20 所示的效果。

图 7-20　模型材质效果

（3） 虽然已经有了金属的感觉，但是为了金属的质感更加逼真，我们继续做调整。进入“贴图”中选择“反射”将其反射值设置为80，选择右面的“None”（无），在列表中选择“光线追踪”（双击）。模型的金属质感就完全出来了，可根据需要调整金属颜色及明暗，将金属材质赋予餐桌上其他模型，更容易看到效果。

渲染模型，得到如图7-21所示的效果。

图7-21 最终完成模型效果

5. 上机实战——金色餐具的效果

（1） 进入“材质编辑器”（M），选取一个空白材质球，并将材质指定给选定对象。步骤同前面金属杯子的制作。也可将金属材质球复制一个，按住鼠标左键，直接将前面调整好的金属材质球拖动到刚选择的空白材质球上。

（2） 将“漫反射”中的颜色进行调整，其中，“色调”设置为32、“饱和度”设置为177、“亮度”设置为207，即可得到如图7-22所示的效果。

图7-22 最终完成模型效果

7.7 设置渲染背景

我们在对模型进行渲染的时候，有的时候背景是黑色，有的时候背景是别的颜色，是因为我们对渲染背景进行了设置。根据模型渲染要求的不同，也相应地更换渲染背景，能更好地显现效果。

选择“菜单栏”中的“渲染（R）”|“环境（E）”，弹出相应的对话框。默认的渲染背景是黑色的。

我们将模型“独立显示”（Alt+Q）后渲染。

我们发现，有的时候黑色背景并不能显示出我们模型的质感，这个时候就要更换背景颜色。

选择“菜单栏”中的“渲染（R）”|“环境（E）”，弹出相应的对话框。将默认的渲染背景颜色改为浅灰色，再次选中，得到如图 7-23 所示效果，我们会发现材质的显示效果增强了，较之前面的图。

图 7-23　最终完成模型效果

我们会发现材质的显示效果增强了，较之前面的图。

上机实战——布料材质

布料材质表现种类非常丰富，这里做了简单的平面示意，如图 7-24 所示。

图 7-24　平面示意图

制作步骤

（1）将沙发给予布的材质。是沙发在给予布材质之前的渲染效果图。选取沙发模型，按住“Alt+Q”组合键，将沙发单独显示。进入“材质编辑器”（M），选取一个空白材质球，并将材质指定给选定对象。将布的材质文件拖动到刚才选取的空白材质球上，多模型进行渲染，观察一下没有经过调整的布的纹理。

（2） 进入“修改器”列表，给沙发一个“UVW 贴图”，如图 7-25 所示。

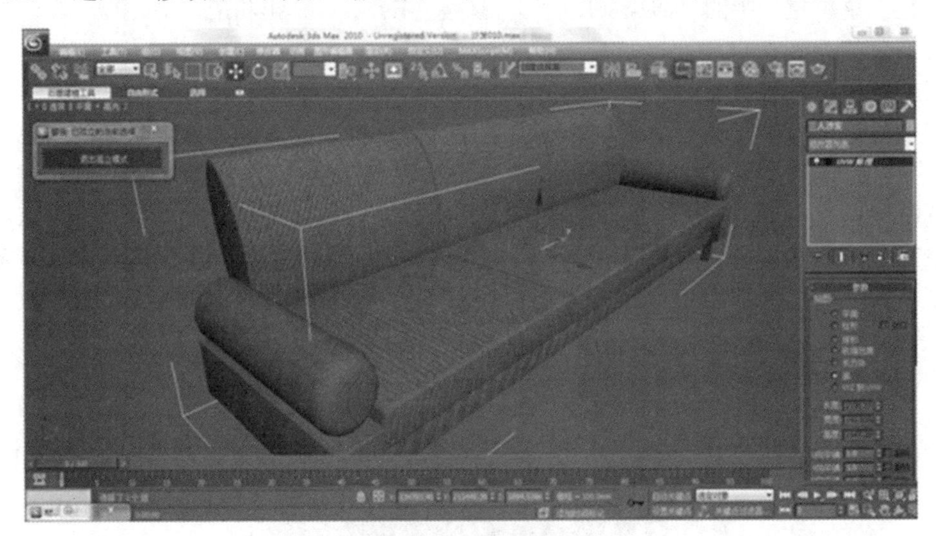

图 7-25 UVW 贴图

（3） 退出孤立显示。因为布料的材质反光很弱，所以，我们为了追求逼真效果，可以仅需进行调整。将设置好的布料材质球拖动到另一个空白材质球上，然后将后者的“明暗器基本参数”中的选项改为“Oren-Nayar-Blinn”，就会得到以下效果，如图 7-26 所示。

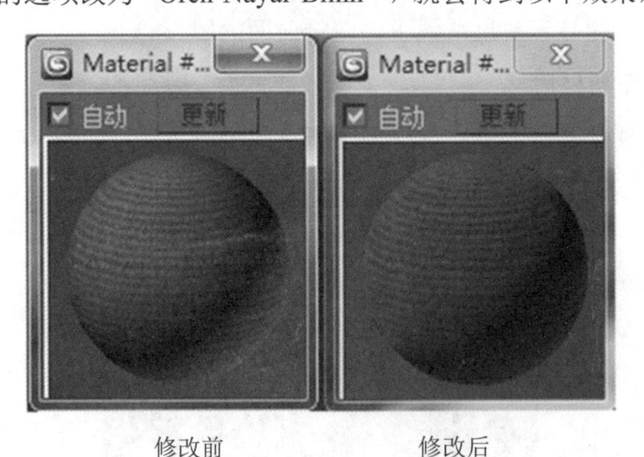

修改前　　　　修改后

图 7-26 修改前后的效果

有的时候一些特殊的布料纹理，我们希望它的纹理的凹凸感强烈一些。可以进入“贴图”，选择“凹凸”，将凹凸值进行调整，然后单击右侧的“None”（无）按钮，选择弹出列表中的“位图”，双击鼠标，按照对话框提示，找到用户需要的纹理文件。

（4）　抱枕的材质。

选取沙发模型，按住“Alt+Q”组合键，将抱枕单独显示。进入“材质编辑器”（M），选取一个空白材质球，并将材质指定给选定对象。

将布的材质文件拖动到刚才选取的空白材质球上，对模型进行渲染，然后观察一下没有经过调整的布的纹理。我们会发现贴图纹理很大，有一种比例不协调的感觉，如图 7-27 所示。

图 7-27　纹理显示效果

在“Blinn 基本参数”中，单击“漫反射”后面的“M”，进入“坐标”，将“平铺”中的“U”数值设置为 3.0，“V”数值设置为 2.7，如图 7-76 所示。得到效果如图 7-28 所示。

图 7-28　完成效果

渲染模型，得到如图 7-29 所示效果。

图 7-29　最终完成模型效果

7.8 灯光简介

灯光是模拟实际灯光（例如家庭或者办公室的灯、舞台和电影工作中的照明设备及太阳本身）的对象。不同种类的灯光对象用不同的方法投射灯光，模拟真实世界中不同种类的光源。当场景中没有灯光时，使用默认的照明着色或渲染场景。可以添加灯光从而使场景外观更逼真。照明增强了场景的清晰度和三维效果。除了可以获得常规的照明效果之外，灯光还可以用作投射图像。一旦创建了一个灯光，那么默认的照明就会被禁用。默认照明包含两个不可见的灯光：一个灯光位于场景的左上方，而另一个位于场景的右下方。

在 3ds Max 2010 的效果图制作过程中，灯光的使用是非常关键的，良好的灯光效果不仅可增强场景的真实感和生动感，使人有身临其境的感觉，而且还能减少进行建模、贴图的工作量，提高工作效率。本节主要介绍灯光的类型与设置。

3ds Max 2010 的灯光可分成两种类型：自然光和人工光。自然光用在窗外的场景中，主要是模拟太阳之类的光源；人工光通常指室内场景中由灯具提供的光源。

自然光通常是由平行光来创建的，因为平行光的光线是从一个方向射来，能很好地模拟自然光的效果。人工光通常是由泛光灯和聚光灯来创建的，因为泛光灯的光源是从一个来源向所有的方向投射光线，可以用来模拟灯泡的光源效果；而聚光灯的光源是有方向的，它可以很好地模拟射灯类型的光源。

3ds Max 2010 提供了多个不同的灯光类型，分别是以不同光线的方式投影到场景中。

1. 系统默认灯光

当场景中没有人为添加灯光时，系统会自动提供一盏默认的灯，用于对场景进行照明，使用户在创建场景模型过程中可以更好地观察场景中的物体。

当用户在场景中创建了光源时，默认的灯光系统将自动关闭；当场景中的灯光被全部删除的时候，默认的灯光系统又会自动恢复。

在 3ds Max 2010 的场景中，默认的灯光是不带有任何颜色的，也无法对其进行亮度等属性的改变，所以通常需要人为地创建与场景相匹配的灯光类型，来达到理想的效果。

2. 标准灯光

与光学度灯光不同，标准灯光不具有基于物理的强度值。

（1） 标准灯光类型及原理

3ds Max 2010 为我们提供了 8 种类型的标准灯光："目标聚光灯""自由聚光灯""目标平行光""自由平行光""泛光灯""天光""mr 区域泛光灯""mr 区域聚光灯"。这 8 种灯光都可以通过"创建"命令面板中"灯光"项目栏中的"标准灯光"创建。或者通过创建面板进行创建。

"目标聚光灯"

聚光灯像闪光灯一样投射聚焦的光束，这是在剧院中或桅灯下的聚光区。目标聚光灯使用目标对象指向摄像机。

目标聚光灯是一种有方向的光源，可以投射阴影、图案，分为光源点与投射点。这种灯光有独立的目标点，对目标点可以进行旋转、移动等操作。目标聚光灯的光照范围可以是矩形的，也可以是圆形的。

目标聚光灯有两个控制点：发射点和目标点。用户可以通过对发射点和目标点进行移动和旋转的方法，调节到最好的照射角度。

创建目标聚光灯后，会显示目标聚光灯的 6 个参数展卷栏，它们分别是：常规参数、强度/颜色/衰减、聚光灯参数、高级效果、阴影参数和阴影贴图参数。

"常规参数展卷栏"

在常规参数展卷栏中，当勾选"目标距离"前的"启用"复选框后，可以调节灯光目标点的位置；当取消该复选框后，目标聚光灯将转变成自由聚光灯，则无法调节灯光目标点的位置。

"聚光灯参数展卷栏"

单击聚光灯参数展卷栏前面的"+"号，展开该展卷栏。在该展卷栏中，主要包括了用于控制灯光的聚光区和衰减区的参数选项。

"显示光锥"：勾选此复选框，可以显示灯光的范围框。

"泛光化"：勾选此复选框，可以取消雾光灯区域的约束，使聚光灯产生泛光灯的功能，照亮整个场景。如同将一个聚光灯变成一个有目标的泛光灯，不再受光锥的限制，并且保持了聚光灯的其他功能。

"聚光区/光束"：该选项用于调节聚光灯光线的聚光区范围。

"衰减区/区域"：该选项用于调节聚光灯光线的衰减区范围。

点选展卷栏下方的“圆”单选按钮，可以使灯光光源范围框呈圆形显示。

点选“矩形”单选按钮，可以使灯光光源范围框呈矩形显示。当点选“矩形”选项后，可以激活“纵横比”选项，“纵横比”选项用于控制矩形框的长宽比例。在场景中创建目标聚光灯的具体操作如下。

单击按钮，进入创建命令面板，单击“灯光”按钮。

单击命令面板中的目标聚光灯按钮。

在前视图的上方按住鼠标左键并向下拖动，即可在释放鼠标后创建一盏目标聚光灯。

“自由聚光灯”

与目标聚光灯不同，“自由聚光灯”没有目标对象。可以移动和旋转自由聚光灯以使其指向任何方向。

“目标平行光”

目标平行光以一个方向投射平行光线，主要用于模拟太阳光。可以调整灯光的颜色和位置并在 3D 空间旋转灯光。目标平行光使用目标对象指向灯光。由于平行光线是平行的，所以平行光线呈圆形或矩形、棱柱而不是圆锥体。

“自由平行光”

与目标平行光不同，自由平行光没有目标对象、移动和旋转灯光对象以将其指向任何方向。当在日光系统中选择“标准”太阳时，使用自由平行光。

“泛光灯”

从单个光源向各个方向投射光线。泛光灯用于将“辅助照明”添加到场景中，或模拟点光源。泛光灯可以投射阴影和投影，单个投射阴影的泛光灯等同于 6 个投射阴影的聚光灯，从中心指向外侧。当设置由泛光灯投射的贴图时（该泛光灯要使用“球形”“圆柱形”“收缩包裹环境”坐标进行投射），投射贴图的方法与映射到环境中的方法相同。当使用“屏幕环境”坐标或“现实贴图通道纹理”坐标时，将以放射状投射贴图的 6 个副本。

创建泛灯光后，会显示泛灯光的 5 个展卷栏，它们分别是：“常规参数”“强度/颜色/衰减”“高级效果”“阴影参数”“阴影贴图”参数，下面将对各个展卷栏中重要的参数进行详细讲解。

“常规参数展卷栏”

当在场景中创建一盏泛光灯后，单击常规参数展卷栏前面的“+”号，可以展开该展卷栏。该展卷栏中包括了灯光和阴影的开关选项，以及如何投射阴影。

“使用全局设置”

勾选此复选框，场景中的所有投影灯都会产生阴影效果。

“排除”

用于控制灯光对哪些物体不受影响。单击该按钮，可打开“排除/包含”对话框，如图 7-30 所示。

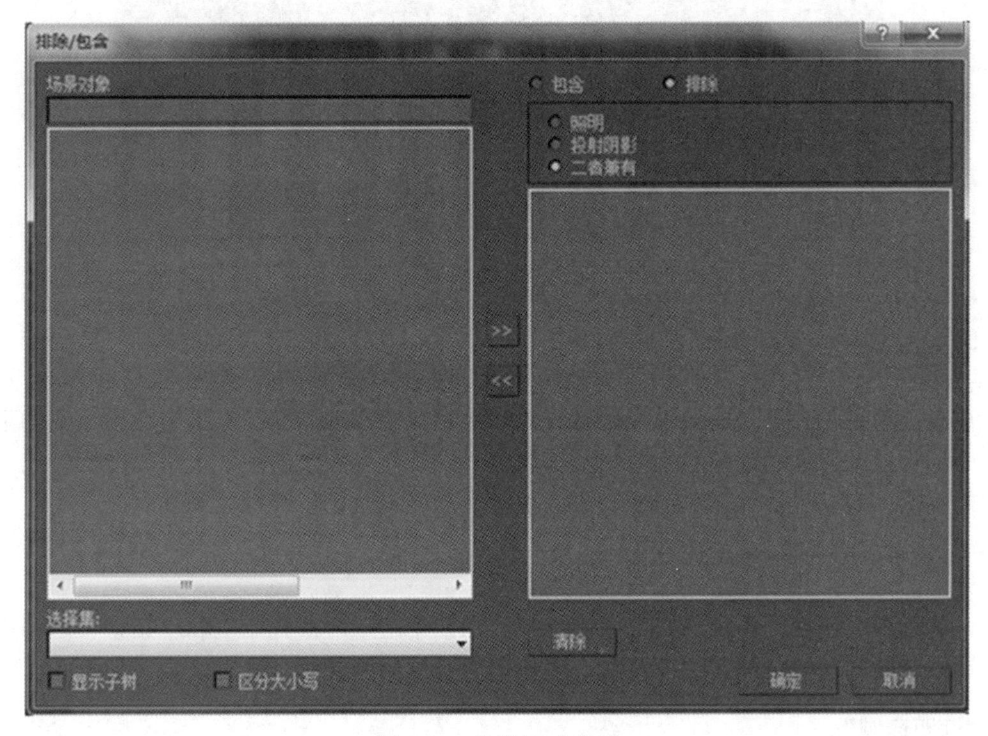

图 7-30 排除/包含设置

在左边的窗口中选择要排除的物体后，单击对话框中的向右箭头按钮，将其列入右方被排除区域中，这样灯光就不会对它们产生作用了。这个功能在制作室内效果图中是非常有效的方法，通常在某个物体的亮度不够时，就可以创建一盏泛光灯，排除对其他物体的照明。

“强度/颜色/衰减”展卷栏

单击强度/颜色/衰减展卷栏前面的“+”号，展开该展卷栏。在该展卷栏中，主要包括了用于控制灯光亮度和衰减度的参数选项。

“倍增”

该选项用于控制灯光的照明亮度，通过改变选项中的数值，可以调整灯光对场景的照明亮度。单击该选项右侧的颜色块，可以打开“颜色选择器”对话框，为灯光选择任意的色彩，如图 7-31 所示。

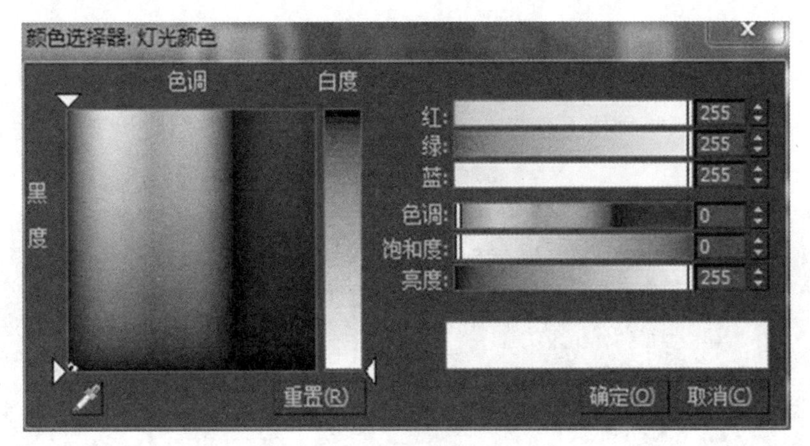

图 7-31　颜色选择

“衰退”

在该选项组中为灯光提供了类型、开始和显示三个选项。在“类型”选项右侧的下拉列表中，可以选择灯光衰减的类型；通过调节“开始”选项中的参数，可以改变灯光衰减的起始范围；勾选“显示”复选框，可以使灯光的光线范围以线框方式显示。

“近距衰减”

该选项组中包括了开始、结束、使用和显示四个选项。“开始”和“结束”选项用于控制近距衰减的起始范围和结束范围；“使用”选项用于控制灯光近距衰减的开关。

“远距衰减”

该选项组包括开始、结束、使用和显示四个选项，它们的含义与近距衰减选项组的相应选项类似。

“高级效果展卷栏”

单击高级效果展卷栏前面的“+”号，在展开的展卷栏中，包括了“对比度”“柔化漫反射边”“投影贴图”等常用选项。

“对比度”

该选项用于在灯光照射到场景时，调节物体表面的亮度。

“柔化漫反射边”

该选项用于调节漫射区与高光区之间的边沿柔化的程度。

“投影贴图”

单击“贴图”选项右侧的“无”按钮，可以在打开的“材质/贴图浏览器”对话框中，指定一个投射到目标物体上作为投影图的图像。

“阴影参数展卷栏”

单击阴影参数展卷栏前面的“+”号，展开该展卷栏。在该展卷栏中，主要包括了用于设置阴影颜色和阴影密度的参数选项。

“颜色”

单击该选项右侧的颜色块，可以打开用于设置阴影颜色的“颜色选择器”对话框。

“密度”

调节该选项中的数值可以改变阴影的色彩浓度，其数值越大，颜色越深。

“贴图”

单击选项右侧的“无”按钮，可以打开“材质/贴图浏览器”对话框，使用阴影贴图法来创建阴影效果。

“灯光影响阴影颜色”

勾选此复选框，可以开启灯光颜色对阴影的影响功能。

“阴影贴图参数展卷栏”

单击阴影贴图参数展卷栏前面的“+”号，展开该展卷栏。在该展卷栏中，包括了控制阴影的偏移、大小等参数选项。

“偏移”

调节该选项中的数值，可以改变阴影贴图的偏移量。

“大小”

调节该选项中的数值，可以改变阴影贴图的大小。

“采样范围”

选项主要用于控制生成阴影效果的质量，其数值越大，质量越好，但所需要的渲染时间也越长。

在场景中创建泛光灯的具体操作如下：

单击按钮，进入创建命令面板，单击“灯光”按钮，切换到用于创建灯光的命令面板中。

单击命令面板中的泛光灯按钮，在顶视图中单击鼠标左键，可以创建一个泛光灯。

“天光”

“天光”可以模拟日照效果。意味着与光跟踪器一起使用。可以设置天空的颜色或将其指定为贴图。将天空建模作为场景上方的圆屋顶。

当使用默认扫描线渲染器渲染时，天光最好使用光跟踪器或者光能传递。

“mr 区域泛光灯”

当使用 mental ray 渲染器渲染场景时，区域泛光灯从球体或圆柱体体积发射光线，而不是从点光源发射光线。使用默认的扫描线渲染器，区域泛光灯像其他标准的泛光灯一样发射光线。

“mr 区域聚光灯”

当使用 mental ray 渲染器渲染场景时，区域聚光灯从矩形或碟形区域发射光线，而不是从点光源发射光线。使用默认的扫描线渲染器，区域聚光灯像其他标准的聚光灯一样发射光线。区域灯光的渲染时间比点光源的渲染时间要长。

标准灯光的重要参数

“强度”

标准灯光的强度为其 HSV 值。当该值为完全强度（255）时，灯光最亮；当该值为 0 时，灯光完全消失。光度学灯光的强度由真实强度值设置，以流明、坎得拉或照度为单位。

“入射角”

3ds Max 使用从灯光对象到物体表面的一个向量和面法线来计算入射角。当入射角为 0°（也就是光源垂直曲面入射）时，曲面完全照亮。如果入射角增加，衰减有效，或如果灯光有颜色，则曲面强度减小。灯光的位置和方向与对象相关，并且是控制场景中入射角的内容。

“衰减”

对于标准灯光，默认情况下，衰减为禁用状态。要使用衰减着色或渲染场景，则对于一个或多个灯光，将其启用。标准灯光的所有类型支持衰减。在衰减开始和结束的位置可以显式设置。这只是一部分操作，因此您不必担心要在灯光对象和照明的对象之间设置严格的逼真距离。更重要的是，使用该功能可以微调衰减的效果。在室内设置中，衰减对于低强度光源（如蜡烛）非常有用。

光度学灯光始终衰减，实际上使用平方反比衰减（如果是 IES 太阳光，则其强度较大会使其衰减不明显）。

“反射光和环境光”

使用默认的渲染器进行渲染，并且标准灯光不计算场景中对象反射的灯光效果。因此，使用标准灯光照明场景通常要求添加比实际需要更多的灯光效果。但是，可以使用“光能传递”来显示反射灯光的效果。当不使用光能传递解决方案时，可以使用“渲染”下“环境”窗口进行调整环境光的颜色和强度，环境光影响对比度。环境光的强度越高，场景中的对比度越低。环境光的颜色为场景染色。有时，环境光是从场景中其他对象获取其颜色的反射光。但在多数情况下，环境光的颜色应该是由场景主光源的颜色组成。

3. 光度学灯光

光度学灯光使用光度学（光能）值可以更精确地定义灯光，如同在真实世界。用户可以为他们设置分布、强度、色温和其他真实世界灯光的特性。也可以导入照明制造商的特定光学度文件以便设计基于商用灯光的照明。

光度学灯光类型以及原理

3ds Max 2010 为我们提供了 10 种类型的标准灯光："目标点光源""自由点光源""目标线光源""自由线光源""目标区域光源""自由区域光源""IES 太阳光""RES 天光""mr Sky""mr Sun"。这 10 种灯管都可通过"创建"命令面板中的"灯光"项目栏中的"光度学"创建，或者通过创建面板进行创建。

"目标点光源"

目标点光源和标准的泛光灯一样从几何体点发射光线，可以设置灯光分布。此灯光有三种类型的分布，对以相应的图标，使用目标对象指向灯光。

"自由点光源"

自由点光源和标准的泛光灯一样从几何体点发射光线，可以设置灯光分布。此灯光有 3 种类型的分布，对以相应的图标，自由点灯光没有目标对象。可以使用变换以指向灯光。

"目标线光源"

目标线光源从直线发射光线，和荧光灯管一样，可以设置灯光分布。此灯光有两种类型的分布，并对以相应的图标。目标线性光使用目标对象指向灯光。当添加"目标线性光"时，软件将自动为其指定注视控制器，灯光目标对象指定为"注视"目标。用户可以使用"运动"面板上的控制器设置"注视目标"，将场景中的任何其他对象指定为"注视"目标。

"自由线光源"

自由线光源从直线发射光线，和荧光灯管一样，用户可以设置灯光分布，此灯光有两种类型的分布，并对以相应的图标。自由线灯光没有目标对象，可以使用变换以指向灯光。

"目标区域灯光"

灯光和天光一样从区域发射光线。可以设置灯光分布，此灯光有两种类型的分布，并对以相应的图标。目标区域灯光使用目标对象指向灯光。当添加"目标区域灯光"时，软件将为该灯光自动指定注视控制器，灯光目标对象指定为"注视"目标。同样可以使用"运动"面板上的控制器设置"注视目标"，将场景中任何其他对象指定为"注视"目标。

"自由区域灯光"

灯光从矩形区域发射光线，和天光一样。可以通过设置灯光分布，此灯光有两种类型的分布，并对以相应的图标。自由区域灯光没有目标对象，可以使用变换以指向灯光。

“IES 太阳光”

模拟太阳光的基于物理的灯光对象。当与日光系统配合使用时，将根据地理位置、时间和日期自动设置 IES 太阳的值。

“RES 天光”

是基于物理的灯光对象，该对象模拟天光的大气效果。

“mr Sky”“mr Sun”

主要在 Mental ray 太阳和天空组合中使用。本主体主要提供特定于该组建的参数信息。许多 mr 天空参数对所有三种太阳和天空成分是相同的。Mental ray 太阳和天空解决方案专为启用物理模拟日光和精确渲染日光场景而设计。在 3ds Max 中，可以通过同时使用两种特殊的光度学灯管及一个环境明暗器来实现次目的。

光度学灯光——光域网

光域网可以模拟真实光源发布的光线形态，可以很好地调整出灯光的光照效果。

光域网是一个光源灯光强度分布的 3D 表示。平行光分布信息以 IES 格式（使用 IES LM-63-1991 标准文件格式）存储在光度学数据文件中，而对于光度学数据采用 LTLI 或 CIBSE 格式。可以将各个制造商提供的光度学数据文件加载为 Web 参数，灯光图标表示所选择的光域网，要描述一个光源发射的灯光的方向分布。3ds Max 通过在光度学中心放置一个点光源近似该光源，根据此相似性，分布只以传出方向的函数为特征，提供与水平或垂直角度预设的光源的发光强度，而且该系统可按插值沿着任何方向计算发光强度。

分布选项用于控制灯光的分布方式，在选项右方的下拉列表中，包含了漫射区和 Web 两个选项。当选择 Web 选项时，在命令面板中会增加一项用于设置光域网文件的 Web 参数展卷栏。单击 Web 文件（光域网文件）右侧的“无”按钮，打开“打开光域网”对话框，在该对话框中可以对存在的光域网文件进行选择。选择一种与场景匹配的光域网文件，能够模拟真实的灯光效果。在场景中创建光域网的具体操作如下。

在前视图的上方按住鼠标左键不放，向下拖动鼠标后释放鼠标，即可创建一个目标线光源。

展开强度/颜色/分布展卷栏，在“分布”选项右方的下拉列表中选择“Web”选项。

在展开的光域网参数展卷栏中单击 Web 文件（光域网文件）按钮，打开“打开光域网”对话框，选择一个光域网文件并单击“打开”按钮，即可将选择的光域网文件指定给目标线光源对象。

相机与摄影机

摄影机分为目标摄影机和自由摄影机两种。目标摄影机多用于场景视角的固定拍摄，而自由摄影机主要用于摄影机的轨迹动画拍摄。

单击创建命令模板下的相机，在“对象”卷展栏中选择目标相机（在 3ds Max 中，相机有目标相机和自由相机两种。其中目标相机有两个控制项：一是摄像点，它表示相机的位置或者人的眼睛位置；另外一个是相机的目标点。它表示相机的观察点或者人的视点的位置。改变两项中任何一项的位置，都会影响视野中的图像。自由相机只有一个控制项——摄像点，它表示相机的位置或者人的眼睛的位置，但一般不用），效果图的取景通常采用两种透视方式：一种是一点透视，即使画面向左（或向右）稍微旋转一点儿，这也是设计师常用的透视方式；另一种是两点透视，通常用来表现室内的一角。

在室内透视中，视点的高度一般以成年人的身高为准，视距可以不受限制，可将摄影机设置在屋外，只需将靠近摄影机的一面墙删除或隐藏，使房间呈半开放状态即可。

目标摄影机包括两个展卷栏：参数展卷栏和景深参数展卷栏。

“参数”展卷栏

在“参数”展卷栏中，主要包括用于控制摄影机镜头的聚焦和环境取景范围等参数选项。

在“参数”展卷栏中，通过调节“镜头”选项中的数值，可以改变摄影机的镜头范围；用户也可以单击“备用镜头”选项组下方的按钮，选择系统提供的镜头值，镜头值的单位为毫米。

“视野”

选项同样是用于控制摄影机的镜头范围，单位是度。

勾选“显示圆锥体”复选框，系统将显示摄影机所能拍摄的锥形视野范围框；勾选“显示地平线”复选框，系统将显示场景中的地平线，以供摄像时作为判断依据。

在“环境范围”选项组中，勾选“显示”复选框，可以显示大气效果的范围框，其中“近距范围”和“远距范围”选项用于调节大气效果的范围。

“剪切平面”选项组

用于设定摄影机的剪辑范围，通过设置摄影机的近剪辑和远剪辑，可以选拍物体的内部。“多过程效果”选项组，主要用于控制摄影机的景深模糊特效。

“景深参数”展卷栏

在“景深参数”展卷栏中，包括了四类选项组。

“焦点深度”选项组用于控制摄影机焦点的远近位置。

“采样”选项组用于观察渲染景深特效时的采样情况。

“过程混合”选项组用于控制模糊抖动的数量和大小。

“扫描线渲染参数”选项组用于选择渲染时扫描的方式。

目标摄影机的前面有一个很容易控制的目标点，在摄影机不能移动、而又需要改变场景的预览角度的情况下很有用，用户只需要拖动摄影机的目标点，就可以改变场景的预览角度。

目标摄影机

在场景中创建目标摄影机的具体操作如下。

运行 3ds Max 2010，打开一个 3ds Max 2010 模型文件，如图 7-32 所示。

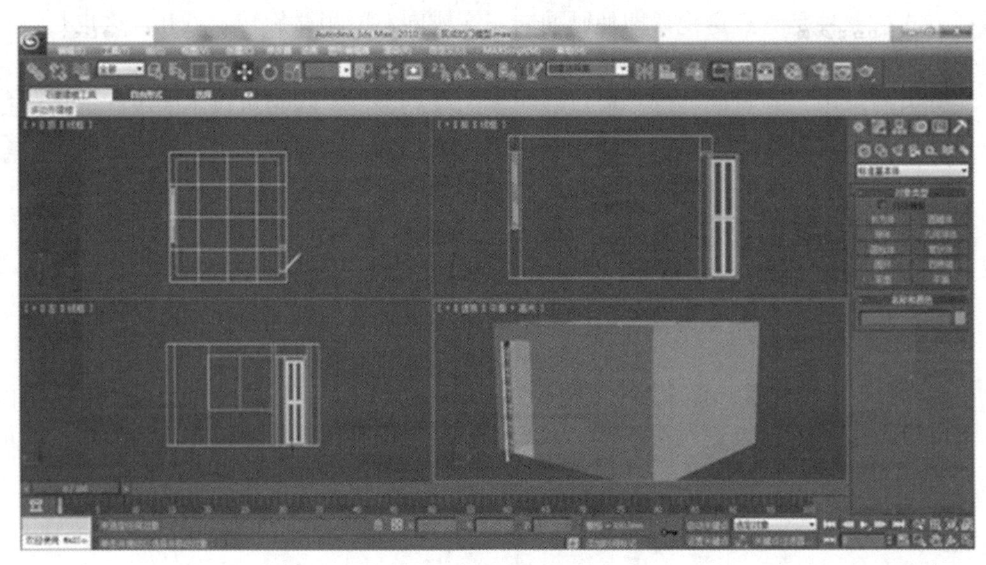

图 7-32　打开模型文件

进入创建命令面板，进入“摄像机”选项卡，然后单击命令面板中的“目标”按钮。

在“顶视图”中按住鼠标左键并拖动鼠标，确定摄影机的摄像点和目标点后松开鼠标，创建一架目标摄影机，如图 7-33 所示。

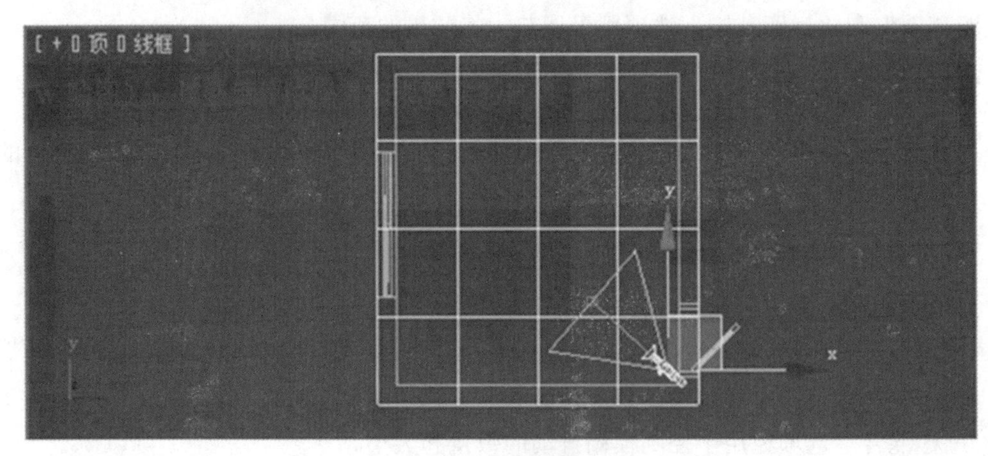

图 7-33　创建摄影机

选择镜头并调整位置

选择修改命令面板，展开“参数”展卷栏，在“备用镜头”选项组中选择合适的镜头数值。

选择透视图并按“C”键，将透视图转换成 Camera（摄影机）视图；将目标摄影机向上移动，调整好摄影机的位置即可。

自由摄影机

自由摄影机就像现实中的摄影机，多用于游走拍摄基于路径的动画。但在制作静态效果图时，一般都采用目标摄影机。

当需要沿着一个弯曲路径对摄影机进行平移时，若移动的是目标摄影机，则必须同时移动摄影机及其目标点，这样会显得比较麻烦。如果这时采用自由摄影机来代替目标摄影机，用户便可以轻松自由地将摄影机移动了，因为自由摄影机没有单独的目标点，所以能将提供的预览区域直接呈现在相机面前。

自由摄影机所包含的控制参数与目标摄影机相同，这里就不再赘述了。

摄影机视图工具

创建摄影机以后，选择一个视图，按下“C”键，可以将该视图转换为摄影机视图，同时视图工具栏上的按钮也会随之转换成摄影机所专用的视图工具按钮。

“推拉摄影机”：用前后移动摄影机的方式来调整拍摄范围。

“平移视图”：同时移动目标点以及摄影机来调整拍摄范围。

“透视”：改变目标物体与镜头之间的距离，同时改变 FOV 的数值，但是它不会改变摄影机目标点的位置。

“侧滚摄影机”：沿着垂直于视平面的方向旋转摄影机的角度。

“视野”：用于改变摄影机视野范围。

“环游摄影机”：保持目标物不变，转动摄影机来调整拍摄范围。配合“Shift”键可以锁定在单方向上的旋转。

“所有视图最大化显示”：将四视图中的模型，以最大化进行显示。

“最大视口切换”：同“W”键的功能一样。使视口最大化显示。

在制作 3ds Max 2010 的效果图过程中，灯光和摄影机的使用都是非常关键的，良好的灯光效果可以增加场景的真实感。本章介绍了灯光的设置，包括系统默认灯光、常用灯光类型、光度学灯光类型；运动摄影机，包括目标摄影机、自由摄影机、摄影机视图工具等内容。

本 章 小 结

材质的编辑效果图是设计物体的一个极其重要的环节。本章主要介绍了材质的构成、材质样本球、材质参数控制区；并带领大家认识了材质贴图，以及学习了贴图坐标的运用。用户可以通过材质的编辑使物体表面的质感达到理想的状态，在制作 3ds Max 2010 的效果图过程中，灯光和摄影机的使用都是非常关键的，良好的灯光效果可以增加场景的真实感。本章还介绍了灯光的设置，包括系统默认灯光、常用灯光类型、光度学灯光类型；运动摄影机，包括目标摄影机、自由摄影机、摄影机视图工具等内容，为今后的学习奠定了良好的基础。

本章习题

1. 填空题

（1）3ds Max 2010 材质颜色的构成有 4 种：________________、__________________、__________________和 ____________________。

（2） 在材质编辑器的“贴图”展卷栏中选中某个贴图通道后，单击后面的________按钮，打开相应的对话框，可以选择各种需要的贴图类型。

2. 选择题

（1） 在材质编辑器的参数控制区中，包含了（　　）个展卷栏项目。

A．7　　B．9

C．10　　D．12

（2） “位图参数”展卷栏用于定义相关的贴图文件，也可以控制贴图应用的（　　）大小。

A．图片　　B．长度

C．密度　　D．坐标

3. 问答题

（1） 材质的构成是用于描述材质视觉上和光学上的属性，主要包括哪几部分？

（2） 如何将材质编辑器中的 24 个材质样本球全部显示出来？

第8章

VRay渲染器

本章主要介绍VRay渲染器关键参数和主要功能。通过本章的学习，要掌握VRay渲染器的全局光照的特点与工作流程，并掌握常用的玻璃、不锈钢等材质的设定思路和方法。

学习目标

1. 了解VRay渲染器的基本知识。
2. 掌握VRay渲染器参数的调整。
3. 掌握VRay材质参数的调整。
4. 掌握VRay灯光及阴影的相关知识。

8.1 关于 VRay 渲染器

近年来，计算机硬件的迅猛发展，软件技术的飞速升级使得高级渲染器不断涌现，将全局光（简称 Gl）渲染技术提高到了一个新的水平。如 VRay、Brazil、FinalRender、Mental ray 等都是三维软件中常用的 Gl 渲染器，可用于建筑效果图、静帧及影视制作。

VRay 渲染器是著名的 Chaos Group 公司新开发的产品。主要用于室内设计、建筑设计、工业产品设计等的渲染。并且它能产生一些特殊的效果，如次表面散射、光影追踪、焦散、全局照明等。

VRay 以其真实的光线能创造出专业的照片级效果，其特点是渲染速度快。目前很多制作公司使用它来制作建筑动画和效果图，就是看中了它速度快的优点。VRay 渲染器有"焦散之王"的称号，在焦散方面的效果是所有渲染器中最好的。其天光和反射的效果也非常好，真实度几乎达到了相片的级别。VRay 渲染器的另一大特色是参数设置简洁明了，没有过多的分类，而且品质和速度有明显的提高，兼容性也比较优秀，支持 max 自身大部分的材质类型及几乎所有类型的灯光。它也有自带的灯光和材质，而且可以提高速度和质量，这能使初学者快速入门。

1. 主要功能

VRay 光影追踪渲染器有 Basic Package 和 Advanced Package 两种包装形式。Basic Package 具有完善的功能，其价格也比较低，适合学生和业余艺术家使用。Advanced Package 有几种特殊功能，适用于专业人员。Basic Package 的软件包提供的功能有：真正的光影追踪反射和折射；平滑的反射和折射；半透明材质，用于创建石蜡，大理石，磨砂玻璃；面阴影（柔和阴影），包括方体和球体发射器。

间接照明系统（全局照明系统），可采取直接光照和光照贴图（HDRl）；运动模糊。包括类蒙特卡洛采样方法，摄像机景深效果，抗锯齿功能（包括固定，自适应细分和自适应蒙特卡洛等采样方法），散焦功能，G-缓冲（RGBA，material/object ID，Z-buffer，velocity etc.）。

2. 直接光照和间接光照

3ds Max 提供了多种灯光类型来模拟真实世界的光源，但是这些灯光只能解决光源的直接照明。而真实世界中正是因为有了光线的反射和折射等现象，使得自然界的光线变化十分丰富，呈现出来的景象也变化万千。为了能够更好地去模拟现实的世界，很多软件和插件都融合了间接照明这一优秀功能。

VRay 采用两种方法进行全局照明计算，即直接照明计算和光照贴图。直接照明计算是一种简单的计算方式，它对所有用于全局照明的光线进行追踪计算，它能产生最准确的照明结果，但是需要花费较长的渲染时间。VRay 中的间接照明主要通过计算 Gl 采样来完成。在渲染过程中，当 VRay 需要某个特殊的 Gl 采样时，它通过插补最近的储存在光照贴图中预先计算的 Gl 采样来计算。一旦计算完毕，光照贴图就可以保存到文件，以备后续渲染之用，对于动画的制作是非常有用的。

3. VRay 工作方式

安装好 VRay 后，要采用 VRay 作为渲染器，首先要在 3ds Max 的“渲染场景”对话框中的“指定渲染器”卷展栏中将它调出来。

完成后，便进入了 VRay 的工作环境，可以使用 VRay 自带的“材质”“灯光”“渲染”系统来进行全局光模拟和计算。

在渲染时，可以先用较小的渲染尺寸来生成“光照贴图”，然后通过读取“光照贴图”中的“Gl 采样”来完成最终的渲染。这样做可以在工作时节省大量的时间。

8.2 VRay 关键参数详解

VRay 安装完成后，我们可以在以下几个位置找到它的功能命令，如图 8-1 所示。

1. 灯光建立面板

点击“创建”面板下的“灯光”命令，在下拉菜单中选择“VRay”，之后通过对面板中各参数的修改与调整来完成使用任务。

2. 渲染场景对话框

点击工具栏中的“渲染场景”对话框中的“命令”按钮，打开“指定渲染器”卷展栏。将默认的“扫描线渲染器”，替换成“V-Ray Adv 2.10.01”，便可以打开 Vray 的工作面板，如图 8-2 所示。

图 8-1　VRay 对象类型

图 8-2　选择 Vray 渲染器

3. 材质/贴图浏览器

按下“M”键，或者点击工具栏中的“材质编辑器”命令，打开“材质编辑器”对话框。选择一个材质球，将“标准材质”替换为“VrayMtl”，点击”获取材质”命令，如图8-3所示。

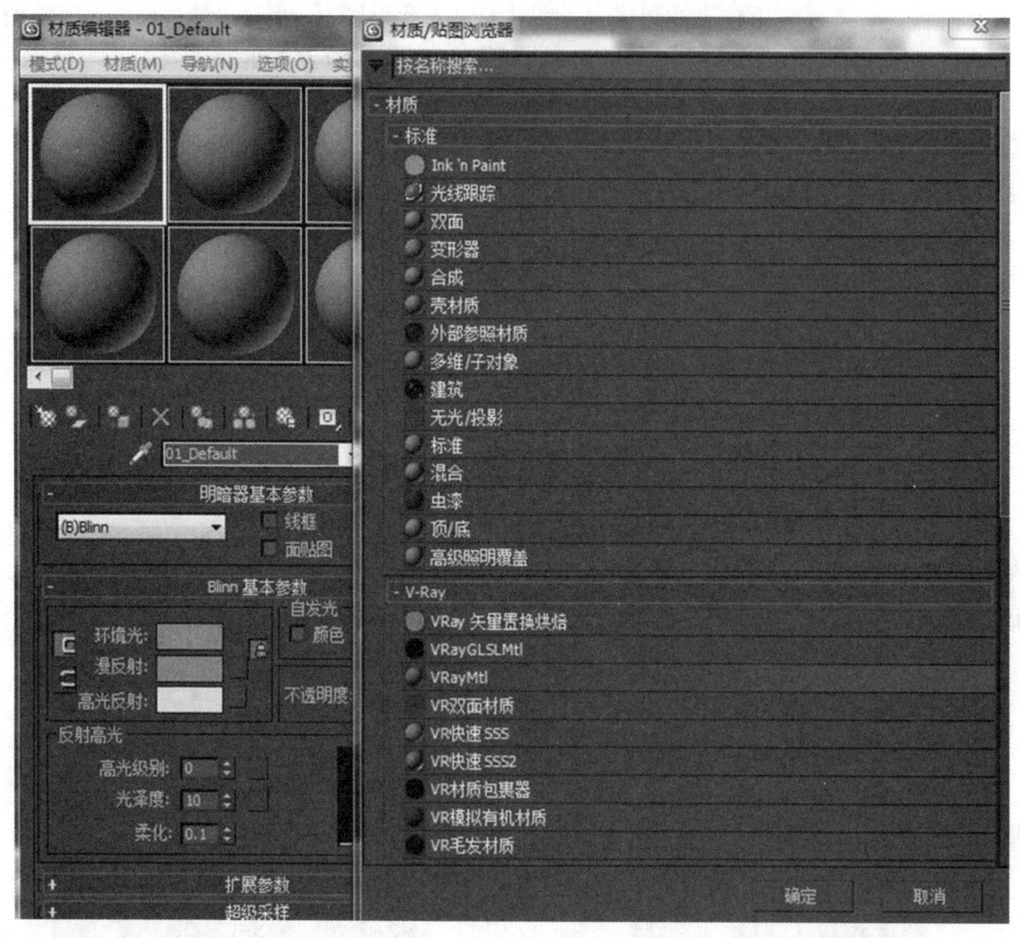

图 8-3　替换材质编辑器

“VrayMtl”界面如图8-4所示。

图 8-4　“VrayMtl”界面

8.3 VRay 材质

VRay 渲染器提供了一种特殊的材质——“VrayMtl”。在场景中使用该材质能够获得更加准确的物理照明（光能分布）、更快的渲染，反射和折射参数调节更方便。

1. VRay 标准材质的基础参数

使用“VrayMtl”，可以应用不同的纹理贴图，控制其反射和折射，增加凹凸贴图和置换贴图，强制直接全局照明计算。图 8-5 所示就是“VrayMtl”材质的“基本参数”卷展栏。

图 8-5　VRay 标准材质的基础参数

“漫反射”：就是物体的表面，可以是固有色或纹理贴图。

“反射”：漫反射颜色的倍增器，颜色越亮反射效果越强。

“光泽度”：该值控制该材质的光泽度，当该值为 0.0 时表示特别模糊的反射；当该值为 1.0 时将关闭材质的光泽（VRay 将产生一种特别尖锐的反射）。

“细分”：控制反射的模糊程度（VRay 不会发出任何用于估计光滑度的光线）。

“使用插值”：可选项，效果在于柔化粗糙的反射效果，可以提高渲染速度，但同时也降低了图像质量。在表现反射模糊的时候很有用（反射模糊是物体反射过程中产生反射而深度衰减的结果）。

“菲涅耳折射率”：用来表现由于观察角度不同所看到的镜面反射效果，例如玻璃或其他一些物质的这种自然特性反射。

“最大深度”：贴图的最大光线发射深度，数值代表可进行反射的次数。

“退出颜色”：表示物体在表面颜色下反射所溢出颜色以该色为主，该颜色随着反射强度而增强。

“折射”：折射倍增器。

“细分”：控制发射的光线数量来估计光滑面的折射。当该材质的 Glossiness（光泽度）值为 1.0 时，本选项无效（VRay 不会发出任何用于估计光滑度的光线）。

“折射率”：该值决定材质的折射率。假如选择了合适的值，就可以制造出类似于水、钻石和玻璃的折射效果。

“最大深度”：贴图的最大光线发射深度。大于该值时贴图将反射回黑色。

“烟雾颜色”：是透明物体内部含有的颜色，默认为白色，雾的颜色将维持在其颜色亮度最高值的混合色上。配合倍增强度参数使用，可以调整到其他颜色。

“烟雾倍增”：调节雾的强度，取值范围为 0～100，可以控制雾的亮度。

“影响阴影”：打开后可使物体产生透明阴影。

“影响 Alpha”：打开后可以将透明处渲染输出为 alpha 通道格式的图像，让后期合成制作更加方便。

“半透明”：当此选项被勾选时，透明物体将含有半透明属性，光线在物体表面下折射的情况受烟雾的亮度大小影响，从而产生有渗透性的折射。

“散布系数”：控制光线在表面下散射的程度，取值范围为 0～1。当该值为 0 时表面下的光线都产生散射；当值为 1 时表面下的光线将沿最初的入射方向穿过物体。

“前/后驱系数”：控制光线散射的方向，取值范围为 0～1。当该值为 0 时全部向后；当该值为 0.5 时前后方向平均，当该值为 1 时全部向前。

“厚度”：也就是物体表面下渗透受光的厚度大小。

“灯光倍增”：调节表面下光线强度。

2. VR 灯光材质的基本参数

“VR 灯光材质”是将物体转化为光源的材质，物体自身发光并且照亮一定范围，可以模拟真实的物体发光效果。

“颜色”：用来设定灯光颜色。

“倍增”：控制发光强度。

“双面”：默认为非勾选状态，被勾选以后可让物体内外双面发光。

“结构贴图”：可以利用贴图纹理色发光。

8.4 VRay 灯光和阴影

VRay 灯光和阴影营造了较为真实的光源及投影效果，很好地提升了模型效果场景的仿真度，是比较重要的环节。

1. VrayLight 的基本参数

鼠标点击“创建”命令，选择“灯光”命令，在下拉菜单中选择“VRay 灯光”并在场景中创建一盏 VRay 灯光。

“开”：打开或关闭 VRay 灯光。

“颜色”：光源发出的光线的颜色。

“倍增器”：光源强度。

“双面”：当 VRay 灯光为平面光源时，该选项控制光线是否从平面光源的两个面发射出来（当选择球面光源时，该选项无效）。

“不可见”：该设定控制 VRay 光源体的形状是否在最终渲染场景中显示出来。

“忽略灯光法线”：当一个被追踪的光线照射到光源上时，该选项控制 VRay 计算发光的方法。对于模拟真实世界的光线，该选项应当关闭。但是当该选项打开时，渲染结果更加平滑。

“不衰减”：当该选项选中时，VRay 所产生的光将不会随距离而衰减。

“天光入口”：可利用 VR 灯光作为天光光源，即类似窗口效果。

“储存发光贴图”：当该选项选中时并且全局照明设定为发光贴图时，VRay 将再次计算 VR 灯光的效果并且将其存储到光照贴图中。其结果是光照贴图的计算变得更慢，但是渲染时间会减少。还可以将光照贴图保存下来稍后再次使用。

“细分”：控制光子发散数量，值越大光照越细腻，阴影过度越柔和。

“阴影偏移”：决定阴影偏移的距离长短。

2. VRayHDRI 照明

“HDRl”图形文件是高清晰全景漫游数据图像，含有原始的曝光数据，通常用作环境渲染，能还原当时环境下的光线。“HDRl Map”能读取这种文件，并用来照明场景。新建“VrayMtl”材质，赋予“VRayHDRl”贴图到”漫射贴图通道”。

“倍增器”：用来调节光线强度。

“水平旋转”“水平镜像”“垂直旋转”“垂直镜像”用来调整贴图的状态。

“成角贴图”“立方环境贴图”“球状环境贴图”“球体反射”“外部贴图通道”用来调整贴图坐标。

8.5 VRay 渲染面板关键参数详解

对 VRay 渲染面板关键参数的详细讲解，有利于读者在进行操作的时候，能够快速掌握其含义及运用方式。

1. VRay 渲染面板

VRay 渲染器的渲染参数控制栏通用设置比较简单，而且有多种默认设置提供选择，支持多通道输出，颜色控制及曝光效果。

“授权”：授权使用人。

“关于 VRay”：显示当前版本及官方链接。

“帧缓冲区”：预览和调整渲染结果。

“全局开关”：控制和调整渲染总体环境设定。

“图像采样”：图像采样参数选项和使用调和阴影来使图像线条的锯齿边平滑的过程选项。

“间接照明（Gl）”：启用 Gl 全局光照，计算光子在物体间的反弹。

“发光贴图”：记录和调用 Gl 计算后的结果数据来渲染图像。

“准蒙特卡洛全局光”：一种 Gl 计算标准。

“散焦”：计算光反弹/折射后的光汇集状况。

“环境”：启用环境（天光）光源和反射/折射环境源。

“rQMC 采样器”：类蒙特卡洛计算标准的采样设定。

“颜色映射”：渲染通道和色彩饱和的选项设定。

“摄像机”：对摄像机的控制。

“默认置换”：默认置换的参数设置。

“系统”：系统控制参数及打开信息提示。

2. 关键渲染参数详解

打开“全局开关”卷展栏

“几何体”：是否有置换。

“灯光”：是否有灯光；是否 Max 默认灯光；是否隐藏灯光；是否有阴影；是否只显示全局光。

“间接照明”：是否不渲染最终的图像。

“材质”：是否打开反射/折射；最大深度设定；是否有贴图；是否过滤贴图；最大透明级别；透明中止阈值；是否使用覆盖场景的材质；是否使用光滑效果（反射/折射模糊）。

“光线跟踪”：二次光线反弹偏移值。

打开“图像采样”卷展栏

VRay 提供以下 3 种图像采样计算模式。

“固定”：这是最简单的采样方法，它对每个像素采用固定的几个采样。

“自适应准蒙特卡洛”：一种简单的较高级采样，图像中的像素首先采样较少的采样数目，然后对某些像素进行高级采样以提高图像质量。

“自适应细分”：这是一种（在每个像素内使用少于一个采样数的）高级采样器。它是 VRay 中最值得使用的采样器。一般来说，相对于其他采样器，它能够以较少的采样（花费较少的时间）来获得相同质量的图像。

打开“间接照明”卷展栏

“开”：开启间接照明控制菜单，这样就可以进行光子反弹计算了。

在“全局光散焦”里有“反射”和“折射”两个控制选项。功能分别是：计算由物体表面反射的光子情况；计算从物体内部折射出的光子情况。

“后处理”：可对最终输出图像的色彩进行简单处理。

“饱和度”：控制色彩的饱和。

“对比度”：控制色彩反差亮度。

“基本对比度”：设定对比度增量基础值。当上面的对比度标准值增大时，基础值决定了没有发生变化的数值底线。

“首次反弹”和“二次反弹”：是计算 Gl 全局照明的两个级别。首次反弹主要计算明暗之间的反弹情况，二次反弹主要计算不同色彩间的反弹情况。

“倍增器”：决定照明强度。

“全局光引擎”：反弹计算模式的选择，提供了四种选项——光子贴图、准蒙特卡洛算法、光线缓冲和无。

打开“发光贴图”卷展栏

内建预置如图 8-6 所示。

图 8-6　发光贴图卷展栏

当前预置里列出了系统为适合不同需要所建立的设置，其中选择“自定义”可以自己更改下面的参数。

基本参数如图 8-7 所示。

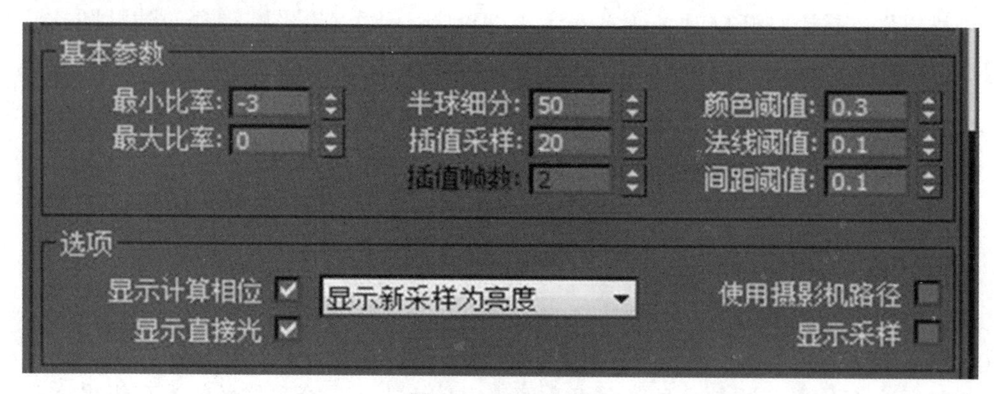

图 8-7　基本参数

“最小比率”：决定第一次反弹的 Gl 传递分析量，例如值为-1，就表示分析一半的传递。

“最大比率”：决定最后反弹的 Gl 传递分析量。

“颜色阈值”：控制计算间接照明过程的灵敏度。数值越小越灵敏，图像质量也越高。

“法线阈值”：控制计算表面发线和表面细节过程的灵敏度。

“间距阈值”：控制计算物体间距离的灵敏度。数值越大，则寄予适当位置的采样也就更多。

“半球细分”：控制个别 Gl 的品质。低数值会使画面产生污点，高数值会产生平滑的画面。

“插值采样”：控制间接照明的 Gl 取样数目。

“显示计算相位”：开启后将在渲染期间显示现阶段的计算过程。

“显示直接光”：开启后将在渲染期间显示直接照明的扩散情况。

“显示采样”：开启后可以看见点状的采样过程。

高级选项如图 8-8 所示。

图 8-8　高级选项设置

这里一般采用默认的插补类型和采样查找选项以获得最好的效果。

“多过程”：开启后将在每次传递过程中计算全部的发光贴图采样；不开启将单独计算每个采样的传递。

“随机采样”：开启后将随机进行发光贴图的采样。不开启时，会遵循网格排列顺序进行采样。

“检查采样可见度”：检查哪些采样才是可见的，以防止漏光。

“计算传递插值采样”：其数值表示有多少已经计算过的采样在支配采样。

这里提供了光照贴图的保存模式，可根据制作的需要来选择相应的模式。

“单帧”：计算完整图像的发光贴图。

“多帧增加”：主要用于计算只有摄像机移动的动画——穿行动画。

“从文件”：读取保存好的发光贴图文件来实施渲染。可以载入保存好的发光贴图文件。

“添加到当前贴图”：将计算添加到当前内存中的发光贴图。主要用于计算把静止场景渲染到不同的视图。

“增量添加到当前贴图”：用于计算穿行动画。

“块模式”：逐个计算每个区域的发光贴图。

渲染后如图 8-9 所示。

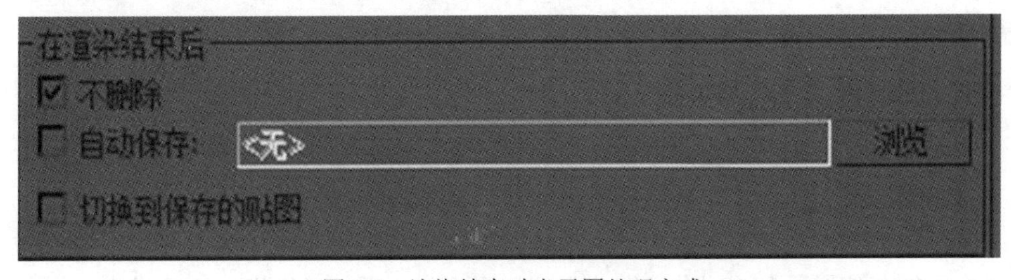

图 8-9　渲染结束时光子图处理方式

“不删除”：保持渲染结束后内存中计算的发光贴图结果，否则在下次渲染前清除内存。

“自动保存”：自动在渲染结束后将发光贴图结果保存到文件。

“切换到保存的贴图”：保存结束后切换到上面来自文件读取的发光贴图文件。

打开“准蒙特卡洛全局光”卷展栏如图 8-10 所示。

图 8-10 “准蒙特卡洛全局光”卷展栏

“细分”：计算近似 Gl 的采样数。

打开“焦散”卷展栏

作为一种先进的渲染系统 VRay 支持散焦特效的渲染。为了产生这种效果，场景中必须有散焦光线发生器和散焦接受器。模式和渲染后的设置方式与发光贴图的存储意义一样，保护后可以重新调用散焦贴图文件进行渲染。

“开”开启焦散控制菜单，开始进行光子聚焦和散焦的计算。

“倍增器”控制焦散光子的的亮度。

“搜索距离”设定跟踪光子碰撞后搜寻辐射面积的半径值。

“最大光子”限定辐射范围内最多有多少光子发光。

“最大密度”限定有效光子的密度。判断辐射区域里增加的光子是否有效，由此控制散焦贴图的文件储存大小。

打开“环境”卷展栏

VRay 渲染器的环境选项用来指定使用全局照明、反射，以及折射时使用的环境颜色和环境贴图。如果没有指定环境颜色和环境贴图，那么 max 的环境颜色和环境贴图将被采用。

“全局光环境（天光）覆盖”VRay 的环境光色彩及倍增，也可以利用贴图来展现背景色对光线的影响。

“反射/折射环境覆盖”可以制定 VRay 下的反射/折射环境色彩及倍增，也可以利用贴图创造环境。

打开“DMC 采样器”卷展栏

“自适应数量”决定了有多少数量的采样依赖一次模糊。

“最小采样值”决定了在运算结束前完成的最小取样数量。

“噪波阈值”控制画面噪波程度，数值越小噪波越小。

“全局细分倍增器”控制全局细分强度。影响包括摄像机模糊、运动模糊、面积阴影等的细分程度。

“独立时间”开启后 QMC 的样式会保持到动画的每一帧。这样有可能导致一些情况下产生不良效果。如果关闭，那么 QMC 的样式会随时间的改变而改变。

打开“颜色映射”卷展栏

“类型”里面列有多种绘制方法，分别是：线性倍增、指数、HSV 指数、强度指数、伽玛校正、亮度伽马、ReinHard，通过这些可以改变最终图像的曝光色彩。

“变暗倍增器”调节暗处的强度。

“变亮倍增器”调节明亮处的强度。

“亮度储存”使颜色亮度不超过屏幕最亮度值。

“影响背景”同时对背景颜色产生影响。

打开“像机”卷展栏

“类型”包括多种摄像机，有标准、球形、柱形-点、圆柱形-垂直线式、盒形、鱼眼型和弯曲的球行-老式风格。

“覆盖视野”迫使场景内摄像机视野无效，此时使用 Vray 的摄像机视野 FOV。

“高度”用于圆柱形-垂直线式摄像机视野高度设置。

“自适应”开启后将自动计算鱼眼型摄像机的距离值。

“距离”用于设置鱼眼型摄像机与景物（球形中心）间的距离。在自动适应开启时无效。

“曲线”控制鱼眼型摄像机画面弯曲。

“景深”选项区域

“开”开启 VRay 的景深效果。景深就是景物随着与视线焦点的距离增加而逐渐模糊的效果。

“光圈”镜头快门叶片组合形成的孔。孔越小景深越小，孔越大景深越大。

“中心偏移”控制光线穿过镜头孔的偏移量。负值代表光线汇聚在镜头镜头孔的中心。

“焦距”观察目标的焦点与摄像机间的距离。

“从像机机获取”开启后焦距将采用场景内摄像机的设置。

“段数”设定镜头孔的形状。

“旋转”设定镜头孔形状的方向。

“各向异性”控制垂直或水平的伸缩。

“细分”决定景深效果的最终品质。

“运动模糊”选项区域

“开”开启 VRay 的运动模糊效果。运动模糊是指摄像机处理物体运动或自身移动是在快门速度影响下所捕捉到的画面。

“持续时间（帧数）”快门的打开速度。速度越快物体轨迹越清晰，速度越慢物体轨迹越模糊。

“间隔中心”控制模糊起始中心在一帧间隔时间里的确切位置。例如 0.0 表示正好精确到当前帧起始位置，0.5 表示当前帧与下一帧之间的位置。

“偏移”控制在间隔中光线通过的位置。负值表示光线汇聚于间隔开始的时候，0.0

表示光线均匀在模糊间隔通过，正值表示光线汇聚于间隔结束。

“细分”控制运动模糊的品质。这个值也要依赖准蒙特卡洛采样的值。

“预采样”决定在光子贴图计算过程中有多少采样被计算。

“模糊粒子为网络”可将非随机出现的粒子视为网格物体来进行模糊计算。

“几何结构采样”控制几何物体在模拟运动模糊中的分段数。动画中为了保证快速旋转物体，必须增大几何采样来获得正确的运动模糊。

打开“默认置换”卷展栏

“覆盖 MAX 设置”开启后 VRay 特性的置换效果，关闭后为 max 特性的置换效果。

“边长度”控制在置换计算中细分三角面的最大边长，数值越小品质越好，数值增大品质下降。同时也决定了渲染时间的快慢。

“视野”打开后边长的参数数值将以视图像素为点位。

“最大细分”控制在原始三角面上形成细分三角面的最大量。

“数量”控制置换深度。

“紧密界限”如果置换贴图是黑白对比比较明确的，打开这个参数将更精确地计算反弹，并且可以加快渲染速度；如果置换贴图是黑白对比比较混乱的，最好关闭这个参数。

“相对于边界框”选择后将以物体边界框为起点进行置换。

打开“系统”卷展栏

光线计算参数

控制 VRay 的二元空间分割树系结构。是对光线在几何场景内的交叉进行判定的一种基础操作。

“最大树的深度”：较大的数值会增加内存使用，加快渲染时间。

“最小节点尺寸”：一个叶片连接点的最小尺寸。标准值 0.0 表示 VRay 不管场景尺寸而进行场景内集合物体的细分。如果一个连接点尺寸小于约定（场景）尺寸，那么 VRay 将放弃细分。

“面/级别系数”：一个叶片连接点上三角面的最大数量。数值越低，渲染时间越快，但同时增加内存使用。

渲染区域分割

控制区域分散渲染的顺序。

“*X*”、“*Y*”：区域大小有 *X*（水平坐标宽度）和 *Y*（垂直坐标高度）来建立。当区域宽度/高度形成时，*X*、*Y* 代表横纵像素组成面积；当为区域计数时，*X*、*Y* 代表横向与纵向的区域数。

“区域排序”：规定渲染时区域被渲染的排列顺序。列出了包括从上到下、从左到右、棋盘交错、螺旋形、三角形、希尔伯特曲线的几种排列方式。

“反向排序”：颠倒之前规定的区域被渲染排列顺序。

分布式渲染

“网络渲染”：通过数台机器共同渲染同一图像的不同区域。
“分布式渲染”：开启分散式渲染。
“设置”：可打开“VRay 网络连接”对话框。
“添加服务器”：用来添加新的服务器，输入相应机器的 IP 地址或网络名称即可。
“消除服务器”：消除列表中选中的服务器。

本 章 小 结

本章学习了 VRay 渲染器的主要功能、参数调整、VRay 材质的使用方式及调整方式，还有直接照明方式以及间接照明方式，还对 VRay 渲染面板进行了详细的讲解。本章在全书的学习中，占有重要位置，望广大读者认真学习，理解运用。

本 章 习 题

1. 填空题

（1） VRay 采用两种方法进行全局照明计算，即__________和__________。
（2）“边长度”控制在置换计算中细分三角面的最大边长数值__________品质越好，数值__________品质下降。同时也决定了渲染时间的快慢。

2. 选择题

（1） “烟雾颜色”是透明物体内部含有的颜色，默认为（　　）。
A．黑色　　B．白色
C．红色　　D．黄色
（2） “退出颜色”表示物体在表面颜色下反射所溢出颜色以该色为主，该颜色随着反射强度（　　）。
A．增强　　B．减弱
C．不变　　D．改变颜色

3. 问答题

（1） VRay 灯光材质是什么类型的光源材质？
（2） VRay 提供三种图像采样计算模式，有哪三种？

附　表

注意

为适应笔记本使用，特将快捷键进行更新：

命　　令	命令含义	新版快捷键	老版快捷键
Freeze Unselected	（冻结非选择物）	Alt+ 4	小键盘 4
Freeze Selection	（冻结选择物）	Alt + 5	小键盘 5
Unfreeze All	（解冻）	Alt+6	小键盘 6
Hide Unselected	（隐藏非选择物）	Alt + 7	小键盘 7
Hide Selection	（隐藏选择物）	Alt + 8	小键盘 8
Unhide All	（显示隐藏物）	Alt + 9	小键盘 9
Viewport Configuration	（单灯双灯）	F12	小键盘 2
Ignore Backfacing in Selections	（忽略选择背面）	Alt + 0	小键盘 0

以上快捷键不仅可以在笔记本上使用，同时可以在台式机上使用。

参考文献

[1] 王琦，元鑫辉，李成勇.Autodesk 3ds Max 标准培训教材：【M】.北京：人民邮电出版社，2007.

[2] 韩良.3ds Max 室内装饰效果图制作：【M】.北京：高等教育出版社，2008.

反侵权盗版声明

举报电话：（010）88254396；（010）88258888

传　　真：（010）88254397

E-mail：　dbqq@phei.com.cn

通信地址：北京市万寿路南口金家村 288 号华信大厦

电子工业出版社总编办公室

邮　　编：100036